"十三五"国家重点出版物出版规划项目
卓越工程能力培养与工程教育专业认证系列规划教材
（电气工程及其自动化、自动化专业）

新型输电技术

周念成 王强钢 编

机械工业出版社

本书系统地介绍了现阶段各类新型输电技术的发展概况、基本原理、技术特点和具体应用，共 13 章。第 1 章介绍输电技术的发展概况。第 2~7 章介绍各类新型交流输电技术（交流架空线新型输电技术、交流电缆新型输电技术、多相交流输电技术、半波长交流输电技术、分频输电技术及无线电能传输技术）的工作原理、技术特点和具体应用。第 8~10 章介绍常规高压直流输电技术和柔性直流输电技术的基本原理、控制方法、故障分析和保护方法，以及不同直流输电系统的组网类型的原理、特性和控制方法。第 11~13 章介绍柔性交流输电系统（FACTS）中应用的相关设备，包括并联型补偿设备、串联型补偿设备及串并联混合型设备等。

本书可作为高等院校电气工程及其自动化专业高年级本科生和研究生的教材，也可作为输电网领域科研人员和工程技术人员的参考资料。

图书在版编目（CIP）数据

新型输电技术/周念成，王强钢编. —北京：机械工业出版社，2020.12
"十三五"国家重点出版物出版规划项目　卓越工程能力培养与工程教育专业认证系列规划教材. 电气工程及其自动化、自动化专业
ISBN 978-7-111-66915-9

Ⅰ.①新…　Ⅱ.①周…②王…　Ⅲ.①输电技术-高等学校-教材
Ⅳ.①TM72

中国版本图书馆 CIP 数据核字（2020）第 222392 号

机械工业出版社（北京市百万庄大街 22 号　邮政编码 100037）
策划编辑：王雅新　责任编辑：王雅新
责任校对：王　延　封面设计：严娅萍
责任印制：常天培
北京虎彩文化传播有限公司印刷
2021 年 1 月第 1 版第 1 次印刷
184mm×260mm · 14.25 印张 · 351 千字
标准书号：ISBN 978-7-111-66915-9
定价：39.80 元

电话服务　　　　　　　　　网络服务
客服电话：010-88361066　　机 工 官 网：www.cmpbook.com
　　　　　010-88379833　　机 工 官 博：weibo.com/cmp1952
　　　　　010-68326294　　金 书 网：www.golden-book.com
封底无防伪标均为盗版　　　机工教育服务网：www.cmpedu.com

"十三五"国家重点出版物出版规划项目

卓越工程能力培养与工程教育专业认证系列规划教材

（电气工程及其自动化、自动化专业）

编审委员会

主任委员

郑南宁　中国工程院 院士，西安交通大学 教授，中国工程教育专业认证协会电子信息与电气工程类专业认证分委员会 主任委员

副主任委员

汪槱生　中国工程院 院士，浙江大学 教授

胡敏强　东南大学 教授，教育部高等学校电气类专业教学指导委员会 主任委员

周东华　清华大学 教授，教育部高等学校自动化类专业教学指导委员会 主任委员

赵光宙　浙江大学 教授，中国机械工业教育协会自动化学科教学委员会 主任委员

章　兢　湖南大学 教授，中国工程教育专业认证协会电子信息与电气工程类专业认证分委员会 副主任委员

刘进军　西安交通大学 教授，教育部高等学校电气类专业教学指导委员会 副主任委员

戈宝军　哈尔滨理工大学 教授，教育部高等学校电气类专业教学指导委员会 副主任委员

吴晓蓓　南京理工大学 教授，教育部高等学校自动化类专业教学指导委员会 副主任委员

刘　丁　西安理工大学 教授，教育部高等学校自动化类专业教学指导委员会 副主任委员

廖瑞金　重庆大学 教授，教育部高等学校电气类专业教学指导委员会 副主任委员

尹项根　华中科技大学 教授，教育部高等学校电气类专业教学指导委员会 副主任委员

李少远　上海交通大学 教授，教育部高等学校自动化类专业教学指导委员会 副主任委员

林　松　机械工业出版社 编审 副社长

委员（按姓氏笔画排序）

于海生	青岛大学 教授	王　平	重庆邮电大学 教授
王　超	天津大学 教授	王再英	西安科技大学 教授
王志华	中国电工技术学会 教授级高级工程师	王明彦	哈尔滨工业大学 教授
		王保家	机械工业出版社 编审
王美玲	北京理工大学 教授	韦　钢	上海电力大学 教授
艾　欣	华北电力大学 教授	李　炜	兰州理工大学 教授
吴在军	东南大学 教授	吴成东	东北大学 教授
吴美平	国防科技大学 教授	谷　宇	北京科技大学 教授
汪贵平	长安大学 教授	宋建成	太原理工大学 教授
张　涛	清华大学 教授	张卫平	北方工业大学 教授
张恒旭	山东大学 教授	张晓华	大连理工大学 教授
黄云志	合肥工业大学 教授	蔡述庭	广东工业大学 教授
穆　钢	东北电力大学 教授	鞠　平	河海大学 教授

序

工程教育在我国高等教育中占有重要地位，高素质工程科技人才是支撑产业转型升级、实施国家重大发展战略的重要保障。当前，世界范围内新一轮科技革命和产业变革加速进行，以新技术、新业态、新产业、新模式为特点的新经济蓬勃发展，迫切需要培养、造就一大批多样化、创新型卓越工程科技人才。目前，我国高等工程教育规模世界第一。我国工科本科在校生约占我国本科在校生总数的1/3。近年来我国每年工科本科毕业生占世界总数的1/3以上。如何保证和提高高等工程教育质量，如何适应国家战略需求和企业需要，一直受到教育界、工程界和社会各方面的关注。多年以来，我国一直致力于提高高等教育的质量，组织并实施了多项重大工程，包括卓越工程师教育培养计划（以下简称卓越计划）、工程教育专业认证和新工科建设等。

卓越计划的主要任务是探索建立高校与行业企业联合培养人才的新机制，创新工程教育人才培养模式，建设高水平工程教育教师队伍，扩大工程教育的对外开放。计划实施以来，各相关部门建立了协同育人机制。卓越计划要求试点专业要大力改革课程体系和教学形式，依据卓越计划培养标准，遵循工程的集成与创新特征，以强化工程实践能力、工程设计能力与工程创新能力为核心，重构课程体系和教学内容，加强跨专业、跨学科的复合型人才培养，着力推动基于问题的学习、基于项目的学习、基于案例的学习等多种研究性学习方法，加强学生创新能力训练，"真刀真枪"做毕业设计。卓越计划实施以来，培养了一批获得行业认可、具备很好的国际视野和创新能力、适应经济社会发展需要的各类型高质量人才，教育培养模式改革创新取得突破，教师队伍建设初见成效，为卓越计划的后续实施和最终目标的达成奠定了坚实基础。各高校以卓越计划为突破口，逐渐形成各具特色的人才培养模式。

2016年6月2日，我国正式成为工程教育"华盛顿协议"第18个成员国，标志着我国工程教育真正融入世界工程教育，人才培养质量开始与其他成员国达到了实质等效，同时，也为以后我国参加国际工程师认证奠定了基础，为我国工程师走向世界创造了条件。专业认证把以学生为中心、以产出为导向和持续改进作为三大基本理念，与传统的内容驱动、重视投入的教育形成了鲜明对比，是一种教育范式的革新。通过专业认证，把先进的教育理念引入我国工程教育，有力地推动了我国工程教育专业教学改革，逐步引导我国高等工程教育实现从以教师为中心向以学生为中心转变、从以课程为导向向以产出为导向转变、从质量监控向持续改进转变。

在实施卓越计划和开展工程教育专业认证的过程中，许多高校的电气工程及其自动化、自动化专业结合自身的办学特色，引入先进的教育理念，在专业建设、人才培养模式、教学内容、教学方法、课程建设等方面积极开展教学改革，取得了较好的效果，建设了一大批优质课程。为了将这些优秀的教学改革经验和教学内容推广给广大高校，中国工程教育专业认证协会电子信息与电气工程类专业认证分委员会、教育部高等学校电气类专业教学指导委员会、教育部高等学校自动化类专业教学指导委员会、中国机械工业教育协会自动化学科教学委员会、中国机械工业教育协会电气工程及其自动化学科教学委员会联合组织规划了"卓越工程能力培养与工程教育专业认证系列规划教材（电气工程及其自动化、自动化专业）"。本套教材通过国家新闻出版广电总局的评审，入选了"十三五"国家重点图书。本套教材密切联系行业和市场需求，以学生工程能力培养为主线，以教育培养优秀工程师为目标，突出学生工程理念、工程思维和工程能力的培养。本套教材在广泛吸纳相关学校在"卓越工程师教育培养计划"实施和工程教育专业认证过程中的经验和成果的基础上，针对目前同类教材存在的内容滞后、与工程脱节等问题，紧密结合工程应用和行业企业需求，突出实际工程案例，强化学生工程能力的教育培养，积极进行教材内容、结构、体系和展现形式的改革。

经过全体教材编审委员会委员和编者的努力，本套教材陆续跟读者见面了。由于时间紧迫，各校相关专业教学改革推进的程度不同，本套教材还存在许多问题，希望各位老师对本套教材多提宝贵意见，以使教材内容不断完善提高。也希望通过本套教材在高校的推广使用，促进我国高等工程教育教学质量的提高，为实现高等教育的内涵式发展贡献一份力量。

卓越工程能力培养与工程教育专业认证系列规划教材
（电气工程及其自动化、自动化专业）
编审委员会

前　言

随着社会经济的发展，电能需求量日益增长，而世界上资源分布与生产力分布不平衡，使得电能传输一方面向远距离、大容量的输送发展，另一方面又存在电能的大量分布式就地消纳。输电技术的基本要求是减少线路损耗，要减少线损有两种方法：一是减小线路阻抗，二是提高输电电压，传统的输电技术的发展主要是基于这两个方面。输电线路电压等级也从几千伏发展到现在的 1000kV 及以上；紧凑型输电、大截面导线、耐热导线、超导等输电技术也从减小线路阻抗方面取得了长足的发展。电网的不断扩大，使交流输电的局限性开始表现出来。随着电力电子技术的进步，直流输电技术重新引起了各工业发达国家的重视，在 20 世纪 50 年代中期进入了工业应用阶段。但传统的直流输电技术仍存在一些缺陷，例如换相失败、无法独立调节有功及无功功率等问题，在这样的背景下，柔性直流输电技术诞生，并得到了广泛的研究与推广应用。随着分布式能源接入电网的比例增加，输电网的运行方式变得多样化，交直流连接变得更加复杂，输电技术正面临着前所未有的挑战。因此，新型输电技术的发展又得到了广泛的关注，基于新原理的输电方式也成为研究热点，或可能变为未来的发展方向。本书从输电技术的发展历史出发，介绍交直流输电技术和一些新原理的输电方式，希望能给读者以启示。

本书编写的基本思想是从交流（工频和其他频率）、直流以及 FACTS 设备等方面尽可能全面地展示现阶段输电技术的发展。由于内容较多，因此弱化了理论部分，尽量从最基本的概念入手，强调技术特点和应用。本书的第 1 章总体介绍交流输电技术和直流输电技术的发展，以及面临的新挑战。本书其他章主要分为三大部分：第一部分交流输电新进展，包括第 2~7 章。第 2 章讲述交流架空线新型输电技术，主要包括紧凑型输电、大截面导线输电、耐热导线输电和同塔多回输电技术。第 3 章讲述交流电缆新型输电技术，主要包括超导电缆输电和气体绝缘线路输电技术。第 4 章讲述多相交流输电技术。第 5 章讲述半波长交流输电技术。第 6 章讲述分频输电技术。第 7 章讲述无线电能传输技术。第二部分直流输电技术及新进展，包括第 8~10 章。第 8 章讲述常规高压直流输电技术的原理、控制、故障分析及保护。第 9 章讲述柔性直流输电技术的特点、原理、控制、故障分析及保护。第 10 章讲述直流输电系统的组网技术，主要介绍多馈入直流输电系统、多端直流输电系统和混合直流输电系统的组网技术。第三部分柔性交流输电系统（FACTS）相关设备技术及应用，包括第 11~13 章。第 11 章讲述并联型补偿设备。第 12 章讲述串联型补偿设备。第 13 章讲述串并联混合型设备。

本书由周念成和王强钢负责各章的内容组织、结构设计和编写、统稿等工作。课题组的博士和硕士研究生投入了大量的时间收集资料，他们的工作如下：梁清泉、田雨禾、钱威琰参与了第 1 章的资料收集，梁清泉参与了第 2~7 章的资料收集，廖建权参与了第 8 章的资料收集，魏能峤参与了第 9 章的资料收集，廖建权和魏能峤参与了第 10 章的资料收集，董宇参与了第 11、12 章的资料收集，董宇、张渝参与了第 13 章的资料收集。董宇、张渝还参与了本书的排版工作。

本书是作者在讲授研究生课程的基础上编写而成的，近几届上课的研究生也提出了很多宝贵的意见和建议，在此也对他们表示感谢。本书的编写也得到了机械工业出版社的大力支持和帮助。限于作者水平，同时本书涉及新的研究和发展方向，书中错误在所难免，敬请各位专家和读者批评指正。

编　者

目　录

第 **1** 章

绪论

1.1 交流输电技术的发展

1.1.1 电网电压等级的发展

输电技术发展的特点是努力减少线路损失（简称线损），要减少线损有两种方法：一是增加导线截面，二是提高输电电压。输电技术的发展史就是持续不断地提高电压等级，从而输送功率不断加大，输送距离也就不断加长的历史。

提高输电电压，与线路、变压器、断路器的绝缘密切相关。在输电技术的发展初期，变压器、断路器的制造技术的发展超过了线路技术的发展，线路绝缘问题成为输电发展的瓶颈。科学家们自 1888 年开始采用 10kV 的交流输电方式，至 1898 年就借助交流变压器将输电电压提升至 33kV，1898 年第一条 120km 长的 33kV 交流输电线路在美国加利福尼亚州投入运行。由于当时线路采用针式绝缘子，应用范围限于导线截面不超过 50mm^2、电压不超过 60kV 的输电线路。在 20 世纪初，输电电压就达到了极限（80kV）。直到 1906 年，美国休伊特（E. Hewlett）和巴克（H. Buck）共同研制出悬式绝缘子，输电技术才有新的突破，使输电电压可以提高到 110~120kV。美国于 1908 年建成第一条 110kV 输电线路。电压提高后，又出现导线截面不够大时产生电晕的问题。由于电晕损耗与线电压和电晕临界电压差的二次方成正比，所以电压提高，电晕损失迅速增加，使输电技术发展遇到新的问题。1910~1914 年，美国皮克（Peek）、怀特海（Whitehead）和苏联沙特林（Шателен）、米特开维奇（Миткевич）、高列夫（Горев）等研究发现：电晕临界电压与导线直径成比例增加，这就促使人们采用铝线和钢芯铝线作输电导线。铝的电阻率比铜大，要使导线有相同的电导，铝导线的截面约为铜导线的两倍，因此铝导线比铜导线的直径约大 40%。使用与铜线电导相等的铝线，其线损保持不变，就能提高电晕临界电压，输电电压也就可以提高到 150kV。

美国于 1912 年首先建成 150kV 高压输电线路，输电距离可达 150~250km。当输送功率增大时，感应压降迅速增加，使受端难以保持正常电压，如果在受端安装同步调相机，就可以克服这一困难。当输电电压提高到 200~220kV 时，又出现了一串绝缘子中电压分布不均的现象。在电压 220kV 时，靠近导线的一个绝缘子上的电晕损耗不大，但其化学作用，是绝缘子金属部分、金具以及靠近绝缘子一段的导线发生氧化而损害其强度。绝缘子上的电晕现象还引起无线电干扰。经过多年实验研究，终于获得解决问题的技术措施：把两个金属环加在一串绝缘子的上端和下端，使绝缘子串电压分布均匀，从而使 220kV 或更高电压的输电线路能够获得合乎要求的绝缘。当电压等级提高到 330kV 及以上时，这种超高压输电线路就需要采用分裂导线来控制它的电位梯度，以避免产生强烈的无线电干扰和大量的电晕损失。随着大容量水电站、矿口火电厂和核电厂的建设，从 20 世纪 50 年代开始，330kV 及以上的超高压输电线路得到很快发展。1969 年，美国第一条 765kV 超高压输电线路投入运行，直到 1985 年，它还是世界上最高运行电压的输电线路。1985 年 5 月，苏联北哈萨克斯埃基巴斯图兹火电厂至科克切塔夫的 1150kV 特高压输电线路投入运行，开创了输电最高电压新纪录。图 1-1 为交流输电电压等级的发展情况。

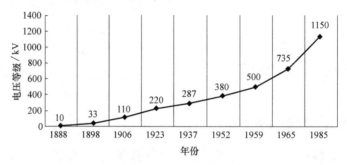

图 1-1 交流输电电压等级的发展情况

输电网电压等级一般分为高压、超高压和特高压。国际上对于交流输电网，高压（HV）通常指 35kV 及以上、220kV 及以下的电压等级；超高压（EHV）通常指 330kV 及以上、1000kV 以下的电压等级；特高压（UHV）指 1000kV 及以上的电压等级。我国已形成了 1000/500/220/110（66）/35/10/0.4kV 和 750/330（220）/110/35/10/0.4kV 两个交流电压等级序列。我国的高压电网是指 110kV 和 220kV 电网；超高压电网是指 330kV、500kV 和 750kV 电网；特高压电网是指以 1000kV 交流电网为骨干网架，特高压直流系统直接或分层接入 1000/500kV 的输电网。我国已建成 1000kV 特高压交流输电网络，1000kV 交流电压已成为国际标称电压。我国各级输电电压第一条输电线路投入运行的年份，见表 1-1。

表 1-1 我国各级输电电压第一条输电线路投入运行年份

投入运行年份	电压等级/kV	线路始段至末端名称	线路长度/km
1908	22	石龙坝水电站—昆明	30
1921	33	石景山发电厂—北京城区	20
1933	44	抚顺电厂—杨柏堡	18.5
		石油一厂—杨柏堡	18.5
		抚顺电厂—石油二厂	18.5
1934	66	延边—老头沟	34
1935	154	抚顺电厂—鞍山	79.9
1941	77	天津一厂—塘沽	45
1943	110	镜泊湖水电站—延边	192
		水丰水电站—鞍山	205
	220	水丰水电站—丹东	73
		丹东—大连	274
1953	220	丰满水电站—虎石台	369

（续）

投入运行年份	电压等级/kV	线路始段至末端名称	线路长度/km
1972	330	刘家峡水电站—汉中	534
1981	500	姚孟电厂—武昌	595
2005	750	青海官亭—甘肃兰州	140.7
2009	1000	山西晋东南—湖北荆门	640

1.1.2　超高压交流输电的发展

自从 1831 年法拉第发现电磁感应定律以来，电能已经有 180 余年的发展历史。1882 年，爱迪生在美国纽约建成世界上第一个完整的电力系统，该系统由一台直流发动机通过 110V 地下电缆给 59 个用户供电；1889 年，北美洲第一条单相交流输电线路在美国俄勒冈州建成，输电电压为 4kV（21km）；1891 年德国在劳芬电厂至法兰克福之间建成世界上第一条三相交流输电线路，长 175km，电压 15.2kV，输送功率 200kW。

为了满足远距离大容量输电和联网的需要，并充分利用线路走廊，限制短路电流，因而不断提高输电电压。瑞典于 1952 年建成世界上第一条 380kV 的超高压输电线路，长 980km，采用德国设计的分裂导线新技术。苏联古比雪夫水电站至莫斯科 850km、400kV 双回线路于 1956 年投入运行后，到 1959 年升压，出现世界上第一条 500kV 超高压线路。加拿大配合大型水电站的开发，于 1965 年建成世界上第一条长 587km 的 735kV 超高压输电线路。苏联和美国分别于 1967 年投入 750kV、1969 年投入 765kV 超高压输电线路。中国自 1981 年第一条平顶山—武汉 500kV 超高压交流输电线路投运，500kV 超高压电网逐步成为各大区主架网；西北电网于 2005 年在青海官亭—甘肃兰州建成国内第一条 750kV 超高压输电线路，目前 750kV 电网正逐渐成为西北电网的主架网。

促进超高压输电技术发展的因素有以下几个方面：

（1）远距离输电的需要

由于远离负荷中心的大型电厂的建设，主要是大型水电站的开发，需要发展超高压输电线路。采用高一级电压，可以增加线路的经济输送容量和距离。美国太平洋联络线长 1400km，这条双回 500kV 线路，可输送功率 180 万 kW。并行的 ±500kV 直流输电线路建成，500kV 双回线路输电能力提高到 250 万 kW。

（2）大容量输电的需要

大型矿口火电厂和核电站一般距离负荷中心不远，但输送容量很大，需要采用超高压输电。例如美国电力公司为配合矿口火电厂 5 台 80 万 kW 机组和核电站两台 110 万 kW 机组的建设，将建设 400 万~500 万 kW 大型发电厂，在现有 345kV 电压级以上再采用 765kV 级输电电压。在已建成的多条 765kV 线路中，其平均长度仅 300 余 km。日本 500kV 输电线路的特点是距离短、容量大。输送距离一般仅几十到百余 km，而送电容量达 300 万~1000 万 kW。日本奥清津秩父 500kV 同杆双回线路长 103km，输电 1000 万 kW。

（3）联网的需要

电网的扩大和联合是电力工业取得显著经济效益的重要技术发展政策，因此也促使一些国家采用更高一级的电压。例如西欧各国采用统一的 400kV 联网电压，使幅员小、电网容量不大的比利时、荷兰、瑞士等国家也发展了 400kV 级输电线路。苏联为了与东欧经互会各国电网互联，1979 年建设了 400kV 输电线路，还进一步以 750kV 的 9 条联络线形成"和平"联合电网。

（4）解决线路走廊问题

输电线路建设中的走廊问题比较突出。提高输电电压，可使单位走廊宽度输送容量显著增加。例如美国电力公司所属电网的一条 765kV 线路的输送能力，相当于 5 条 345kV 线路，而所需走廊宽度分别为 60m 和 225m。表 1-2 为法国采用猫头型铁塔不同电压等级线路每米走廊宽度的输送能力比较。每提高一级电压，走廊利用率可以提高 2~3 倍。

表 1-2　法国不同电压等级线路每米走廊宽度输送容量

电压等级 /kV	线路回数	导线根数和截面 /（根数×mm²）	输送容量 /万 kW	平均塔高 /m	每米走廊宽度 输送容量/（万 kW/m）
220	单回	1×570	18	26	0.32
	双回	1×570	32	30	0.46
400	单回	2×570	57	32	0.9
		2×851	85		1.35
	双回	2×570	114	43	1.27
		2×851	170		1.9
750	单回	4×570	214	43	2.38
		4×851	320		3.56
1300	单回	8×570	740	56	6.15
		8×851	1110		9.2

（5）解决短路电流问题

随着电网的扩大，短路电流不断增大。短路电流的上限需根据电网结构和电力设备制造水平（特别是断路器的断流容量）来确定。如果超过这一上限，就要采用更高一级电压来担负主要输电任务，原有电压等级的短路电流就不会再增加。

（6）节省线路投资、降低输电成本和钢材消耗

线路投资、输电成本、钢材消耗与电压成正比例增加，而输送功率与电压的二次方成正比增加，所以在输送电力成倍增长时，提高输电电压等级，可以获得较好的经济效益。

1.1.3　特高压交流输电的发展

特高压输电系统是指交流 1000kV、直流±750kV 及以上电压等级的输电系统。特高压输电技术是目前世界上最高电压等级的输电技术，其最大的特点是大容量、远距离、低损耗输送电力。1000kV 特高压交流的输电能力大约是 500kV 超高压交流的 4~5 倍。发展交直流特高压输电可以有效解决大规模电力输送问题，且与超高压输电线路相比，特高压线路在相同输电容量下占用的土地资源更少，经济效益与社会效益十分显著。

20 世纪 60 年代起，由于输电容量的增大、输电线路走廊的布置日益困难、短路电流接近开关极限等原因，美、苏、加、日、意等国先后开始研究特高压输电技术，通过长时间的工作，在这个领域取得了许多重要的研究成果。目前印度、巴西、南非等国都在积极研究特

高压输电技术。美国、加拿大、苏联、意大利、日本等国是最早对特高压输电技术开展研究的国家。其中苏联和日本还建成了实际的交流特高压线路，尤其苏联是在中国之前唯一拥有特高压交流输电工程运行经验的国家。

下面将简要介绍苏联（俄罗斯）、日本、美国、加拿大、意大利、中国等国的特高压交流输电发展历程及主要研究项目。

（1）苏联（俄罗斯）

苏联是国际上最早开展特高压交、直流输电技术研究的国家之一，并且拥有较丰富的特高压交流输电工程实际运行经验。

苏联能源资源中心和负荷中心相距甚远，其东部的西伯利亚地区不仅有丰富的水力资源，且蕴藏大量煤炭，哈萨克斯坦地区也有大量煤资源，而大部分的电力负荷却位于西部，为保证电力供应，必须实现由东向西的长距离、大容量电能输送。

苏联1972年之前就对特高压基础技术进行了较全面的研究，主要是特高压输电的关键技术，如绝缘、系统、线路和设备以及对环境的影响等问题。1972~1978年，苏联开展设备研制攻关，进行样机试制，并在1978~1980年转入正式生产的同时将原型设备投入试运行考核。

1973~1974年，苏联在别洛亚斯变电站建设了1.17km长的三相特高压试验线路，开展特高压试验研究。在1978年，建设了长达270km的工业性试验线路，进行了各种特高压设备的现场考核试验。1981年，苏联动工建设了5段特高压线路，总长度达2344km。1985年8月，在苏联，世界上第一条1150kV线路在额定工作电压下带负荷运行。但苏联解体后，由于输电容量大幅度减少、经费困难及政治因素等多方面原因，哈萨克斯坦中央调度部门把1150kV线路段电压降至500kV运行。

苏联特高压输电线路及两端变电设备在额定工作电压下，于1985~1991年期间实际累计运行四年时间，特高压变电设备运行情况良好，线路未发生因倒塔、断线、绝缘子损坏而导致停电等重大事故，不仅证明了其特高压技术具有较高的运行可靠性，同时也充分证明了特高压输电的可行性。

（2）日本

日本是世界上第二个在特高压交流输电领域进行过工程实践的国家，在东京地区建设特高压交流输电线路主要是为了解决线路走廊用地和短路电流超限等问题。为了获得稳定的电源，东京电力公司（TEPCO）计划在沿海建设一系列核电站，总容量1700多万千瓦，由于距离东京不远，经过认证，采用1000kV特高压交流输电方案是最经济的。

1980年，日本中央电力研究所在赤城建立了长600m，双回路、两档距的1000kV试验线路。在该试验线路上，进行了8分裂、10分裂和12分裂导线和杆塔在强风中和地震条件下的特性试验，进行了特高压施工和维修技术、可听噪声、无线电干扰、电视干扰以及电磁场的生态影响等方面的研究。东京电力公司在高山石试验线路上，进行了分裂导线和绝缘子串的机械性能，如舞动和覆冰等性能的研究和技术开发。东京电力公司采用NGK公司的电晕试验设备和1000kV污秽试验设备进行了污秽条件下绝缘子串的无线电干扰和可听噪声试验。另外，还进行了线路的操作、雷电、工频过电压和相对相空气间隙，以及在污秽条件下的原型套管和绝缘子串闪络特性试验。

日本是世界上第二个建成特高压线路的国家。1993年，东京电力公司建成了柏崎刈羽—西群马—东山梨的特高压南北输电线路，长度约 190km；1999 年建成南磐城—东群马特高压东西输电线路，长度约 240km。这些特高压输电线路均采用同塔双回架设。

特高压交流线路建成后，由于日本电力需求增长减缓，核电建设计划推迟，该线路一直以 500kV 降压运行。

（3）美国

美国电力公司（AEP）为减少输电走廊用地，曾规划在 765kV 电网之上再建几条 1500kV 交流输电线路。美国邦纳维尔电力局（BPA）为将东部煤电基地的电力输送到西部负荷中心，满足长距离、大容量输电需要，也曾计划建设 1000kV 级输电线路。

美国已建成雷诺特高压试验场（线路长 523m），试验研究始于 1974 年。莱昂斯特高压试验线段（2.1km）和莫洛机械试验线路（1.8km），试验研究始于 1976 年。雷诺试验基地先后建成了多条试验段线路，其中包括 ±600kV 直流双极试验线路，分别进行过交流环境试验、直流环境试验、交直流同走廊试验、特殊排列导线下的磁场试验等。

后来，美国并没有将特高压输电的研究成果付诸工程实践，主要原因在于此后电力需求增长趋缓，并实施了新的能源发展战略，在负荷中心建发电厂，发展分布式电源，从而降低了远距离、大容量输电的需求。

（4）加拿大

加拿大魁北克水电局建造了户外试验场并进行了线路导线电晕的研究。试验场内的试验线路和电晕笼均用于高至 1500kV 的交流系统和 1800kV 的直流系统分裂导线电晕试验。在魁北克高压试验室进行了 1500kV 线路和变电站空气绝缘试验。在魁北克水电局户外试验场对 8×41.1mm，6×46.53mm、8×46.53mm 和 6×50.75mm 这四种分裂导线进行研究。

（5）意大利

20 世纪 70 年代中期，为将南部规划核电送往北部负荷中心，同时节省线路走廊占地，意大利国家电力公司（ENEL）开始进行特高压输电工程的试验研究。此前，意大利和法国还曾受西欧国际发电联合会的委托进行欧洲大陆选用交流 800kV 和 1000kV 输电方案的论证工作。

在确立了 1000kV 研究计划后，意大利电力公司在不同的试验站和试验室进行了相关研究。意大利电力公司对操作和雷电冲击进行了试验，包括空间间隙的操作冲击特性、特高压系统的污秽大气下表面绝缘特性、SF6 气体绝缘特性、非常规绝缘子的开发试验。在萨瓦雷托（Sava Reto）试验线路上进行了可听噪声、无线电杂音、电晕损失的测量。在电晕试验笼内，对多达 14 根子导线的对称型分裂结构，6 根、8 根和 10 根子导线的非对称型分裂结构以及 0.2m、0.4m、0.6m 直径管形导线进行了试验。还对特高压绝缘子和金具的干扰水平以及线路的振动阻尼器、间隔器、悬挂金具和连接件的机械结构方面开展了试验研究。另外，在萨瓦雷托的特高压试验线路下和电晕笼中，进行了电磁场生态效应的研究。

（6）中国

用电负荷快速增长和大容量、远距离输电的迫切需求直接推动了我国特高压输电工程的快速规划和建设。建设以特高压电网为骨干、各级电网协调发展的国家级电网，符合我国能源资源与经济发展逆向分布的基本国情，符合国家节能减排的总体部署，是实现电网与电源协调发展的有效途径，是建设资源节约型、环境友好型社会的迫切需要。

特高压输电研究在中国起步比较晚。从 1986 年起特高压输电研究先后被列入中国"七五""八五""十五"科技攻关计划，1990~1995 年国务院重大办组织"远距离输电方式和电压等级论证"；1990~1999 年国家科委组织"特高压输电前期论证"和"采用交流百万伏特高压输电的可行性"等专题研究。中国国家电网公司于 2004 年首次提出"建设以特高压为核心的坚强国家电网"的战略构想，重点建设以特高压电网为骨干，各级电网协调发展的网架体系。中国分别在 2007 年和 2010 年建成并投运 1000kV 晋东南—南阳—荆门特高压交流输电试验示范工程，截至 2014 年 1 月，国内已建成并投运 1000kV 特高压交流输电线路 2 条，其后又有多条交直流特高压输电线路开工建设。

虽然进入 20 世纪 90 年代后，特高压交流输电在国际上渐趋沉寂，工程应用处于停滞状态，甚至已建成的工程也纷纷降压运行。主要原因是相关国家的经济和用电的增长速度都比预期低很多，远距离、大容量输电的必要性下降。不过今后随着电力需求的增长，这种局面将会发生变化，例如俄罗斯的动力资源与负荷中心分布的基本格局并未改变，将来仍有可能会发展特高压交、直流输电系统。日本的特高压交流输电线路原先也计划在输电需求提高后再升压到 1000kV 运行，但 2011 年发生的地震/海啸/核灾难对福岛地区的核电站群今后的建设产生了极大的影响，所以"升压"一事最后是否会实现，尚有待观察。

在电压等级升高的同时，交流输电技术不断革新，涌现出各种新型输电技术，其发展历程如图 1-2 所示。

图 1-2 交流输电技术发展历程

1.2 直流输电技术的发展

电力工业的发展是从直流电开始的，最初发电、用电、输电均为直流电，当时远距离的电能输送技术在 1873 年维也纳国际博览会上首次公开实验：法国弗泰内使用长达 2km 的导线，把一台用瓦斯发动机拖动的格兰姆直流发电机与一台转动水泵的电动机连接起来。这一实验既说明电能可以传送，又可用来作为电磁机械的可逆性证明。1874 年，俄国皮罗茨基建立了输送功率为 45kW 的直流输电线路，输送距离开始为 50m，以后增加到 1km。1881年，法国物理学家德普勒在巴黎第一届国际电气技师代表会上对电能的传输和分配问题作了报告。次年，他得到德国蔼依吉工厂的资助，完成了有史以来第一次远距离直流输电的试验。

自 1882 年完成了有史以来第一次直流远距离输电试验以后，由于当时采用直流发电机串联组成高压直流电源，受端电动机也是用串联方式运行，可靠性差，而且高电压大容量直流发电机换向困难，难以制造，因此，20 世纪初直流输电电压、输送功率和距离虽然曾分别达到 125kV、1.93 万 kW 和 225km，但当时直流输电的技术经济优越性远不如三相交流输电，所以没有得到进一步发展。随着三相交流发电机、感应电动机和变压器的问世，发电和用电领域很快被交流电所取代，同时变压器又可方便地提高和降低交流电压。尽管如此，一些科学家和工程技术人员根据直流输电的特点，并考虑到远距离交流输电要受到同步运行稳定性的限制，继续对直流输电技术进行研究革新，在 20 世纪 30~50 年代初相继建成多条工业性试验直流输电线路，为工业应用积累了丰富的建设和运行经验。这些试验线路不用原来的直流发电机，而将交流转换为直流，采用空气吹弧换流阀、闸流管或汞弧阀作为换流设备，随后高电压大容量的可控汞弧整流器研制成功，直流线路可以从交流电网获得电源，为高压直流输电的发展创造了条件。

第二次世界大战以后，电力需求增长更快。随着电网的不断扩大，交流输电的局限性表现得更为明显，直流输电技术重新引起了各工业发达国家的重视，在 20 世纪 50 年代中期进入了工业应用阶段。1954 年，首次将高压直流输电应用到瑞典大陆和哥特兰岛之间的输电线路。这是第一条商业经营的 HVDC 工程，该工程初期设计为 20MW、100kV 单级电缆连接方式，并且首次采用汞弧阀作为换流器。工程论证表明这种供电方式比在岛上建立新的热电厂更加经济，而这种距离（96km）又不能采用交流电缆传输电力。随着晶闸管阀的出现，高压直流输电更具有吸引力。1972 年，加拿大建立了第一个采用晶闸管阀的高压直流输电系统，它是连接着加拿大新不伦瑞克和魁北克省的一个 320MW 背靠背直流输电系统。这个高压直流输电工程也标志着晶闸管阀取代了早期的汞弧阀。从 20 世纪 70 年代之后，高压直流输电进入了迅速发展阶段，例如绝缘栅双极晶体管（IGBT）等全控型功率器件的出现，基于器件换相的电压源换流器和电流源换流器得到开发和研究。现在晶闸管技术迅速发展，晶闸管容量不断增大，造价日益降低，可靠性显著提高，直流输电技术更趋成熟。

21 世纪开始，高压直流输电技术的优点越来越突出，相对于交流输电技术，没有了功角稳定的问题，并且具有运行方式灵活、功率调节快速、运行可靠、可协助系统的暂态稳定性等一系列优点，在现代电力系统中被用于大功率远距离输电、两个同步或非同步电力系统背靠背互联及交直流并行输电等。直流输电系统由整流站、直流线路、逆变站三部分组成，现在发电和用电的绝大部分为交流电的情况下，采用直流电，必须解决换流问题。从前面的高压直流输电技术发展历史来看，高压直流输电技术的发展与换流技术的发展密不可分。高压直流输电技术的发展可以分为如图 1-3 所示的几个时期。下面重点介绍一下直流输电相关技术的发展。

图 1-3　直流输电技术发展历程

（1）基于汞弧阀的直流输电

汞弧阀于 1901 年发明成功，当时仅能用于整流，并不适用于高压直流输电。1928 年具有栅极控制能力的汞弧阀研制成功，它不但可用于整流，同时也解决了逆变问题。因此，可以说大功率汞弧阀的问世使直流输电成为现实。1954 年世界上第一个采用汞弧阀直流输电工程在瑞典投入运行，它是世界上第一个工业性直流输电工程（直流电压为 100kV，输送功率为 20MW）。

1954~1977 年，全世界共有 12 个采用汞弧阀的直流输电系统投入运行，最高工作电压为 450kV，其中最大输电容量和最长输送距离是美国太平洋联络线（1440MW，1362km）；输送电压最高的是加拿大纳尔逊河一期工程（±450kV）。但汞弧阀始终存在制造技术复杂、价格昂贵、故障率高、可靠性低、维护不便等缺点，因此使直流输电的发展受到限制。20世纪 70 年代，高压大容量晶闸管已具有批量生产的能力，采用高压大容量晶闸管换流阀比汞弧阀有明显的优势，汞弧阀换流在直流输电工程中逐步被淘汰。

（2）基于半控型晶闸管的直流输电

20 世纪 70 年代，电力电子技术和微电子技术的迅速发展，以及高压大功率晶闸管的问世，使晶闸管换流阀和微机控制技术在直流输电工程中得到广泛应用。因为晶闸管换流阀不存在逆弧问题，而且制造、试验、运行维护和检修都比汞弧阀简单而方便，有效地改善了直流输电的运行性能和可靠性，因而促进了直流输电技术的发展。基于半控型晶闸管的直流输电名称为电网换相换流器高压直流输电（Line Commutated Converterbased High Voltage Direct Current，LCC-HVDC）。1970 年瑞典首先在果特兰岛直流工程上扩建了直流电压为 50kV，功率 10MW，采用晶闸管换流阀的试验工程。1972 年世界上第一个采用晶闸管换流的伊尔河背靠背直流工程在加拿大投入运行。由于晶闸管换流阀比汞弧阀有明显的优点，从此以后新建的直流工程均采用晶闸管换流阀。

至 2011 年底为止，全世界已投运直流输电工程有 140 多个，除 11 个汞弧阀直流输电工程，其余均为晶闸管直流输电工程。在所有直流输电工程中，背靠背直流输电工程为 28 个，占全部直流输电工程的 1/3，其余的 2/3 为长距离直流输电工程。但常规电网换相高压直流输电也存在不少的缺点，比如换流器在工作过程中会产生大量谐波，处理不当而流入交流系统的谐波会对交流电网的运行造成影响；常规直流输电在传送有功功率的同时，会吸收大量无功功率；换流站占地面积大、投资大；由于技术和经济的原因，在近距离小容量的输电场合难以应用等。因此，传统的直流输电技术主要用于远距离大容量输电、海底电缆输电和交流电网的互联等领域。现在出现了一些新的电力电子器件来解决传统晶闸管的直流输电技术存在的问题，比如随着大功率 IGBT 的研制成功，由 IGBT 组成的电压源换流器为直流输电所采用，从而诞生了新型电压源直流输电工程。

（3）基于全控型晶闸管的直流输电

电力电子技术的不断发展和进步，新型全控型开关器件的相继问世，为新型输电方式的创建和电网结构的优化与提升开辟了崭新的途径。基于电压源型换流器的高压直流输电概念最早是由加拿大麦吉尔（McGill）大学 Boon Teck 等学者于 1990 年提出的。通过控制电压源换流器中全控型电力电子器件的开通和关断，改变输出电压的相位和幅值，可实现对交流侧有功功率和无功功率的控制，达到功率输送和稳定电网等目的，从而有效地克服了此前输电技术存在的一些固有缺陷。国际大电网会议和美国电气与电子工程师协会 2004 年将其正式命名为 "VSC-HVDC"（Voltage Source Converter Based High Voltage Direct Current）。ABB、西门子（Siemens）和阿尔司通（Alstom）等公司则将该输电技术分别命名为 HVDC Light、HVDC Plus 和 HVDC MaxSine，在我国则通常称之为柔性直流输电。

柔性直流输电技术利用绝缘栅双极晶体管（IGBT）元件的可关断特性，能够分别对有功和无功功率进行独立控制，实现换流器的四象限运行。相对于传统意义上基于晶闸管的 HVDC 输电系统，柔性直流输电运行方式更灵活、系统的可控性更好，可以向弱交流系统甚至无源系统送电，非常适合弱系统或孤岛供电、可再生能源等分布式发电并网、异步交流电网互联以及城市电网供电等领域。另外，电压源换流器产生的谐波含量小，不必专门配置滤波器，大大节省占地面积，在城市、海岛、海上平台中使用具有很大优势。与传统的电流源换流器型直流输电相比，柔性直流输电相对于传统基于晶闸管器件的高压直流输电技术有以下几个方面优势：

1）无须交流侧提供无功功率，没有换相失败问题。传统高压直流输电技术换流站需要吸收大量的无功功率，约占输送直流功率的 40%～60%，需要大量的无功功率补偿装置。同时传统直流输电需要接入系统具备较强的电压支撑能力，否则容易出现换相失败。而柔性直流输电技术则没有这方面的问题。同时且独立控制有功和无功功率，可向无源网络供电。

2）柔性直流输电技术可以在四象限运行，同时且独立控制有功功率，不仅不需要交流侧提供无功功率，还能向无源网络供电。在必要时能起到静态无功补偿器（STATCOM）的作用，动态补偿交流母线无功功率，稳定交流母线电压。如果容量允许，甚至可以向故障系统提供有功功率和无功功率紧急支援，提高系统功角稳定性。而传统直流输电仅能两象限运行，不能单独控制有功功率或无功功率。

3）传统的 HVDC 潮流翻转时直流电流不变，需改变直流电压极性；VSC-HVDC 潮流翻转时，只需改变直流电流的方向，直流电压极性不变。因而 VSC-HVDC 在潮流翻转时，不需改变其控制系统的配置和主电路的结构，不需改变控制方式，也不需要闭锁换流器，整个翻转过程可在很短的时间内完成。

从 2011 年到 2020 年 7 月，中国已有 8 项采用可关断半导体器件进行换流的直流输电工程投入运行，其中最大输送容量为 5000MW，最高输送电压为 ±800kV，最长输送距离为 1452km。

4）基于模块化多电平换流器的直流输电。早期的柔性直流输电都是采用两电平或三电平换流器技术，但是一直存在谐波含量高、开关损耗大等缺陷。随着工程对于电压等级和容量需求的不断提升，这些缺陷体现得越来越明显，成为两电平或三电平技术本身难以逾越的瓶颈。因此，两电平或三电平技术将会主要用于较小功率传输或一些特殊应用场合（如海上平台供电或电动机变频驱动等）。2001 年，德国慕尼黑联邦国防军大学 R. Marquart 和 A. Lesnicar 共同提出了模块化多电平换流器（Modular Multilevel Converter，MMC）拓扑。MMC 技术的提出和应用，是柔性直流输电工程技术发展史上的一个重要里程碑。该技术的出现，提升了柔性直流输电工程的运行效益，极大地促进了柔性直流输电技术的发展及其工程推广应用。作为一种新型 VSC 换流器拓扑，MMC 设计灵活，易于扩展，有着两电平 VSC 和 NPC 型三电平 VSC 不可比拟的优势。

2010 年，世界首个基于 MMC 的直流输电工程——美国的 Trans Bay Cable 工程投入商业运行。此后，柔性直流输电工程绝大部分都采用 MMC 技术。目前 MMC 换流器的容量已经达到 1000 MW 等级，单端换流器的损耗率已经降到 0.8% 以下，单个 MMC 换流器的最大直流电压达到 500kV。MMC 技术极大地促进了柔性直流输电技术的发展。与传统的 VSC 相比，MMC 主要具备以下优势：

1）各子模块级联的方式能够提高换流器的功率与电压等级，不仅有利于容量升级，而且解决了电平数增加时控制电路软硬件实现难度大幅度上升的难题，拓宽了换流器的应用领域，使其既可运用于电力机车牵引和大功率电动机拖动技术领域，也十分适用于柔性直流输电等场合。

2）通过较低的开关频率便可达到较高的输出频率，有效地降低了谐波含量，有利于减少开关损耗，提升系统运行效率。不必配置滤波器件对换流器直流侧实施滤波，避免了系统直流侧因短路故障引发的浪涌电流问题，增强了系统可靠性，减小了用地面积，缩减了系统建设成本。

3）得益于模块化的结构，MMC 表现出了良好的软硬件兼容性，子模块单元可替换性强，系统维护简单方便。对子模块单元的结构进行改进优化后，加设相关的开关器件便可完成冗余设计。实际运行中，当子模块单元出现故障时，通过控制电路切换到备用子模块，可确保换流器正常工作，实现系统平稳运行。

4）由于设有公共直流母线，且 MMC 的直流侧储能容量较大，当出现故障时，直流侧不会发生大规模放电现象，使得公共直流母线的电压仍可维持在较高水平，可实现电压与电流的连续调节。这既有利于 MMC 的正常运行，也可缩短故障恢复时间，从而具备了较强的"黑启动"能力。

2011 年 3 月上海南汇风电场成功试运行，该工程是我国首个采用模块化多电平换流器直流输电技术实现风电并网的工程，该工程容量为 20MVA，电压等级为 ±30kV。目前 MMC-HVDC 工程输送容量、电压等级比较低，建造成本较高，但随着电力电子器件、计算机控制等技术的不断发展，MMC-HVDC 的输送容量、电压等级将不断提高，而系统损耗和成本将不断下降，加上国内外现有实际工程的运行经验以及能源战略和能源结构的不断调整和完善，MMC-HVDC 必将在分布式发电并网、新能源发电并网、孤岛供电、电网黑启动、交流电网互联、城市电网供电等应用领域得到更快的发展。

1.3 输电技术面临的挑战

电力系统的发展可以分为三代，第一代电力系统的特点是小机组、低电压、小电网，是初级阶段的电网发展模式。第二代电力系统的特点是大机组、超高压、大电网。优势在于大机组、大电网的规模经济性、大范围的资源优化配置能力，以及开展电力市场的潜力。缺点是高度依赖化石能源，是不可持续的发展模式。第三代电力系统的特点是基于可再生能源和清洁能源、骨干电网与分布式电源结合、主干电网与微电网结合，是可持续的综合能源电力发展模式。新一代电力系统的主要技术特征：适应高比例可再生能源接入、具有高比例电力电子装备、支撑多能互补综合能源网，以及与信息通信技术进一步深度融合。

2016 年 8 月，第 46 届国际大电网委员会（CIGRE）年会在法国巴黎召开，超过 3000 位代表出席了会议，其中来自中国的参会代表有 80 多位。大会以主旨报告《电力大变革——未来电力系统》作为开始，并以"分布式发电对大容量电网影响的全球视角"为主题召开了开幕论坛。CIGRE 2016 提出电网在 2020 年及以后（甚至到 2040 年），向着两种模式发展：

1）互联大电网：在负荷区域和大型集中式可再生发电站之间传输大功率的互联大电网的重要性不断提升，应用大电网联接不同国家的能源市场。

2）主动配电：大量小型及大型包含分散式发电厂、储能、有功用户参与的自我供给配电网的簇拥出现，导致必须采用主动配电网对有功和无功进行管理。

未来的电网发展中，大型能源网络越发重要，同时小型微电网也蓬勃发展，它们相辅相成，共同发展。不同地区的电网中将会出现不同的能源组合，以往的用电方也可以成为发电方，因此电网必须更加智能可控，要实现双向负荷流的管理。由于大量互联电网的加入，主动配电网被视为解决日益突出的环保、经济、可靠等问题的方法，因此未来电网将是以上述两类模式的混合形式出现。

由于架空线路综合性价比的优势，在二三十年内，处于电源及负荷之间的输电网络，仍将是输电的主要方式。大容量电缆输电与气体绝缘管道输电已经有了数十年的发展历史，因其封闭式结构，敷设于地面、地下或是管道中，不受环境影响，最大限度地甚至完全地保全了景观，不对外造成安全威胁，大幅度节省走廊面积，已广泛应用于发电厂及电站的出线装置，在城市电网中也越来越得到重视。输电网络在技术上面临以下挑战：

1）提高现有架空线路输送能力的技术，使用和更换耐高温导线，重新张紧现有架空线导线，提高电压等级。

2）为了满足特高压同塔多回、特高压紧凑型、特高压交/直流同塔输电技术的需求，尤其是在高海拔地区的应用，线路的外绝缘设计和新的紧凑型、低损耗导线将是未来输电技术中需要攻克的难题。

3）研究气体绝缘管道输电、超导输电等新型输电技术，应用范围从电站出线、城市大容量输电等进一步扩大。

4）将交流转换为直流，考虑交直流混合输电，考虑架空线路的紧密排列和美观性。

5）考虑电力电缆地下系统的过载能力和热瞬态计算，及其对地下部分的设计标准产生的影响。

6）新的海底和地下绝缘交流或直流电缆在高电压中的应用，如海边风电场。考虑以风电场为解决方案的"海上"基础设施与离岸发展的变电站和电缆，包括输电和配电，并将风荷载数据用于海底电缆的设计准则。

7）制定深水电缆的设计标准和完善安装技术，以实现相关互联。

第2章

交流架空线新型输电技术

2.1 紧凑型输电技术

2.1.1 基本原理

1. 紧凑型输电技术的发展

交流输电方式经历了长期的发展阶段，其输电线路结构型式到今天已定型和标准化，形成了所谓常规的输电线路。但是随着电力工业的发展，要求输送容量增加，在输电线路的建设中，线路的走廊所需的费用越来越高，如何减少占地面积、降低单位容量的线路造价、提高常规输电线路传输能力，是摆在输电线路建设中的一个重要课题，也是输电线路建设面临的挑战。

交流线路传输自然功率是技术经济最佳的运行方式，但为了在故障情况下（导致切除个别线路）保证系统运行的高度可靠性，通常采用传输低于自然功率（$P \approx 0.8 P_{\mathrm{H}}$）的运行方式。为提高输电线路的传输功率，可从提高线路自然功率方面着手考虑，对于同一电压等级的线路，如果能够减小线路的波阻抗，就能增大线路的自然传输功率。由此，电气专家们提出通过压缩线路尺寸来增大导线间电容及导线对地电容，从而减小线路波阻抗的方法，但同时它会引起导线表面场强的增加。对于子导线均匀分布在圆周上的理想线路，其表面电荷和场强分布是不均匀的：在分裂导线束对称中心轴外的最远处，分裂导线表面场强最大，而在最靠近分裂导线束对称中心轴内附近最小。在设计输电线路时，必须考虑最大场强不能超过电晕起始电场强度，否则无线电干扰和电晕损耗将难以接受。经过研究发现，当子导线数增加时，导线表面场强可以减小，若对线路子导线的排列方式进行优化，也能减小导线表面场强，使其均匀分布，提高导线利用率。

基于上述原因，20世纪70年代以后，在美国、巴西、法国、日本、苏联等国家出现了结构紧凑化型的输电线路。例如美国在20世纪70年代采用了相间绝缘间隔棒，138kV线路相间距离只有1.5m。苏联的110kV线路亦采用相间绝缘间隔棒，相间距离从4~4.5m缩减为1.5m。随后，这种技术又应用到更高电压和超高压线路上。当前，输电技术的一种新的发展趋势是在线路紧凑化的基础上，增加每相导线的分裂数，并且实行优化排列，以便大幅度降低导线波阻抗和提高线路的传输功率，减少线路走廊宽度，提高单位走廊容量，即演变成紧凑型线路，从而带来巨大的社会经济效益。紧凑型线路与常规线路相比，输送功率提高30%~70%。因此紧凑型线路被认为是未来输电线路的发展方向，世界各国都在积极开展这方面的研究和试验工作。

目前，各个国家根据自己不同国情，对紧凑型送电线路的研究和建设着重点不同，俄罗斯研究紧凑型送电线路的目的是提高自然输送功率；美国研究紧凑型送电线路的目的是解决走廊问题；巴西研究紧凑型送电线路的目的是既解决走廊问题，又提高自然输送功率；南非研究紧凑型送电线路的目的是降低工程造价；我国研究和建设紧凑型送电线路的目标是：较大幅度提高线路自然输送功率，大幅度节约线路走廊，有效控制工程造价。

2. 分裂导线表面场强分布

相分裂子导线同极性电荷的影响，导致子导线表面电荷和场强的不均匀分布。由于电晕会引起无线电干扰和电晕损耗，所以为了满足限制电晕的需要，导线表面的最大场强不应超过允许值。

分裂导线的表面场强与单根导线表面场强不同，它沿导线圆线圆周表面不是一个恒定的值，而是一个在很大范围内变化的数值。这是因为导线每一点的场强不仅由本导线电荷产生，而且由其余分裂导线的电荷共同产生。当把圆柱形表面放入外部平面平行电场中时，与无圆柱体时的场强相比，垂直表面的场强分量增加一倍。所以，两根相分裂子导线中一根子导线的场强可由该导线自身电荷 q_n 的场强和由该相所有其他子导线垂直于该导线表面（在任意点）的场强分量的 2 倍总和来计算，即

$$E = \frac{1}{2\pi\varepsilon_0 r_0}\left[q_n - 2\sum_{k=1}^{n-1} q_k\left(\frac{r_0}{d_{rk}}\right)\cos(\varphi - \psi_k)\right] \tag{2.1}$$

式中，φ 为由任意一个场强向量 E 的方向算出的角度；ψ_k 为向量 E 的方向和被研究的第 n 根导线轴及其影响的第 k 根导线轴连线之间的角度，如图 2-1 所示。

按照式（2.1）可以计算任意布置的分裂导线束中任何子导线表面场强的分布。当 $\varphi - \psi_k = \pi$ 时，相邻子导线中的每根子导线的场强分量达最大值。然而，当任意的子导线根数及分裂导线任意布置的情况下，最大场强向量的位置不可能预先估出。对于轴线在一个平面内按等距离 d 布置

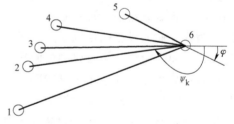

图 2-1 导线表面场强计算图

的导线（如图 2-2 所示），其最大场强的方向事先知道。在轴线的平面内，把这一轴线作为角度 φ 和 ψ_k 的起始读数，得 $\psi_k = \pi$，且得到

$$E = \frac{1}{2\pi\varepsilon_0 r_0}\left[q_n + 2\sum_{k=1}^{n-1} \frac{q_k r_0}{(n-k)d}\cos\varphi\right] \tag{2.2}$$

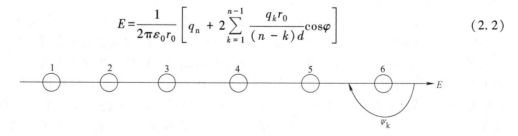

图 2-2 相分裂导线平面布置图

由上述公式可以计算出在常规四分裂导线中子导线表面的利用情况，即子导线表面的最大场强达到允许场强的比例。

2.1.2 高自然功率紧凑型线路

20 世纪 70 年代，苏联圣彼得堡工业大学教授阿历·克山德罗夫从交流输电基本原理出发，提出了增加分裂导线的根数、减小相间距离、优化导线排列、充分利用导线表面截面积、大幅度提高线路自然功率的紧凑型输电技术。

1. 高自然功率紧凑型线路提高输电容量的机理

对于超高压远距离输电线路，最适宜的传输功率应接近线路的自然功率。线路的相间距离从常规尺寸缩减后，不但使杆塔轻型化和节省走廊，同时会增大相间电容和相应的导线电容 C，而电容 C 是与线路的自然功率 P_H 联系在一起的。令每千米导线长度的正序电感为 L，波阻抗为 Z，相电压为 U。已知正序波速接近于光速 $v=(LC)^{-\frac{1}{2}}$

$$Z=(L/C)^{1/2}=(LC)^{1/2}/C=1/(Cv) \tag{2.3}$$

$$P_H=3U^2/Z=3CvU^2 \tag{2.4}$$

由式（2.3）可知，Z 与 C 成反比。在既定额定电压 U 下，P_H 与 C 成正比。所以 C 的增加同样可以使 P_H 值按照相应的倍数增大。而三相输电线路电容的大小与相间距离、导线截面、杆塔结构尺寸等因素有关。对于三相导线对称布置时，每相导线对地电容（单位为 $\mu F/km$）为

$$C=\frac{0.024}{\lg(D/r_0)} \tag{2.5}$$

式中，D 为相间距离；r_0 为导线半径。

由式（2.5）可见，减小相间距离或增大导线半径都会使导体的对地电容增大。但常规线路在改变这两个参数时，导线对地电容的增加不大，最多增大 15%~25%。要进一步增加电容 C，必须采取适当排列的多分裂导线。但目前常规的做法是，220kV 导线每相为 1 根，330kV 为 2 根，500kV 为 4 根。如果能突破传统的设计原则，采用加大分裂间距和增加分裂数目、改造分裂结构、优化导线排列等方法，则导线的对地电容就会增大，从而获得大幅度提高输电的传输能力。高自然功率紧凑型线路就是依据这一原理而发展起来的一种崭新结构形式的线路。

2. 高自然功率紧凑型线路电容与电场强度的关系

高自然功率紧凑型线路采用压缩相间距离加大分裂导线间距和增加导线分裂数来增大导线对地电容，但必须满足其表面电场强度不超过允许的电场强度 E_{per} 的条件，而 E_{per} 也必须低于导线表面的电晕起始电场强度 E_{cor}。子导线的各种排列都求电荷在子导线间能均匀分布，使每根子导线表面的最大电场强度 E_m 接近导线的允许场强 E_{per}。n 根分裂导线表面各点的场强是不同的，取其平均场强为 E_{av}，$K=E_{av}/E_{per}$ 称为利用系数。根据高斯定理：

$$\oint_s D\mathrm{d}s=\oint_s \varepsilon_r E\mathrm{d}s=q/\varepsilon_0 \tag{2.6}$$

导线单位长度的电荷量为

$$q=2\pi\varepsilon_0 r_0 nKE_{per} \tag{2.7}$$

式中，$\mathrm{d}s$ 为导线的元面积；s 为导线的总面积。

因此，导线单位长度的工作电容为

$$C = q/U_{\mathrm{m}} = \sqrt{2}\,\pi\varepsilon_0 r_0 nKE_{\mathrm{per}}/U \tag{2.8}$$

式中，U_{m}、U 为相电压最大值和有效值；ε_0 为真空介电常数；r_0 为导体半径。

式（2.8）表明，随着分裂导线 n 数目的增加，电容 C 也随着增加，但要使导线表面场强均匀，还须考虑导线的排列方式，使利用系数 K 增大，尽可能接近于 1，才能得到导线最大的工作电容。为了增大 K，每相导线就必须合理布置和进行优化设计。由以上分析可知，为了提高线路的自然功率，一方面可以使用截面较大的导线、增加导线分裂数，另一方面可以压缩相间距离，而这几种措施的根本目的在于增大线路的工作电容，减小其波阻抗。

3. 高自然功率紧凑型线路分裂子导线的合理结构

由以上分析可知，高自然功率紧凑型线路的一个主要问题，就是选择适当的根数 n 和子导线的合理布置。布置方案的确定直接影响导线表面场强、线路走廊、线路自然功率、无线电干扰强度和地面电场强度等诸多方面。但在初选方案时，可以先计算在一定的布置方式下导线表面场强和线路的自然功率，以此与常规线路作比较，这两项指标选择合适后再用其他指标校验。从目前国内外研究来看，已经取得了很多有价值的成果。

（1）分裂导线的布置方式

在子导线增加的条件下，若要提高场强的利用系数，就要将各相子导线排列成不同的形状，如平面形、抛物线形或局部椭圆型，而且相邻子导线的间距并非完全相同，才能改善电场分布，这就需要进行优化设计。500kV 线路子导线六分裂不对称布置的一种形式如图 2-3 所示。这种布置考虑到子导线的组合排列，使每根子导线表面的场强接近允许场强，使波阻抗大大下降，从而使自然功率增幅非常显著。根据分析计算可知，不对称布置排列组合提高输送功率比常规高出 50%~70%。

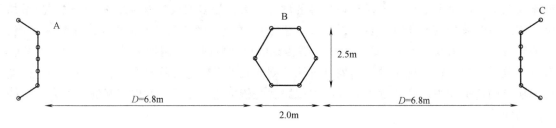

图 2-3　500kV 线路导线六分裂不对称布置

高自然功率紧凑型线路的各种方案如图 2-4 所示。图 2-4a 垂直平面型，有任意的分裂导线数，布置在垂直平面内；图 2-4b 水平平面型；图 2-4c 任意倾斜平面型；图 2-4d 对称抛物线型，分裂导线沿着链形线布置；图 2-4e 不对称抛物线型；图 2-4f 同轴型，分裂导线布置在同轴圆柱体的表面上；图 2-4g 双重同轴型，将一相的分裂导线平分为二，均匀放在两个平行圆柱体的表面上，其他两相的导线则放在另两个同轴圆柱体的表面上，并且分别将第一相的导体包围起来。

对上述不同类型线路的大量计算表明：由于相邻分裂导线间的距离与每相的分裂导线数无关，从而可以建立这样的线路，其导线能在空间具有最大的投放密度，因而也就具有最大的电磁能量密度。与此同时，可以保证线路的自然功率与每相的分裂导线数成正比增长。

（2）紧凑型分裂子导线数目

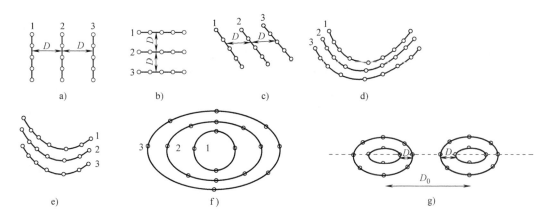

图 2-4　高紧凑的不同方案

在不同的分裂数下进行优化排列时，就会发现紧凑型线路中分裂数和线路自然功率的关系，如图 2-5 所示。当分裂数超过 7 时，尽管进行了优化排列，自然功率的上升还是一定程度上呈现出饱和趋势。所以，虽然在理论上紧凑型线路的分裂数和自然功率呈线性关系，因而可以取得很大。但实际中，由于结构尺寸、绝缘距离等诸多因素，分裂数的选取还是受到一定限制，尽管进行了优化排列，自然功率上升也会受到限制。500kV 紧凑线路在不同分裂数下进行优化排列得到分裂数与自然功率的关系如表 2-1 所示。所以在国家电网公司企业标准《500kV 紧凑型架空送电线路设计技术规定》（Q/GDW110—2003）中明确指出：500kV 紧凑型线路，分裂子导线分裂数在 4~8 范围内。

当采用 7×LGJ-300 型导线时，线路的经济传输容量是 2051MVA。按照上述的标准计算，可得自然功率为 1967MW，导线表面最大场强最小的也接近 80%。但是，边相的结构较大（7.2m），要进一步提高自然功率显然比较困难。如果利用截面积为 240mm^2 的导线，线路的结构尺寸就大大缩小，自然功率为 1653MW，边相高度只有 3.2m，小于六分裂时的尺寸。

表 2-1　紧凑型线路中分裂数和自然功率关系

分裂数 n	4	5	6	7	8	9
自然功率 P_H/MW	1533	1663	1760	1810	1840	1870

4. 高自然功率紧凑型线路有待深入探讨和解决的问题

高自然紧凑型输电线路优点是很明显的。但为了更合理推广、采用这种新型的输电线路，有下列问题有待深入探讨和解决。

1）紧凑型输电线路是电力系统的一个重要组成部分，在大幅度改变线路参数和性能的同时，涉及系统各个方面，如系统过电压水平、补偿调压措施、干扰噪声等。同时，当输送功率大幅增加时，势必减少输电的回路数，直接关系到电网的可靠性和稳定性。

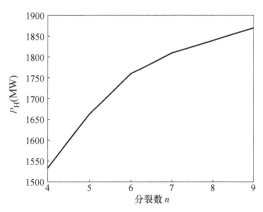

图 2-5　紧凑型线路中分裂数和自然功率的关系

因此必须从电网的安全运行、技术经济合理等方面综合考虑。

2）为了实现导线的优化设置，子导线的排列呈椭圆型、抛物线型等，各个相邻子导线间的距离又有差异，而且沿线子导线间的距离也不相同，这就要求设计和制造多种新的特殊金具结构，不仅满足子导线的固定和机械强度要求，而且还要保证金具处的场强不致高于电晕放电电压。过于复杂的线路导线结构（特别是非对称布置），金具制造困难，尤其在覆冰不均匀条件下导线的舞动问题目前没有运行经验，增加了线路工程建设和运行维护检修的复杂性。

3）设计、制造新型的杆塔。常规线路与高自然功率紧凑型线路的杆塔有很大区别。紧凑线路杆塔是封闭形的，三相导线被环抱在杆塔内部。由于传输功率的增长，子导线数比常规线路多，杆塔所受的负荷将会增加，因此杆塔设计应打破构架的传统结构形式来满足紧凑型线路的电气和机械强度的要求。

4）研制新型电抗器和限制过电压。高自然功率紧凑型线路导线的电容成倍增加，要求并联电抗器的补偿容量也随之增加。为使线路受端电压不致过高和减少功率损耗，并联电抗器最好做成可控式的。因为在超高压的线路上具有很大的充电电流，在电路自振频率和电源电压频率相近或相等的不利参数组合下，将会引起共振现象。或者同步电机的感抗与对称运行方式下的线路容抗成一定关系时，也会发生自励，其结果将使电网各点的电压升高。电抗器做成自动控制方式，可以更有效地限制过电压。

正是基于上述原因，特别是金具研制安装和维护方面的困难，高自然功率紧凑型线路在实际工程中应用有较大难度。目前，国内外高自然功率紧凑型线路实际应用得较少，而是大力发展一般紧凑型线路。这种牺牲一部分自然功率上升的幅度（约为常规线路的20%~40%）而得到线路设计安装及维护方便的做法，是不得已而为之的。随着金具研制水平的提高及系统各方面的完善，如果能够生产出满足机械及电气各方面要求的金具，且能在高自然功率紧凑型线路中顺利实施，那么高自然功率紧凑型线路的应用前景将是十分广阔的。

2.1.3 导线布置和结构确定的基本参量

前面介绍了高自然功率紧凑型线路分裂子导线的排列结构，由于高自然功率紧凑型线路在实际中应用很少，因此这里着重介绍一般紧凑型线路的导线布置和结构的确定。

1. 导线布置和结构造型原则

从确保供电安全、便于施工和维护角度考虑，建议相导线布置和分裂导线结构全部采用对称分布，虽然它在提高线路自然功率的幅度方面比导线不对称布置的紧凑型线路要小，但对称分布的导线和传统分裂导线差别不大，国内外已有长期安全运行和维护经验。实际上只要选配合适，还是能够较大程度上提高线路自然功率的。

建议三相导线采用三角形布置，均匀各相电荷分布。对临近城市或通过人口稠密、电磁环境防护要求较高的地区，建议采用倒三角布置，这种布置和常规线路相比，高电场和高磁场范围有较大幅度减小，最大电场和磁场值也有所减少；对人口稀少、电磁防护要求不高、拆迁范围主要取决于线路建设需要的地区，也可采用正三角布置，它在导线悬挂方式上，可能比倒三角布置要简便一些。

根据国家电网公司企业标准《500kV紧凑型架空送电线路设计技术规定》（Q/GDW110—2003），对于紧凑型线路，同回路的三相导线应布置在同一塔窗内，三相导线宜采用等边倒三角形对称布置。每相分裂导线宜采用等边、对称布置。每相子导线数不小于 6，子导线宜采用对称、均匀布置。为了控制分裂导线次档距振荡，分裂间距与子导线直径之比宜大于 15。导线选型时，应使每根子导线电荷基本平衡，子导线不均匀系数不宜大于 1.05，最小电荷不均匀系数不宜小于 0.95。相导线工作电容相差不宜超过 0.25%。

2. 作为对比的基本参量

紧凑型线路的导线布置直接关系到线路自然功率、线路走廊、导线表面场强、无线电干扰、可听噪声、电晕损失、线下工频电场和磁场等诸多特性，最终确定的导线布置方案应同时满足上述各方面的要求。为了在任选方案时突出重点，减少计算工作量，可先选用线路自然功率、导线表面场强作为常规线路对比的基本参量。这两项参数选择合适，由此派生的其他特性基本上也会满足要求。

在此，以 500kV 线路的计算为例来作简要说明。根据不同类型 500kV 常规线路计算表明，额定电压 500kV 的自然功率一般都在 1000MW 上下波动，为简化计算，按 1000MW 考虑。

我国 500kV 常规线路最小导线为 4×LGJQ-300 型，最小相间距离 11.8m，在导线对地平均高度为 18m 和工作电压 525kV 下，计算的线路表面最大场强为 18.02kV/cm。考虑到输电线路的无线电干扰、可听噪声和电晕损失都直接取决于导线表面场强，所以，新建 500kV 紧凑型线路的导线表面场强也应大体保持在这一水平。

3. 自然功率、导线表面场强与线路结构的关系

为全面了解 500kV 紧凑型线路自然功率、导线表面场强与相间距离、分裂根数、分裂距离等有关参数的关系，以便得到综合性的规律，为今后紧凑型线路设计提供依据，在每相总铝截面积大体相等的条件下，计算了不同相间最小距离、分裂根数、分裂导线外接圆直径条件下的线路自然功率和导线最大表面场强，得到综合关系曲线如图 2-6、图 2-7 所示。

需要指出，这里采用分裂导线外接圆直径代替分裂间距，目的是便于在相同的条件下进行比较，即在相同的相间距离、杆塔尺寸和大致相等相导线截面的条件下，比较上述参数对

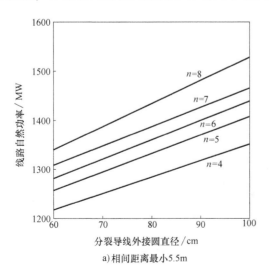

a) 相间距离最小5.5m

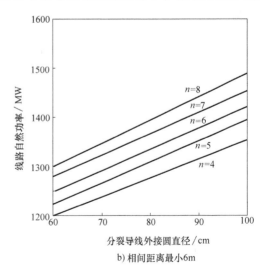

b) 相间距离最小6m

图 2-6 自然功率与相导体结构之间的关系

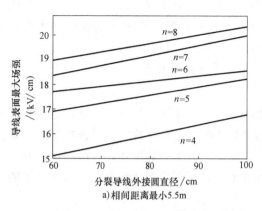
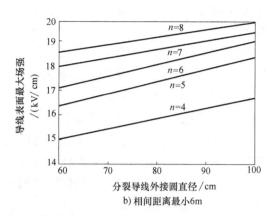

a) 相间距离最小5.5m   b) 相间距离最小6m

图 2-7 导线表面最大场强与相导体结构之间的关系

线路自然功率和导线表面场强的影响。如果采用分裂间距，那么在相同的分裂间距条件下，对不同分裂根数的方案，它们的外接圆直径不同，相应的塔头尺寸也不同，较难准确评价其经济技术效果。5 种方案导线有关参数见表 2-2。

表 2-2 5 种不同分裂根数的导线有关参数

导线根数	导线型号	导线直径/cm	总铝截面积/mm²	导线铝截面积/mm²	允许场强/(kV/cm)
4	LGJ400/50	2.763	1598.92	399.73	19.85
5	LGJ300/50	2.394	1500.45	300.09	20.15
6	LGJ240/50	2.166	1433.10	238.85	20.37
7	LGJ210/50	2.038	1482.11	211.73	20.51
8	LGJ210/50	2.038	1693.84	211.73	20.51

由图 2-6 及图 2-7 可知，减小相间距离可以增加线路自然功率，但将引起导线表面场强增加，以六分裂外接圆直径 70cm 为例，相间最小距离每减少 0.5m，线路自然功率增加 30～35MW，导线表面场强增加 0.49～0.57kV/cm；分裂根数增多和分裂间距加大，自然功率随相间最小距离减小而增长的幅度相应加大，而表面场强增长的幅度变化不明显。

增加分裂间距也可增加线路自然功率，但也将引起导线表面场强增加，以六分裂为例，外接圆直径每增加 10cm，线路自然功率增加 36～50MW，导线表面场强增加 0.37～0.4kV/cm；分裂根数增多和相间最小距离减少，自然功率将随外接圆直径减小而增长的幅度相应加大，表面场强增长的幅度变化也不明显。

增加分裂根数可以同时增加线路自然功率和减少导线表面场强，分裂导线根数的增加引起线路自然功率增加，在分裂根数少时比多时更为明显，而对减少导线表面场强情况正好相反。增加 1 根导线，在四分裂时自然功率将增加 40～50MW，导线表面场强减少 0.35～0.5kV/cm；在六分裂以上时自然功率增加仅 20～30MW，而表面场强的减小却在 1kV/cm 以上。

增加分裂导线根数可以同时达到增加自然功率和减小表面场强的双重目的，在紧凑型线路导线选型时应充分利用这一特点。

4. 导线结构尺寸选取的具体步骤

压缩相间距离可提高线路自然功率，因此，首先要确定满足线路过电压所需的相对地和相间最小距离，在考虑带电作业所需附加间隙和确保安全运行需要的一定裕度后，给出实际线路最小间隙，根据线路金具、均压和屏蔽装置的实际尺寸，可以折算到两相分裂导线间的最小距离。然后按设计要求线路提供的自然功率和允许的导线表面场强，由图 2-6、图 2-7 所示曲线查得，能同时满足两者要求的几个导线布置方案，然后再重点对这几个方案作进一步技术经济比较，选其最优者。根据国家电网公司企业标准《500kV 紧凑型架空送电线路设计技术规定》（Q/5GDW110—2003），500kV 紧凑型线路导线相间距离不宜大于 6.7m，分裂子导线分裂数在 4~8 范围内，外接圆直径不宜小于 75cm。

2.1.4　紧凑型线路对系统的影响分析

紧凑型输电线路在电力系统中的比例不断增加，由于紧凑型线路与一般线路有较大的差异，故紧凑型线路在大幅度改变线路参数和性能的同时，又涉及系统各个方面。如系统过电压水平、补偿调压措施、干扰噪声等。且当输送功率大幅增加时，势必减少输电的回路数，直接关系到电网的可靠性和稳定性。因此必须从电网的安全运行、技术经济合理等方面综合考虑。

1. 新型杆塔及绝缘子和金具的组合

常规线路与紧凑型线路的杆塔有较大的区别。紧凑线路杆塔是封闭形的，三相导线被环抱在杆塔内部。由于传输功率的增长，子导线数比常规线路多，杆塔所受的负荷将会增加，因此杆塔设计应打破构架的传统结构形式来满足紧凑线路的电气和机械强度的要求。对于高自然功率紧凑型线路而言，由于导线的非对称布置，因此导致金具设计困难；而对一般紧凑型线路而言，现在已经有了成熟的产品可以使用。根据国家电网公司企业标推《500kV 紧凑型架空送电线路设计技术规定》（Q/GDW110—2003），塔型选择应符合安全可靠、运行维护方便的原则。紧凑型线路宜采用自立式杆塔，可因地制宜地采用拉线塔型。直线塔导线绝缘子金具组装串应采用 V 形串。V 形盘型绝缘子串的最小夹角不宜小于 80°。夹角较小的 V 形串宜采用复合绝缘子。

2. 无功补偿的容量问题

高自然功率紧凑型线路导线的电容成倍增加，要求并联电抗器的补偿容量也随之增加。为使线路受端电压不致过高和减少功率损耗，并联电抗器最好做成可控式的。因为在超高压的线路上具有很大的充电电流，在电路自振频率和电源电压频率相近或相等的不利参数组合下，将会引起共振现象。或者同步电机的感抗与对称运行方式下的线路容抗成一定关系时，也会发生自励，其结果将使电网各点的电压升高。电抗器做成自动控制方式，可以更有效地限制过电压。

输电线路单位长度的工作电容与工作电感分别为

$$C = 2\pi\varepsilon_0 r_0 nkE_{yn}/U_{ph} \tag{2.9}$$

$$L = 2\times10^{-7}U_{ph}/(r_0 nk_{en}E_{yn}) \tag{2.10}$$

由式（2.9）、式（2.10）可知，线路单位长度的工作电容与其导线的分裂数 n 及子导

线的半径 r_0 成正比，而工作电感与其子导线的分裂数及子导线的半径 r_0 成反比，即增加 n 及 r_0 的结果是使紧凑型输电线路单位工作电容变大、单位工作电感变小，在提高线路额定自然功率的同时，也使线路的容性无功充电功率大大增加。为此，必须增加相应的感性无功功率以保证系统的无功潮流平衡。

长度为 l 的三相输电线路容性无功功率和感性无功功率分别为

$$Q_C = 3\omega C U_{ph}^2 l \tag{2.11}$$

$$Q_L = 3\omega L I^2 l \tag{2.12}$$

式中，Q_C、Q_L 为线路的容性无功功率和感性无功功率；U_{ph} 为线路额定相电压；ω 为电源角频率；l 为线路长度；I 为线路中流过的电流。

紧凑型输电线路空载状态的容性无功功率与感性无功功率的差值决定了其对感性无功功率的需求，如果 $Q_C - Q_L = 0$，即线路的容性无功功率和感性无功功率相等，则可得

$$I = U_{ph}\sqrt{L/C} = I_H = U_{ph}/Z_0 \tag{2.13}$$

此时，线路中流过的电流为自然电流 I_H。如线路中的电流 I 与自然电流不相等，设 $I = k I_H$（k 为任意数），则

$$\begin{aligned} Q &= \left[3\omega l U_{ph}/(v_0 Z_0)\right] g\left(1 - Z_0^2 k^2 I_n^2/U_{ph}^2\right) \\ &= P_H \lambda\left[1 - (P/P_H)^2\right] \end{aligned} \tag{2.14}$$

式中，P_H 为线路的额定自然功率；P 为线路的传输功率；λ 为波长。

由式（2.14）可知，线路空载时（$P = 0$）将有最大的感性无功功率需求（$Q = P_H \lambda$）。采用紧凑型输电技术的 220kV 及 500kV 输电线路的额定自然功率 P_H 可提高 30%～50%，显然其对感性无功功率的需求也将相应地增加 30%～50%。

根据电力系统对可靠性的要求，一般输电线路的传输功率为 $P_H/P = 1.2$，其剩余的容性无功功率应由并联电抗器吸收，此工况下并联电抗器吸收的无功功率最小，应为

$$Q_{R1} = P_H \lambda\left[1 - (P/P_H)^2\right] = 0.30 P_H \lambda \tag{2.15}$$

另一方面，在空载时（$P = 0$），线路首末端电压的变化率应在规程允许的范围内，即当 $P/P_H = 0$ 时，线路全部容性无功功率与感性无功功率的差值均应由并联电抗器吸收，此工况下并联电抗器吸收的无功功率最大，应为 $Q_{R1} = P_H \lambda$。由此可知，当线路的传输功率 P 在 0～P_H 范围内变化时，其所需的并联电抗器的容量也应作相应的变化，变化范围为

$$\Delta Q_R = Q_{R2} - Q_{R1} = 0.7 P_H \lambda \tag{2.16}$$

3. 潜供电弧的熄灭

当线路发生单相接地故障时，线路两端故障相的断路器相继跳开后，通过健全相的静电耦合（电容传递）和电磁耦合（互感传递），弧道中仍将流过一定的感应电流（即潜供电流或称二次电流）。恢复电压是在潜供电弧熄灭后瞬间出现在弧道上的电压。超高压输电线路的故障 90% 以上是单相接地故障，而单相接地故障中约有 80% 为"瞬时性"故障。在我国，500kV 线路大多采用单相重合闸消除单相接地故障来提高系统的稳定性和供电的可靠性。单相重合闸的成功与否取决于故障点的潜供电弧能否自熄。现场运行经验与试验结果表明，稳态下潜供电流和恢复电压的幅值是潜供电弧自灭的两个决定因素。

潜供电流由两部分组成；由仍处于工作状态的非故障相通过相间电容，对故障点提供的能量称为电容分量；非故障相与故障相存在互感耦合，使故障相上有感应电压，同样对故障

点提供能量,称为电感分量。潜供电流中的电容分量几乎是常数,线路长度对其影响很小,而电感分量与线路长度成正比,线路越长,电感分量越大。在线路较短时,电容分量起主要作用,当线路达到一定长度后,电感分量起主要作用。此外,潜供电流的电感分量与故障点的位置密切相关。

对紧凑型线路而言,由于相间电磁耦合要比常规型线路强,所以其潜供电流和恢复电压均较常规线路要大。对于线路上有串联补偿的情况,问题更为突出。

(1) 安装中性点接小电抗的并联电抗器

在线路两端安装带有中性点小电抗的并联电抗器,以使等效相间电纳等于容纳,两者形成并联谐振,使潜供电流静电感应分量的回路阻抗为无穷大,以此来削弱静电感应分量。它从两个方面影响潜供电弧的自灭特性。首先,只要适当选择对地小电抗的数值,就可以补偿形成潜供电流的相间电容和相对地电容,从而减小潜供电流值,使潜供电弧易于熄灭。其次,补偿电抗与线路上的相间电容和相对地电容可产生谐振。当电弧过零后,弧道上所承受的是一个拍频振荡的电压,其幅值为电源电压与电抗器上电压的叠加,在电弧电流过零瞬间,补偿电抗器上的电压与电源电压反相,电弧弧道上承受的恢复电压较无补偿电抗器时的电压低。

(2) 采用快速接地开关 (HSGS)

对于那些线路较短、无需接电抗器限制工频过电压,或虽有电抗器但接在母线上,不是针对某条线路而设的情况,无法使用安装中性点接小电抗的并联电抗器的方法,而只能采用快速接地开关。其实质是将故障点的开放性电弧转化为开关内压缩性电弧,流经开关的电流仅几百安,易开断。它使故障点的潜供电流大大降低,从而使电弧容易熄灭。

操作步骤如下:

1) 单相接地短路故障发生,产生一次电弧。
2) 故障相两端断路器跳闸,一次电弧熄灭,次电弧产生。
3) 装设于故障相的 HSGS 接地,潜供电弧熄灭。
4) HSGS 打开。
5) 断路器重合闸。

2.2 大截面导线输电技术

2.2.1 基本原理

大截面导线输电技术,是指超过经济电流密度所控制的常规的最小截面导线 (如 220kV:$2 \times 300 mm^2$;500kV:$4 \times 300 mm^2$),而采用较大截面的导线 (如 500kV:$4 \times 500 mm^2$,$4 \times 630 mm^2$,$4 \times 720 mm^2$ 甚至 $4 \times 800 mm^2$),以提高线路输送能力的新型输电技术,图 2-8 所示为导线载流量和导线截面关系。

如图 2-8 所示,导线截面和载流量之间并非是一种严格意义上的线性关系,而是随着导线横截面积的不断增加,载流量也不断增加。随着横截面积的增加,由于受到趋肤效应的影响,电流聚集在导体表层,载流量增加趋势有所缓和。电力系统的电能在短距离输送过程中,输电能力主要受到线路热容量的限制,随着导体载流量的不断增加,线性温度也会增

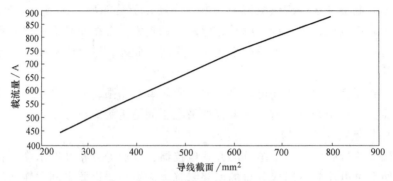

图 2-8　导线载流量与导线截面关系

加，电流量会随之受到限制，所以增加导线截面积也成了必然。增加导线截面积能够在保证导线温度不变的情况下，提高电能输送功率。大截面架空线路导线的出现极大降低了线路单位长度的电阻，增加了线路载流量。同时，大截面导线技术能解决出线回路多而出线走廊资源有限的问题。

在同等条件下，按导线的发热条件计算，大截面输电技术的输电容量可提升大约 50%，按经济电流密度计算，导线截面积若增加 1 倍，该技术下导线输电容量可提升 90% 以上，从而提高输电走廊效率。此外，该技术可提升线路的机械性能与电气性能，从而改善其线路对环境的影响。

1. 电气性能

大截面导线首先需要考虑的问题是电气性能，这主要考虑线路的电阻特性和电晕特性。电晕是电位梯度在超过一定的临界值后导致周围的空气游离产生的一种发光放电的现象。由计算可知，导线的截面积越大，则单位长度导线的电晕线损就越小，线路的表面电位梯度也就越低；清洁绞线在晴天的临界电晕场强（单位为 MV/m）如下式所示：

$$E_0 = 3.03 m \delta^{2/3} \left(1 + \frac{0.3}{\sqrt{r}}\right) \tag{2.17}$$

$$\delta = \frac{0.386p}{273 + t}$$

式中，m 为导线表面状况系数，对于绞线一般取 0.82；δ 为相对空气密度；p 为气压（Pa）；t 为气温（℃）；r 为导线半径（cm）。

500kV 输电线路不同截面下导线表面电场强度与起始电晕场强如表 2-3 所示。

表 2-3　500kV 输电线路不同截面下导线表面场强与起始电晕场强

导线规格	4×LGJ300	4×LGJ400	4×LGJ500	4×LGJ630	4×LGJ720
E_m/（kV/m）	26.21	22.70	20.30	18.09	16.92
E_0/（kV/m）	33.18	32.52	32.08	31.66	31.44
E_m / E_0	0.79	0.7	0.63	0.57	0.54

由表 2-3 可见，随着导线截面积的增加，其最大表面场强 E_m 将减小；虽然起始电晕场强 E_0 也有所减小，但与最大表面场强 E_m 相比减小程度不大，比值 E_m / E_0 大大减小，这样导线表面就难以发生电晕，大大减小了输电线路的电晕损耗。

2. 地面场强

输电线下的电场强度主要决定于线路输送电压的等级、导线对地的距离、相导线的布置、相导线的分裂根数及导线的截面积等。对于双回同塔线路，线下的场强还与两回线路的相序排列方式有关。输电线路的地面场强计算一般用等效电荷法。现以 500kV 单回路水平排列为例，给出相间距离 14m，相导线对地高度 14m 时，离地面 1m 的最大场强值。

500kV 单回输电线路不同截面积导线地面场强如表 2-4 所示。

表 2-4　500kV 单回输电线路不同截面积导线地面场强

导线规格	4×LGJ300	4×LGJ400	4×LGJ500	4×LGJ630	4×LGJ720
地面场强（kV/m）	6.88	7.12	7.40	7.75	7.96

从表 2-4 可见，随着导线截面积的增大，线路地面场强逐渐增加，但增加的幅度不大，一般不会对输电线路造成大的影响。此时，在相同的输电容量下，单位长度导线的电阻损耗会越小。

3. 机械性能

大截面导线具有较好的机械性能，根据计算，在相同的铝钢比下，截面积越大，线路覆冰的抗过载能力越强，在线路等效截面积差不多的情形下，小截面多分裂数与大截面少分裂数的导线相比，线路的机械性能可以改善。

4. 环境影响

输电线路的环境影响如无线电干扰、电场效应（合成场强、人或物体感应电压）、电视的干扰及可听噪声，直流线路还应考虑离子流的密度。导线的截面积变大，则会减小线路所产生的无线电干扰、噪声和电视的干扰。根据直流输电工程中的计算结果表明，采用 $720mm^2$ 导线后，输电线路下对人体或物体的感应电压及其稳态电击或瞬态电击是没有任何危险的，并且优于常规导线。

2.2.2　大截面导线输电技术应用案例

在大截面导线输电技术应用方面，我国起步时间相对较晚，国内采用大截面导线的超高压输电线路大部分截面积为 $500mm^2$ 与 $630mm^2$，而在国外却大部分都在 $800mm^2$ 以上。随着西电东送、特高压输电工程的实施，我国在大截面输电领域发展迅速，如应用到三峡工程 $720mm^2$ 的大截面架空导线，提高了三峡工程的输电效率。2009 年我国首条 $1000mm^2$ 的大截面导线试验成功，并且应用到实际工程中，取得了不错的经济效益和社会效益。

作为国内 220kV 电网中第一个大截面、双分裂、同杆并架输电线路的妈西线（即深圳市妈湾电厂—西乡变电站），自 1993 年 1 月电站建成投产至今，已经安全运行 20 多年了。由于其导线截面积（$2×630mm^2$）超过以往国内电网最大导线截面积的 50%～100%，因此系统功能强，费用比较低，占用土地和环境资源也比较少。这在我国 220kV 电网建设上是一个新的突破，对运用技术经济分析方法去指导电网的规划设计进行了成功的探索，为负荷密度大、发展速度快的新兴电网和城市电网的高起点建设，提供了宝贵的经验。

（1）工程造价低

表 2-5 为妈西线工程中采用大截面导线与普通导线的经济造价对比（以普通导线为基准）。

表 2-5　妈西线工程不同导线经济对比

导线型号	LGJF-300/40	LGJF-630/55
导线用量/t	666	649
导线用量变化/t	0	−17
架线工程费/万元	0	−28.2
塔材用量/t	1483	1195
塔材用量变化/t	0	−288
杆塔工程费/万元	0	−149.2
基础工程费/万元	0	−83.0
耐张绝缘子型号	LHP-21	LHP-16
附件工程费/万元	0	−64.4
其他费用/万元	0	+7.0
材料价差及预备费/万元	0	−114.8
总投资/万元	0	−432.6

从表 2-5 中可知，采用大截面导线与目前普遍接受的增加线路回路数方式相比，能够节省走廊和间隔，降低各种赔偿和间接费用，投资低于其他各种方式。

（2）线路功率损耗少

采用大截面导线后，其工频直流电阻减小，功率损耗降低，表 2-6 为妈西线用大截面导线与普通导线功率损耗的对比。

表 2-6　大截面导线与普通导线功率损耗对比

型号	r_0/Ω	$\Delta P/kW$	ΔW[①]	ΔM[②]
2×300/25	0.0476	37.97	18.985	9.4925
2×630/55	0.0233	18.53	9.265	4.6325

① ΔW 为年电能损耗，$\Delta W = \tau \Delta P$，单位为 $\times 10^4$ kWh。

② ΔM 为电损年费，T 为电价，这里 $T=0.5$ 元/kW，$\Delta M = T\Delta W$，单位万元。

从表 2-6 可以看出，$2\times300\text{mm}^2$ 线路每公里的功率损耗是 $2\times630\text{mm}^2$ 的 2 倍。采用 $2\times300\text{mm}^2$ 截面导线的线路，虽然每公里的造价比 $2\times630\text{mm}^2$ 的线路少 24.5 万元左右，但前者每公里年网损比后者要高 4.86 万元，因而从静态投资的角度看，采用大截面输电线路只需 5~6 年就可全部收回多投的资金；从动态分析的角度看，在正常情况下，用 8 年左右的时间就可收回多余资金投入。所以采用 $2\times630\text{mm}^2$ 大截面导线大大减少了线路损耗，在经济运行方面是有很大好处的。

妈西线多年来的建设、运行实践经验表明，当初的选择是对的。它不仅在我国开创了大截面导线应用的先例，满足了电网负荷高密度、高增长的需求，节省了走廊、环境资源，降低了建设、运行成本，还为运用技术经济方法去分析、指导电网规划、设计与建设提供了很好的示范作用。随后，深圳的第二回和第三回 $2\times$LGJ-630 型线路相继投产运行。深圳电网中广泛使用的 $2\times630\text{mm}^2$ 大截面输电线路，其功能和经济效益已被全国电力系统广泛认可。

随着我国电力发展的需要及大截面导线输电技术的进步，大截面导线将在我国超特高压输电线路中广泛采用。但需要注意的是，大截面导线输电虽然能够提高输送功率、减少线路损耗，但随着导线截面的增加、杆塔承受荷载增加，架线施工难度加大、投资费用增加。因此，在应用大截面导线时，要根据线路输送容量的实际需求，适当留有一定的载流裕度，采用合理的大截面导线即可，不要盲目采用过大截面的导线。

2.3 耐热导线输电技术

2.3.1 基本原理

1. 耐热导线的基本概念

（1）基本概念

耐热导线输电技术是输电线路采用能耐受高温的导线，提高导线的允许温度，从而提高线路的输送容量的新型输电技术。增加导线电流量是与导线直径、电导率和导线的允许温升有关联的。增大导线直径将使杆塔的水平荷载、垂直荷载增加，一般需要重新设计新杆塔，增加投资，有时很不经济；改变导线材质中稀有金属的配比可提高电导率，但电导率提高会使导线成本加大，且目前制造的多种导线的电导率已接近国际标准韧铜的 58% ~ 62%，且已不可能无限制地提高。因此，提高导线的允许温升，可使用耐热导线代替普通输电线，从而增加导线载流量，使得线路的输送功率较大幅度的提高。

（2）耐热导线的载流量

导线载流量与导线所处气象条件（环境温度、风速、日照强度）有关，在计算导线载流时，应使导线不超过某一温度，目的在于使导线在长期运行或在事故条件下，由于导线的温升，不致影响导线强度，以保证导线的使用寿命。我国规定，导线允许温度（以下简称导线温度）：钢芯铝绞线和钢芯铝合金绞线为 70℃（大跨越为 90℃）。

导线载流量计算公式很多，其中英国摩尔根公式考虑影响载流量因素较多，并有试验基础。摩尔根公式为

$$I_g = \sqrt{\frac{9.92\theta(vD)^{0.425} + A + \alpha_s I_s D}{K_t R_t}} \qquad (2.18)$$

其中 $A = \pi \varepsilon S D [(\theta + t_a + 273)^4 - (t_a + 273)^4]$

式中，θ 为导线载流时温升（℃）；v 为风速（m/s）；D 为导线外径（m）；ε 为导线表面辐射系数，光亮新线为 0.23 ~ 0.46，发黑旧线为 0.9 ~ 0.95；I_s 为日照强度（W/m²）；S 为斯蒂芬-包尔茨曼常数，$S = 5.67 \times 10^{-8}$ W/m²；t_a 为环境温度（℃）；α_s 为导线吸热系数，光亮新线为 0.23 ~ 0.46，发黑旧线为 0.9 ~ 0.95；K_t 为导线温度在 $\theta + t_a$ 时的交直流电阻比；R_t 为导线温度在 $\theta + t_a$ 时的直流电阻（Ω/m）；从上述公式可以看出，导线载流量与导线电阻率、环境温度、导线温度、风速、日照强度、导线表面状态（辐射系数和吸热系数）、空气传热系数和运动黏度等因素有关。

现选用 NRLH58GJF-400/35 型导线，根据导线不同最高允许温度 t，可计算出环境温度为 30℃时，导线的允许工作电流 I_g 如表 2-7 所示。

表 2-7　环境温度为 30℃时导线的允许工作电流

导线最高允许温度/℃	70	90	110	130	150
导线允许工作电流 I_g/A	971	1093	1183	1263	1338

从表 2-7 中看出，对 NRLH58GJF-400/35 型导线，导线温度从 70℃提高到 110℃后，载流量可提高 21.8%，提高到 150℃时载流量可提高 38%。换言之，即当载流量要求不变时，所需的导线截面积可减小。如原需截面积 400mm^2，提高导线温度后（如从 70℃提高到 110℃），当载流量不变时，则只需 300mm^2。

由于线路的输送功率与导线的载流量成正比，所以导线的输送功率也随允许温度的提高而增加。500kV 电压等级下的 4×NRLH58GJF-400/35 型导线不同温度下输送功率比较如表 2-8 所示。

表 2-8　4×NRLH58GJF-400/35 型导线不同温度下输送功率比较

导线最高允许温度/℃	70	90	110	130	150
输送功率/MW	1942	2186	2366	2526	2676

通过表 2-8 可以看出，随着导线允许温度的升高，输送功率明显提高。所以提高导线允许的温升、采用耐热导线代替普通导线可以增大载流量，提高输送功率。

2. 耐热导线的耐热机理

铜、铝等金属导体材料通电以后随着自身温度的提高，其机械性能会降低，因而大大影响了输电能力的提高。

从 20 世纪 40 年代起，美国等工业先进的国家即开始研究输电导线材料的耐热机理，并努力寻求一种能提高铜、铝等导电材料耐热性能的方法，也就是使导线处于高温状态下也不至于降低机械强度，保持其良好的使用性能。人们通过研究发现，在金属铜中加入少量的银即有明显的耐热效果，并开发出被称为 Hy-Therm-Cupper 的耐热钢导线。其后，人们对架空输电导线所大量使用的金属铝材料的研究又取得了新进展。

美国通用电气研究实验室的 Harrington R. H 通过研究并于 1949 年发表论文认为：添加金属锆（Z_r）能提高铝材的耐热性能。该项发现受到国际上相关专业人士的关注和重视，尤其是日本在开发和研究耐热导线方面取得较大进展，开发出在铝中添加 0.1%左右锆的耐热铝合金导线，并于 20 世纪 60 年代初开始在输电线路实际应用。耐热铝合金导线一经问世即显示出巨大的生命力，以最基本的耐热铝合金导线——钢芯耐热铝合金绞线（TACSR）为例，其连续运行温度及短时允许温度比常规钢芯铝绞线（ACSR）要提高 60℃，分别为 150℃及 180℃，因此大大提高了输电能力。

铝材中添加金属锆能提高铝材的耐热性能，这主要是由于添加了金属锆以后铝材的再结晶温度得到了提高。从金属学上的耐热机理来分析，一般来说，金属经过冷加工以后会提高机械性能，这是因为由冷加工引起的原子空格、转位等各种晶格缺陷产生了畸变能的缘故。这种晶格缺陷使金属隐含着热力学上的不稳定性，随着温度的提高，原子的热振动能也随之增加，使上述的晶格缺陷容易移动，进而使金属内部积累的畸变能逐渐减少，其机械性能相应恢复到冷加工以前的退火状态。这种因金属温度提高而产生的原子转位、晶格缺陷移动现象的恢复称为再结晶退火。

在开发耐热铝合金导线的初期，专家认为这种铝合金的耐热机理与一般金属的耐热机理类似，提高耐热性能也就是要设法防止畸变能的减少，使其机械性能不至于因温度升高而受损失。所谓亚结晶晶粒成长，即向亚结晶晶粒边界析出细微的 Al_3Zr，能防止再结晶的产生。因此，细微的 Al_3Zr 析出越多，其耐热性能越好。但是，这种观点一般是对长期处于 400℃以上高温状态的金属而言，对于架空输电导线这种工作温度一般不超过 200℃ 的场合，其耐热性能与其说由细微的 Al_3Zr 起作用，不如说是由于固镕体锆（Z_r）自身转位的微观运动受到较大的障碍而形成的耐热。

3. 导线温度提高后对线路运行的影响

提高导线的允许温度后，导线的载流量增大，同时导线的交流电阻也相应增大，因此造成线路损耗也相应增加。但与线路输送容量增加相比，损耗的增加还是较小的。

导线允许温度提高到 110℃，电能损耗有所增加，导线在环境温度 20～35℃、线温 110℃ 运行时电能损耗比 70℃ 运行时约高 30%～50%。采用耐热导线，使允许线温提高到 110℃ 后，线路的输送能力可提高 25% 左右，系统规划中许多发电厂与变电所之间的新建线路可以缓建或者不建。而输送能力的提高，意味着无论由系统规定要求的 $n-1$ 准则的运行方式，还是负荷骤增而形成的输送瓶颈，都可以得到相应的缓解。可见其损耗增加的代价与年输送能力的提高相比，是微乎其微的。

2.3.2 耐热导线的研制与发展

1. 耐热导线的寿命

国内外试验表明，导线通过电流时，会引起温度升高，在铝线上产生退火效应，在铝合金线上产生退火和老化的综合效应，这些将引起强度损失。强度损失取决于温度的持续时间，这些效应是累积的，即导线的加热每年 10h 经过 10 年的效应等同于同样的温度连续加热 100h。导线的强度损失是导线发热允许温度的限制因素，导线的强度损失是温度和时间的函数。硬铝的退火开始于 75℃，它的强度损失随温度的升高而增加。根据很多国家的实验和现场调查显示，随温度和时间导线强度损失如表 2-9 所示。

表 2-9 F 型导线在各温度下的强度损失（%）

持续加热时间/h	85℃	100℃	125℃
1000	1.0	2.0	3.4
10000	1.4	3.0	4.7

对大多数的架空输电线路，由于热量的累积，导线发热达到最高允许温度，一般都发生在事故或负荷峰值以及最恶劣的环境条件，即低风速、高环境气温和高强度的太阳光照射时。

如果假定符合以上条件的情况每天发生，则持续加热 10000h 相当于 27 年的热量累积。在电流长期作用下，现在国际上通常按 30 年运行时期，预料的导线强度损失不大于 7%～10% 来规定导线的允许温度。

所以，如果提高了导线的温度后将增加强度损失，从而将降低导线的寿命。因此，设法提高耐热导线的强度，减小强度损失，增加使用寿命，对耐热导线输电技术发展至关重要。

2. 耐热导线的机电性能

作为早期开发的耐热铝合金线，其最大的缺点是电阻率高于普通硬铝线，电导率要低于普通硬铝线，约为58%IACS。好的普通硬铝线电导率能达到61%IACS。

在传统的钢芯铝绞线中用耐热铝合金线代替普通硬铝线就成了钢芯耐热铝合金绞线（TACSR）。虽然这种导线的耐热性能有了很大的提高，导线的载流量也有了相应的提高，但是由于它的电导率比普通钢芯铝绞线低，而且使用温度越高，电阻越大，因此，在钢芯耐热铝合金绞线问世早期，推广应用受到一定的影响。通过研究发现能提高金屑铝耐热性能的元素还有钛（Ti）和钒（V）。对金属铝导电率影响的程度以锆为最高，钛、钒次之。但实用中耐热铝合金线还是以添加锆为主。电导率降低的程度大约为：每添加0.1%的锆，铝合金电导率降低约为4.1%。为此，有关专家又开展提高电导率的研究，其措施主要是通过提高铝材的品质，适当地调整金属锆的含量，再添加适量的其他元素，同时改进加工制造工艺，经过10年坚持不懈的努力，终于开发出了电导率为60%IACS以上的耐热铝合金线（60TAl），由此产生了钢芯耐热铝合金绞线，又称为钢芯60%电导率耐热铝合金绞线（60TACSR），并从1973年起应用于输电线路。早期的耐热铝合金线也可称为58%电导率耐热铝合金线（58TAl），其制成的钢芯耐热铝合金绞线也可称为钢芯58%电导率耐热铝合金绞线（58TACSR）。

普通硬铝线与各类耐热铝合金线机电性能比较如表2-10所示。60%电导率耐热铝合金线（60TAl）的耐热性能以及机械性能，与早期的耐热铝合金线（TAl）是相等的，优点在于电导率有了提高。

表 2-10　普通硬铝线与各类耐热铝合金线机电性能比较

线种	型号	导电率(20℃) (%IACS)	抗压强度 /MPa	允许连续使 用温度/℃	允许短时使 用温度/℃
耐热铝合金线	TAl	>58	158~183	150	180
60%电导率耐 热铝合金线	60TAl	>60	158~183	150	180
超耐热铝合 金线	UTAl	>58	158~183	190~200	220~230
高强度耐热 铝合金线	KTAl	>58	218~261	150	180
硬铝线	HAl	>61	158~183	90	120

一般来说，导线的耐热性能和电导率是相反的特性，因此，单纯片面地提高耐热性能是不可取的，在实际输电线路中应将导线的电导率下降限制在允许使用的范围内。在上述前提下，经过研究，通过适当提高铝中锆的含量，再添加其他微量元素，通过调整加工工艺等措施，又开发出超耐热铝合金线（UTAl）。超耐热铝合金线的短时软化特性比耐热铝合金线还要优秀，长时软化特性具有相同的倾向，超耐热铝合金线与耐热铝合金线具有相同的电导率，由此开发出钢芯超耐热铝合金绞线（UTACSR），这种导线比较适用于旧线路增容改造或新建大容量输电线路。

众所周知，在铝材中添加若干金属元素（例如 Mg、Si 等）能提高其机械强度，同时也会降低其电导率。金属铝作为导电材料使用时，对于这些元素的添加要有所控制，尤其在高强度耐热铝合金线的场合，在兼顾高强度与耐热性的同时，更要对添加元素的种类有所选择和控制。因此，高强度耐热铝合金线是一种在不影响其导电性、耐腐蚀性等其他特性的前提下，优选和调整有关添加元素而开发出的新材料。由表 2-10 可见，高强度耐热铝合金线的耐热性与耐热铝合金线和 60% 电导率耐热铝合金线相同，而它的机械强度与原有的高强度铝合金线（KAl）相同。在传统的钢芯铝绞线中用高强度耐热铝合金线（KTAl）代替普通硬铝（HAl）就产生了钢芯高强度耐热铝合金绞线（KTACSR）。

另外，为了弥补钢芯耐热铝合金绞线和钢芯高强度耐热铝合金绞线电导率的不足及提高其防腐性能，采用了铝包钢芯代替普通钢芯，开发出了铝包钢芯耐热铝合金绞线（TACSR/AC）、铝包钢芯超耐热铝合金绞线（UTACSR/AC）和铝包钢芯高强度耐热铝合金绞线（KTACSR/AC）。若用高强度钢芯代替普通钢芯，则又产生了特强钢芯耐热铝合金绞线（TACSR/EST）、特强钢芯超耐热铝合金绞线（UTJLCSR/EST）和特强钢芯高强度耐热铝合金绞线（KTACSbR/EST），以满足不同场合的需要。

各类导线的机电参数如表 2-11 所示，表中列出了钢芯耐热铝合金绞线的一般特性，图 2-9 给出了不同截面积的钢芯耐热铝合金绞线对普通钢芯铝绞线允许载流量的倍数曲线。由

表 2-11 各类导线的机电参数

项　目		钢芯铝绞线 ACSR（810mm²）	钢芯耐热铝合金绞线 58TACSR（810mm²）	钢芯耐热铝合金绞线 60TACSR（810mm²）
结构/（根数/mm）	铝	Hal45/4.8	58Hal45/4.8	60Hal45/4.8
	钢	St7/3.2	St7/3.2	St7/3.2
截面积/mm²	铝	814.5	814.5	814.5
	钢	56.29	56.29	56.29
质量/（kg/km）	铝	2259	2259	2259
	钢	441.3	441.3	441.3
综合拉断力/kN		180.9（普通钢芯）	180.9（普通钢芯）	180.9（普通钢芯）
		206.3（特强钢芯）	206.3（特强钢芯）	206.3（特强钢芯）
外径/mm		38.4	38.4	38.4
电阻/（Ω/km）		0.0356	0.0374	0.0363
载流量/A	连续	1239（90℃）	1995（150℃）	2007（150℃）
	短时	1683（120℃）	2286（180℃）	2297（180℃）

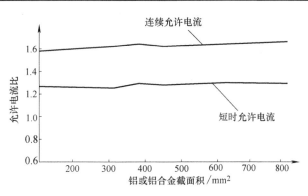

图 2-9 钢芯耐热铝合金绞线（TACSR）对钢芯铝绞线（ACSR）的允许电流比

表 2-11 和图 2-9 可见，钢芯耐热铝合金绞线的连续允许载流量大约为普通钢芯铝绞线的 1.6 倍，短时允许载流量大约为普通钢芯铝绞线的 1.35 倍。

2.4 同塔多回输电技术

同塔多回输电技术是将多回输电线路架设在同一铁塔上的新型输电技术。在超高压电网中，为输送大容量电力，往往需要沿着同一方向，甚至同一通道，并行架设两回或多回主干线路。在国外，同塔多回线路的应用已经十分普遍，像日本或者欧洲部分发达国家，对同塔多回线路的利用已经比较成熟。这些地区的土地资源非常稀缺，所以它们对线路走廊的投资占工程总投资的比例很大，同塔多回线路的应用已经十分普及。在国内，随着我国城市化进程的速度加快，输电线路跨越民房、占用土地等情况与居民工作生活、城市规划建设之间的矛盾也逐渐显露，并且我国沿海地区土地资源非常稀缺，所以只建单回输电线路已经不可能满足电力需求。因此，同塔多回输电技术的应用，既能增加线路单位面积的输送容量，增加电力输送总量，又能降低综合造价。这样满足了对线路走廊的需求，所以具有很好的经济效益和社会效益。

20 世纪 80 年代，华东地区的南杨和石黄等 500kV 输电线路工程，以及 20 世纪 90 年代广东沙增等 500kV 输电线路工程就采用了同塔双回线路的设计方案，江苏和浙江等地多条 500kV 输电线路工程也采用了同塔双回线路的设计方案。目前，同塔多回输电技术在我国应用广泛，非常适用于人口稠密、线路走廊拥挤或土地使用紧张的地区，可有效解决土地资源短缺和电网建设之间的矛盾。

2.4.1 塔型选择及导线排列方式

1. 塔型设计

多回同塔塔型优化设计应贯彻执行安全可靠、技术先进、经济适用和尽可能注意美观的原则。以 500kV 双回路塔为例，根据 500kV 双回路铁塔力学试验研究的要求，应按导线的布置、电气绝缘和绝缘子串形式等不同方案进行多组铁塔的优化计算，计算中应对各种塔型的外型、布材构件截面型式进行优化比较。通过比较，选择一个较佳的塔型和合理的构件布置，对提高铁塔的承载能力、降低耗钢量，具有重要意义。

杆塔设计依照现行《110~750kV 架空输电线路设计技术规范》（GB 50545—2010）。在结构方面，应特别考虑以下原则：①保证铁塔在各种工作条件下的强度、稳定和具有必要的刚性；②简化结构形式，力求使构件受力明确，传力线路清楚、直接，尽可能节省钢材，减少加工制造、施工安装和运行维护的工作量。

对于双回路不同的塔型，例如鼓形塔、伞形塔、冀展干字形塔进行多个方案计算分析，并对塔身坡度、布材形式、隔面设置及构件采用不同截面形式对塔的钢材指标的影响等，进行了综合计算比较。

（1）一般线路的主要设计条件

华中地区一般线路的主要设计条件如表 2-12 所示。

（2）塔型比较及选择

为保证电网安全运行，提高线路的耐雷水平，需要进行如图 2-10 所示的几种型式塔头尺寸的比较：鼓形塔、伞形塔和冀展式干字形塔，其中鼓形塔为常规型，为中相"V"串形。根据不同的绝缘形式（常规绝缘、平衡高绝缘、中相高绝缘和不平衡绝缘），提出了大、中、小三种间隙尺寸。

表 2-12　主要设计条件

风速 /(m/s)	覆冰 /mm	水平档距 /m	垂直档距 /m	代表档距 /m	导线型号	地线型号
30	10	500	700	400	4×LGJ-630/55	LHAGJ-150

以上四种型式的塔头各有其优缺点。鼓形塔相对于伞形塔而言，施工放线较为方便，但由于最宽的横担在塔的中部，则受力分布相对差一些。对于鼓形塔中相采用"V"形绝缘子串形式，虽然可以减少线路走廊，但上、中、下横担均需加长，而且每基塔增加了两串大吨位绝缘子，在塔材指标上也没有优势。当然，使用"V"形串，在需要大量砍伐树木的林区，在经济指标上有一定优势；伞形塔的横担上短下长，力的分布较为合理，但施工时挂线较为困难。而冀展式干字形塔若使用于山区地形，由于走廊宽度的限制以及保证对地距离而导致削平边坡的土石方量过大而受到了限制，但由于降低了塔高，如果在平原地区线路走廊较宽敞的地方，也不失为一种好的塔型，但它相比其余同塔双回杆塔在减少线路走廊方面就较差。具体塔头型式比较如表 2-13 所示。

我国的地形较为复杂，境内有山地、丘陵、高原、盆地、台地等多种地貌类型，还有地貌是被黄土广泛覆盖的山地型高原，海拔也差异较大，因此不可能某一种塔型适用于所有地形和地貌以及各种不同海拔。本节分析和介绍的只能是一般地区（海拔 1000m 以下地区）所使用塔型的对比和分析。

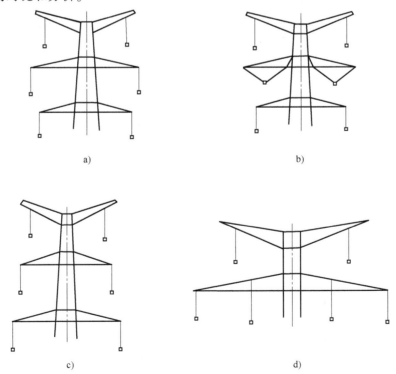

a)　　　　　　　　　　　　b)

c)　　　　　　　　　　　　d)

图 2-10　几种常用塔头型式

表 2-13 塔头型式比较

塔头型式			
名称	鼓型	鼓型	鼓型
横担	3 层	3 层	3 层
造型	上、中、下横担协调、美观	较为美观,上横担与中下横担协调性略差	造型不太好,显得头重脚轻
受力特点	受力明确、直接,但上导线张力作用时传力线路不是最捷径	受力明确、直接,但地线荷载传至上横担时不是太直接	受力明确、直接,在现有 500kV 线路中应用广泛
走廊宽度	小	小	小
耐雷水平	高	高	高
适用地区	走廊受限制地区		

塔头型式	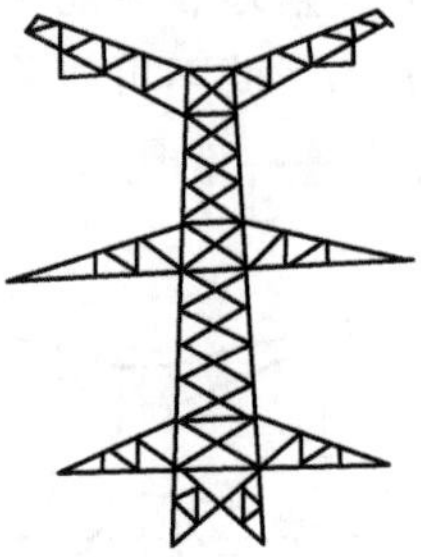	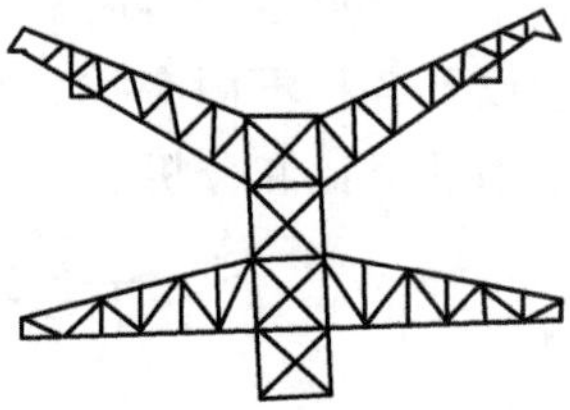
名称	伞型	翼展型
横担	3 层	2 层
造型	美观	较美观
受力特点	同鼓型,但钢材指标比鼓形高出 15%	上、下横担受力较大,但可降低基础作用力约 5%~7%,由此可降低基础材料用量
走廊宽度	小	大
耐雷水平	高	塔高降低,耐雷水平提高
适用地区	走廊受限制地区	平原地区、走廊不受限制地区

（3）塔身、塔腿布置

如果塔头由于电气间隙要求，而使其对塔重的影响有限的话，那么塔身、塔腿的布材对塔的质量指标的影响至关重要。

1）塔身上下开口及锥度。铁塔塔身上下开口尺寸的大小和构件的受力有直接关系。开口尺寸越大，主材受力就小，塔重相对减轻，但斜材与辅助材的布置就复杂，这又使塔重相应增加，这其中就存在一个比较经济的塔身锥度，使主材、斜材的作用都能最大限度的发挥出来。根据以往的统计，当塔身上下开口减少 10%～15% 时，耗钢量可减少 7%～8%，但在工程实际中，要保持铁塔有足够的刚度，塔身宽度不宜过小，以控制塔的总高度与根开之比在 5～7 之间为宜。以往工程设计计算表明，一般单回路直线塔锥度在 12%～18% 之间比较经济。而引用的资料通过对塔的优化计算比较，塔身锥度在 18%～24% 比较经济，最终选定为 20%。

2）塔身、塔腿腹材布置。腹材布置对耗钢量也有直接影响，由于 500kV 双回路塔荷载比较大，塔身部分刚性结构采用了拉压杆并加辅助材的布置形式，柔性结构采用交叉拉条加刚性水平支撑，塔腿均采用了 K 型腹材。

（4）角钢结构与钢管、角钢混合结构比较

角钢结构是送电线路杆塔普遍采用的传统形式，即铁塔所有受力材及辅助材全部采用等边角钢，各构件通过结点板用螺栓互相连接起来，形成空间桁架结构。目前国产最大规格等边角钢为 200mm×24mm，当铁塔杆件受力很大时，由于无更大规格的角钢，只得采用组合角钢，而组合角钢的风载体形系数比钢管大，采用组合断面后，塔身风载将增加更多。

（5）铁塔本体综合造价比较

按鼓型塔旗杆刚性方案与钢管、角钢混合结构腹杆刚性方案（塔身腹材全部采用钢管）进行造价比较。在这里直接引用由武汉高压研究所等单位完成的《三峡 500kV 双回同塔新技术研究》中的比较结果，可以作为工程实际经济分析的参考，如表 2-14 所示。

表 2-14　铁塔本体综合造价比较

方案	角钢结构 A		钢管、角钢混合结构 B						比较 B/A
呼称高 /m	塔重 /t	造价 /万元	塔重 /t	钢管重 /t	造价 /万元	角钢重 /t	造价 /万元	造价合计 /万元	
24	25.60	21.12	22.91	7.85	7.77	15.06	12.42	20.19	95.6%
27	27.26	22.49	24.16	8.78	8.69	15.38	12.69	21.38	95.1%
30	28.50	23.51	25.76	9.86	9.86	15.80	13.04	22.90	97.4%
33	33.47	27.61	28.15	12.14	12.02	16.01	13.21	25.23	91.4%
36	34.72	28.64	29.75	13.32	13.19	16.43	13.55	26.74	93.4%

表 2-14 中铁塔本体综合造价包括铁塔出厂价加运输费及施工安装费，不包括基础费用。角钢塔综合造价按 8250 元/吨，混合结构塔的钢管综合造价按 9900 元/吨计算。从表 2-14 比较可见，钢管、角钢混合结构比角钢结构本体综合造价平均可节省约 5.6%。

由上述分析可得出以下结论：

1）钢管、角钢混合结构方案在塔重指标上有一定优势。方案比较所采用的设计条件是今后工程中承受的荷载较小的直线塔，当为大档距直线塔或荷载更大的耐张转角塔时，此方案在塔重指标上将更具优越性。

2）由于钢管在风荷载作用下体型系数较小，减少了塔身风荷载，相应地可减少铁塔对基础的作用力，在一定程度上也降低了基础材料量和造价。

3）当铁塔杆件受力增大到一定程度时，采用钢管的选择余地比角钢更大，可以避免复杂的组合角钢断面型式，减少施工安装工程量。

4）采用钢管作为主、斜的优点还在于：可以减少杆件偏心，提高了塔的整体刚度，在外负荷作用下，塔的变形比角钢塔小。

5）采用钢管、角钢混合结构比角钢结构本体综合造价平均可节省约5.6%。

2．导线排列方式的选择

对于三相对称运行的输电线，当通信线距电力线的距离大于三相电力线间距若干倍时，电磁干扰非常微弱。然而，两线路近距离并行架设，甚至交叉的情况在当今线路走廊选取中往往难以避免。另外，电力系统本身的通信及信号线或光缆会与电力线放置于同一杆塔上，在这种近距离情况下，即使三相电力线良好换位，并假设三相负载对称，其电磁干扰影响仍比较严重。对于单回输电线路，由于三相电压和电流的对称性，一旦三相导线与通信线的位置确定后，无论三相导线的放置以何相序排列，其对外的总电磁干扰的大小是相同的，虽然相位会有变化。但对于同一杆塔上架设的双回线，三相导线的位置排列顺序不同，其对外的总电磁干扰的大小一般是不同的。因为两回线对外的电磁干扰为各回线干扰的相量和，不同的相导线排列会改变两回线干扰相量之间的相位差或夹角，从而可以明显地改变总干扰的大小。在现行的规范中，仅给出了导线间距等参数要求，对双回输电线路相导线的排列顺序并无约束。在实际工程中，为了线路检修方便，一般采用两回线相序相同的方法设置，但此种放置形式为干扰最严重的情况。为了减小干扰，应避免此种布置方式，采取良好的放置方法。

（1）单回线电磁干扰相位小于60°定理

单回线电磁干扰的相量分析是双回线总干扰分析的基础，因为双回线的总干扰为各单回线干扰量的相量和。为此，先分析图2-11所示双回线路的第1回线对其下面通信线的电磁干扰相量。在3个电流和电压及导线上线电荷密度对称的情况下，由于三相导线与被干扰导线（以下简称M线）间的距离各不相同，故各相线对M线的干扰相量不仅在相位上不同，并在大小上亦不同。无论是容性耦合在M线上产生的对地电压，还是感性耦合所产生的沿M线的纵向感应电动势，均为A相干扰幅值大于B相，B相大于C相。图2-12为各相线干扰与总干扰F的相量分析示意图（F可为容性耦合电压或感性耦合电动势）。

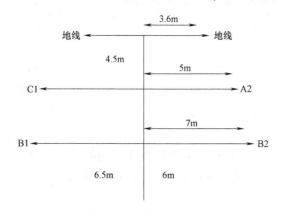

图2-11　双回线的布置及尺寸

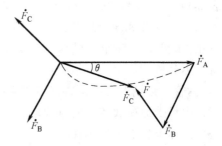

图2-12　第一回线各相干扰与总干扰的相量分析

从图2-12可看出，随着M线从靠近电力线处向远离电力线的方向移动，总干扰F相量将沿图中曲线（虚线所示）轨迹逆时针移动，当M线趋于无限远时，三相干扰对称，总干

扰趋于零，角的绝对值趋于 60°。可见，总干扰相量的幅角为 $0<|\theta|<60°$。此为一条重要定理，其一般描述为：设单回线各相线的排列方式从下至上为 X_1、X_2 和 X_3，其对下方 M 线的总干扰相量的相位一定在从 X_1 相的干扰相量开始，向 X_2 相干扰相量方向旋转 60° 的范围内。

（2）双回路电磁干扰的情况

基于以上单回线电磁干扰相位小于 60° 定理，若第 2 回线各相线排列顺序与第 1 回线相同，则第 2 回线总干扰相量的相位也一定在 0°~60° 范围内，特别地，当 M 线位于两回线的中垂线上时，两回线干扰相量的相位同相，两回线干扰的和相量的幅值最大。

在第 1 回线相线位置保持不变的情况下，调节第 2 回线的相线位置共有 6 种排列形式。根据上面的 60° 角定理可确定出 6 种排列形式下单回线的干扰相量的相位范围，由此便可形成图 2-13 所示的饼图。图中 F_A 为 A 相线的干扰，θ_{ABC} 为相线排列顺序为 ABC 时三相线总干扰的相位变化范围，其他变量的含义类似。

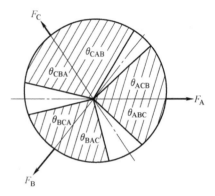

图 2-13　不同相线排列下单回路
干扰相量相位范围及正确选择
双回线相线排列关系饼图

由图 2-13 可看出，若第 1 回线为 $A_1B_1C_1$ 形式排列，则第 2 回线采用 $C_2B_2A_2$ 排列时总干扰最小，因两回线干扰的相位差最大；显然，第 2 回线采用 $A_2B_2C_2$ 形式排列，则双回总干扰最大。总之，图中任意两种相位范围位置相对（接近 180°）的布线组合均为双回线相导线的相序最佳排列方式，且不同最佳组合的总干扰大小一定是相同的，尽管总干扰的相位会不同。因此，图 2-13 给出的饼图为双回线相序最佳排列确定方法图。

从图 2-13 可以看出，在正确排列双回线导线的情况下，双回运行时的电磁干扰小于单回运行的干扰；另外，具有相同高度的 M 线，位于两回线中间位置时所受的干扰一定小于位于偏离中心且未明显超出杆塔横担长度范围内时的干扰。在电力线杆塔上放置通信线或光缆时应注意利用这一结论来选择放置位置。然而，若采取不正确的相同相序排列，则情况相反。

以上是理论方面的分析，下面以川渝电网某 500kV 同塔双回交流输电线路的典型杆塔导线布型为例进行说明，导线型号为 LGJ-400/35型，四分裂导线，分裂间距为 450mm，地线型号 GJ-70 型。其鼓型杆塔如图 2-14 所示。

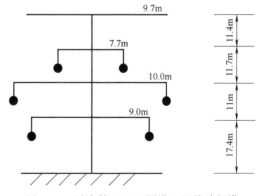

图 2-14　川渝某 500kV 同塔双回线路杆塔

通过计算可得导线（LGJ-400/35 型）在海拔 500m 的起始电晕场强 E_0 为 29kV/m。各种导线布型下的导线表面最大场强结果如表 2-15 所示，均低于相关规程规定值 20kV/m，并且导线为顺相序或逆相序排列时，导线表面最大场强为最小。

表 2-15　不同排列方式下无线电干扰、导线表面场强计算结果

导线布型	AA′ BB′ CC′	AB′ BA′ CC′	AA′ BC′ CB′	AB′ BC′ CA′	AC′ BB′ CA′
无线电干扰/dB	37.6	37.3	39.4	38.3	39.2
E_{max}/(kV/cm)	16.1	16.2	16.5	16.2	16.1

3. 塔头的绝缘配合

（1）绝缘子选型

根据选取的 LGJ-630/55 型导线以及选定的水平档距 500m、垂直档距 700m，经计算绝缘子应为 300kN 级，选取 XP（LXP）-300 型绝缘子，单片绝缘子泄漏距离≥450mm，结构高度 195mm，正常基本绝缘为 23 片，满足Ⅱ级污区的要求，加强绝缘为 26 片，有关参数如表 2-16 所示。

如果选用复合绝缘子，则应该是 300kN 级的 500kV 合成绝缘子，它应满足《高压线路用棒形悬式复合绝缘子尺寸与特性》（JB/T8460—1996）及《高压线路用有机复合绝缘子技术条件》（JB5892—1991）的全部要求，其尺寸和机电性能应符合表 2-17 的规定。

表 2-16　500kV 线路杆塔绝缘子配置

种类	绝缘子 （片数×型号）	单片绝缘子高度 /mm	单片绝缘子泄漏 距离/mm	比距 /(cm/kV)	总高度 /mm	绝缘子串 $U_{50\%}$ /kV
500kV 第一代	28×XP-160	155	290	1.624	4340	2450
500kV 第二代	25×XPW-160	159	330	1.65	3975	2200
新型正常绝缘	23×XP-300	195	450	2.07	4485	2590
新型加强绝缘	26×XP-300	195	450	2.34	5070	2902

表 2-17　复合绝缘子主要尺寸及特性

绝缘子 型号	额定电 压/kV	额定机械 拉伸负荷 /kN	结构高度 /mm	最下电弧 距离/mm	最小公称 爬电距离 /mm	雷电冲击 耐受电压 不小于 /kV(峰值)	操作冲击 耐受电压 不小于 /kV(峰值)	工频 1min 冲击 耐受电压不 小于/kV(有效值)
FXB2-500/300	500	300	4450±50	4000	12000	2250	1300	780

为了满足双回路真型塔电气试验的需要，委托一家复合绝缘子厂试制了 2 支分别满足Ⅱ级和Ⅲ级污区使用的绝缘子，其中一支结构高度为 4485mm，最小公称爬电距离为 12610mm；另一支结构高度为 5070mm，最小公称爬电距离为 13800mm，并由电力工业电气设备质量检测中心进行了型式试验，符合有关标准要求，合格。

（2）同杆双回绝缘配置方案

500kV 线路工频最大相电压峰值达 450kV，分别为 23 片及 26 片绝缘子串雷电冲击 $U_{50}\%$ 放电电压的 17%、15.5%。如果采用逆相序排列，上、下横担的两回路导线为不同名相，两相导线工频电压瞬时值的电位差可达 675kV，对上、下横担的两回线路绝缘子闪络电压造成的差异较大，因此其闪络概率有较大差别，对于降低两回线的同时闪络率是有利的。

但是中间横担为同名相，工频电压对两回线路绝缘子闪络电压的影响是一样的，雷击时中横担容易引起同时闪络。为了减少同时闪络串，对中横担的两同名相，采用不同的绝缘配置以达到减少双回同时跳闸的目的，这样，6 相导线中可以只有 1 相加强绝缘，以节省线路绝缘子的用量，还可适当减少导线层间高度使杆塔全高降低。

在研究塔型方案的初期，曾考虑了悬垂绝缘子串和 V 形绝缘子串的多种方案。采用 V 串是为了减小横担受力，克服风偏的影响，进一步压缩线路走廊，但在比较方案时发现上、下横担布置用 V 形，或上、中、下三横担都用 V 串对塔头尺寸减小甚微，但每基塔各分别多用了 4、6 串绝缘子，而对于中间采用 V 串，则可以较灵活地增减绝缘于片数，对于只加强中横担一相绝缘子用 V 串较为方便。

为了使同杆双回线路有较好的防雷特性，也就是不仅总跳闸率要满足要求外，双回同时跳闸率必须很低。日本是采用同杆双回线路最多的国家，曾采取一回为正常绝缘，另一回用招弧角调整间隙距离，以降低绝缘水平，结果使线路总雷击跳闸率显著增加，后来日本改为采用平衡高绝缘。在分析日本教训的基础上，认为不能简单地归结为采用不平衡绝缘导致同时跳闸率过高。在对不平衡绝缘配置进行研究计算发现，当一回路为正常绝缘（即 23 片 XP-300 型，相当于 28 片 XP-16 型），另一回路在此基础上增加绝缘为 26 片 XP-300 型时，绝缘水平增加了 12.05%。

在研究过程中，对于双回路都采用平衡高绝缘即都是 26 片 XP-300 型的情况，也进行了分析计算。

（3）空气间隙取值

按照相关规程规定，杆塔在大气过电压下空气间隙的强度一般按绝缘子串冲击强度的 0.85 来选定，按此推论，相对 23 片 XP-300 型绝线子串其空气间隙应为 3.9m，而 26 片时则为 4.4m。

考虑到空气间隙是在 10m/s 风速下最大风偏时的净距离，风速、风向、雷击均为随机变量，最大值同时发生的概率极小，500kV 的运行经验证明，即使 3.3m 空气间隙闪络的情况亦很少发生，经研究暂按 3.3m 考虑，对 23 片 XP-300 型绝缘子串配合系数约为 0.75。

2.4.2 无线电干扰水平与地面电场强度

高压架空线路因导线电晕产生的无线电干扰，是一个由来已久的问题，目前我国 500kV 及以下的单回路架空线路的无线电干扰已有成熟的经验，并已颁布执行了关于限值的国家标准《交流高压架空送电线无线电干扰限值》（GB 15707—2017）。这里主要是按照鼓型塔塔型（如图 2-15 所示）进行分析。

1. 无线电干扰的计算

（1）无线电干扰计算公式

架空线路的无线电干扰来源于三个方面，即导线电晕、绝缘子表面高场强区的火花放电、接触不良处的火花放电。一般情况下，线路的无线电干扰以电晕为主。架空线路的无线电干扰计算方法有两种，即经

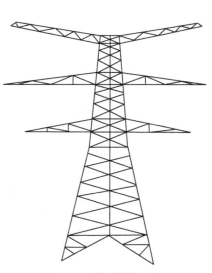

图 2-15　鼓型塔塔型图

验法和分析法。分析法以大雨时电晕放电为条件，在实际工程的分析中一般不采用这种方法。经验法是 CISPR 推荐的适合于工程使用的方法，其计算结果代表了好天气下 0.5MHz 无线电干扰的平均值。因此，这里采用经验法进行计算。三相单回路送电线路的无线电干扰场强的计算如下式：

$$E_i = 3.5 g_{i,m} + 12 r_i - 33 \lg \frac{D_i}{20} - 30 \tag{2.19}$$

$$D_i = \sqrt{x_i^2 + (h_i - 2)^2} \qquad i = 1, 2, 3$$

式中，E_i 为距第 i 相导线直接距离 D_i 处的无线电干扰场强 [dB(μV/m)]；$g_{i,m}$ 为第 i 相导线最大表面电位梯度（kV/cm）；D_i 为第 i 相导线到 P 点（离地面 2m）高处的直接距离 (m)（如图 2-16 所示）；h_i 为第 i 相导线的对地高度（m）（通常为弧垂最低点的高度）；r_i 为第 i 相导线子导线半径（cm）（对分裂导线）；x_i 为 P 点到第 i 相导线的投影距离（m）。

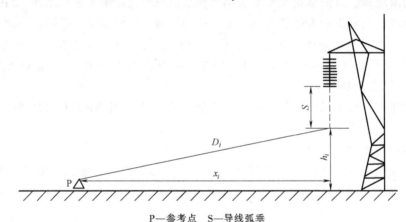

P—参考点　S—导线弧垂

图 2-16　导线到测点的距离示意图

三相线路的无线电干扰场强按下列方法计算：如果某一相的场强比其余两相至少大 3dB，那么后者可以忽略，三相线路的无线电干扰场强可认为等于最大的一相的场强，否则有

$$E = \frac{E_a + E_b}{2} + 1.5 \tag{2.20}$$

式中，E_a、E_b 为两相较大的场强值。

对于双回同塔线路，6 根导线中每根导线产生的无线电干扰场强可按式（2.19）进行计算，并将同名相导线产生的场强几何相加，即

$$E_i = 20 \lg \left(\sqrt{\left(10^{\frac{E_i'}{20}}\right)^2 + \left(10^{\frac{E_i''}{20}}\right)^2} \right) \tag{2.21}$$

式中，E_i 为两回第 i 相导线在参考点处的干扰合成场强；E_i' 为第一回的第 i 相导线在参考点处的干扰场强；E_i'' 为第二回的第 i 相导线在参考点处的干扰场强。

然后按式（2.20）计算得出双回同塔线路的无线电干扰场强。

按以上方法的结果代表了频率为 0.5MHz 好天气的无线电干扰场强平均值。该平均值增加 6~10dB 后可代表符合 80%/80% 原则的值。对于其他频点的无线电干扰值，可根据以下

公式进行修正：

$$\Delta E = 5\left[1-2(\lg 10f)^2\right] \tag{2.22}$$

式中，f 为无线电干扰频率（MHz）；ΔE 为相对于 0.5MHz 频率处的无线电干扰电平的增量（dB）。

该公式用于计算 0.15~4MHz 频率范围内导线的无线电干扰频谱。

（2）计算结果

由于导线产生的电晕与导线截面积大小关系重大，因此，此处分别按 4×LGJ-400 型、4×LGJ-630 型两种导线进行了计算，计算结果见表 2-18、表 2-19。

表 2-18　采用 4×LGJ-400 型导线在 0.5MHz 无线电干扰的横向衰减计算值

距边相导线投影处的距离/m	0	5	10	15	20	25
干扰电平/dB	40.68	40.32	39.75	39.02	38.17	37.24

表 2-19　采用 4×LGJ-630 型导线在 0.5MHz 无线电干扰的横向衰减计算值

距边相导线投影处的距离/m	0	5	10	15	20	25
干扰电平/dB	35.97	35.33	34.57	33.72	32.82	31.88

由表 2-18 和表 2-19 可知，4×LGJ-630 型导线比 4×LGJ-400 型导线的干扰水平约小 6dB。对于 4×LGJ-400 型导线的无线电干扰频谱衰减特性的计算见表 2-20。

表 2-20　距边相导线投影距离 20m 处的无线电干扰频谱衰减计算值

干扰频率/MHz	0.5	1	1.5	2	2.5	3
干扰值/dB	35.17	33.17	30.0	26.2	23.6	21.3

2. 地面场强的计算

输电线下的电场强度主要决定于线路输送电压的等级、导线对地的距离、相导线的布置、相导线的分裂根数及导线的截面积等。对于双回同塔线路，线下的场强还与两回线路的相序排列方式有关。输电线路的地面场强计算一般用等效电荷法。此处在计算时选用了 4×LGJ-630 型和 4×LGJ-400 型导线。按图 2-15 所示鼓型铁塔，线下距离地面 1m 处场强的计算值见表 2-21 和表 2-22。

表 2-21　按 4×LGJ-630 型导线计算的场强值

两回线路同序排列	7.88kV/m
两回线路逆序排列	5.21kV/m

表 2-22　按 4×LGJ-400 型导线计算的场强值

两回线路同序排列	7.78kV/m
两回线路逆序排列	5.19kV/m

根据计算结果，两回线路同序排列时，地面场强的最大值出现在每条双回线路中心；两回线路逆序排列时，地面场强的最大值出现在每回线路的正下方；且 4×LGJ-630 型导线与 4×LGJ-400 型导线相比，线下距地面 1m 高度的场强变化不大。

通过对鼓型塔塔型线路的地面场强和无线电干扰计算可得：

1）此塔型的 500kV 双回同塔线路地面场强值不会超过 7.88kV/m，若两回线路逆序排列，地面场强值不会超过 5.2kV/m。

2）此塔型的 500kV 双回同塔线路的无线电干扰水平约为 44~48dB，满足《交流高压架空送电线无线电干扰限值》（GB 15707—2017）规定的限值要求。

3）此塔型的 500kV 双回同塔线路的无线电干扰和地面场强与现运行的单回 500kV 线路的水平基本相当。

第 **3** 章

交流电缆新型输电技术

3.1 超导电缆输电技术

3.1.1 背景

为了满足未来电力需求,减少电能传输过程的损失,可采用新型输电方式来实现资源节约型电能输送。超导输电技术是利用高密度载流能力的超导材料发展起来的新型输电技术,它能够有效解决损耗和大容量、大电流传输的问题,受到全球各国的重视,目前有多个国家开展了超导输电技术的研究。

早在 1911 年,荷兰科学家卡末林昂内斯(Heike Kamerlingh-Onnes)发现:水银在 4.2K(-268.95℃)以下时,其电阻急剧变成零,这种具有零电阻特性的金属状态称为超导状态。该状态下可进行理论上无电损的输电,以达到输电技术的理想境界,该发现开启了超导输电技术的研究,引起了科学界轰动。1933 年,迈斯纳和奥克森菲尔德两位科学家发现,如果把超导体放在磁场中冷却,则在材料电阻消失的同时,磁感线将从超导体中排出,不能通过超导体,这种现象称为抗磁性,又被称为“迈斯纳效应”,该效应可用来判别物质是否具有超导性。1973 年,科学家发现超导合金——铌锗合金,其临界超导温度为 23.2K(-249.95℃),这一记录保持了近 13 年。1986 年,设在瑞士苏黎世的美国 IBM 公司的研究中心报道了一种氧化物(镧钡铜氧化物),具有 35K(-240.15℃)的高温超导性。此后,每隔一段时间,超导材料就有新的研究成果出现。从 1986~1987 年短短一年多的时间里,临界超导温度提高了近 100K。1988 年初,日本成功研制临界温度达 110K 的 Bi-Sr-Ca-Cu-O 超导体。该成果标志着人类终于实现了液氮温区超导体的梦想,实现了科学史上的重大突破。这类超导体由于其临界温度在液氮温度以上,因此被称为高温超导体。自从高温超导材料发现以后,一阵超导热席卷了全球。科学家还发现铊系化合物超导材料的临界温度可达 125K(-150.15℃),汞系化合物超导材料的临界温度则高达 135K。如果将汞置于高压条件下,其临界温度将能达到 164K。高温超导材料的不断问世,为超导材料从实验室走向应用铺平了道路。

3.1.2 原理

超导输电技术是利用高密度载流能力超导材料的新型输电技术,该输电技术的核心是超导体,目前发现的超导体有上千种,超导体并非一种新的物质,许多元素、氧化物、化合物、合金在一定条件下,均能进入超导态,表现出超导现象。使超导体发生超导态/正常态转变的物理量有临界温度 T_c、临界磁场 H_c 和临界电流 I_c,三者的关系如图 3-1 所示。

1. 临界温度 T_c

当温度低于 T_c 时，超导体进入超导态，具有零电阻和完全抗磁性；当温度高于 T_c 时，由超导态转入正常态（即失超），该物体进入普通物质状态。不同的超导体有不同的临界温度，在纯元素中临界温度最低的是钨，其 $T_c = 13.5 \times 10^{-3} \mathrm{K}$；最高的是镧（La），$T_c = 12.5 \mathrm{K}$。若临界温度高于 77K，则超导体只需在液氮下运行，而液氮远比液氦资源丰富，价格低廉，无环境保护问题，该类超导体被称为高温超导体。

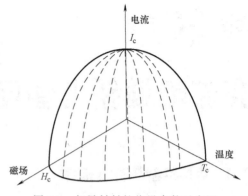

图 3-1 超导材料的临界参数示意图

2. 临界磁场 H_c

若超导体处于超导态，维持温度不变（$T < T_c$），增大外加磁场至某一临界值时，超导电性也会消失，超导体转入正常态，此时的磁场为临界磁场 $H_c(T)$。实验表明，对一定的超导物质，H_c 是随着温度 T 而变化的函数，可表示为

$$H_c(T) = H_c(0)\left[1 - (T/T_c)^2\right] \tag{3.1}$$

式中，$H_c(0)$ 为 $T = 0\mathrm{K}$ 时超导体的临界磁场。

3. 临界电流 I_c

电流通过导体时会在周围空间产生磁场，当通过超导体中的电流超过阈值时，超导体将从超导态转变为正常态，即通过超导体的电流存在一个临界值。由于临界磁场与温度有关，故 I_c 随温度不同而不同。设在半径为 r 的超导线中通过电流 I 时，则在超导线表面上产生的磁场 H_s 等于：$H_s = I/(2\pi r)$。锡尔斯比在 1916 年提出：如果电流 I 很大，使得 H_s 超过 $H_c(T)$，此时超导体的超导电性被破坏，该导体进入导体正常态；而当 $H_s = H_c(T)$ 时，$I = I_c(T)$，即为锡尔斯比法则，因而 $I_c(T) = 2\pi r H_c(T)$。由此可得临界电流与温度的关系：

$$I_c(T) = I_c(0)\left[1 - (T/T_c)^2\right] \tag{3.2}$$

式中，$I_c(0)$ 为 $T = 0\mathrm{K}$ 时超导体的临界电流。

3.1.3 超导电缆结构

1. 电缆本体

超导电缆主要由电缆本体、终端以及低温制冷装置组成。超导电缆本体包括电缆芯、电绝缘和低温恒温管，其电缆芯是由超导线/带绕成，它装在维持电缆芯所需低温的低温恒温管中，低温恒温管两端与终端相连。电缆芯的超导线/带在终端通过电流引线与外部电源或负荷相连接。超导电缆的低温恒温管一般采用具有高真空和超级绝热的双不锈钢波纹管结构，这种结构保证了超导电缆的柔性和保持夹层高真空度。超导电缆绝缘有常温绝缘和低温绝缘两种绝缘方式。常温绝缘超导电缆的电绝缘层是处在电缆低温恒温管外的常温区，它可以采用常规电缆的电绝缘材料和技术，图 3-2 是单相常温绝缘超导电缆的示意图。

低温绝缘超导电缆的电绝缘层是直接缠包在导体上，并与导体一起处在低温区，这样电缆尺寸将更紧凑。为了防止电缆载流时产生磁场对周围环境的影响，通常在绝缘层外还加有屏蔽层。图 3-3 为低温绝缘高温超导电缆示意图。与常规电缆一样，超导电缆也可分为单相超导电缆和三相超导电缆。三相超导电缆也可由 3 根独立的单相超导电缆组成，但需要 3 个单独的低温恒温管。它可以采用低温绝缘，也可以采用常温绝缘。而三相同心超导电缆是将具有各自导体层和电绝缘的 3 根单相电缆组装在同一低温恒温管中，其电绝缘一般采用低温绝缘方式，以使电缆结构紧凑、尺寸小。

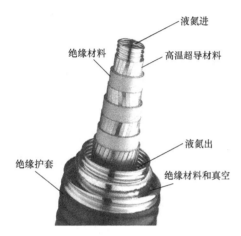

图 3-2　单相常温绝缘超导电缆

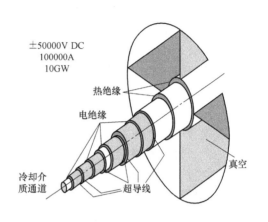

图 3-3　低温绝缘高温超导电缆

2. 电缆的终端

终端是超导电缆与外部电气部件连接的端口，同时也是电缆低温部分与外部室温的过渡段。在超导电缆终端，导体层将通过电流引线与高电压母线连接，由于超导电缆的导体层必须在低温下运行，因此终端又是冷却液体的出入口，因此超导电缆终端不仅要有相应的电绝缘，同时也要求具有很好的热绝缘，以保证超导电缆整体热损耗最小。终端中连接超导体和外部电源或负荷的电流引线不仅传导输送电流，而且其两端分别处在室温和低温环境中。为了减少通过电流引线对低温环境的漏热，在设计电流引线时，应使通过电流引线从室温传入低温的热量与通电时电流引线产生的焦耳热之和最小。同时，还应尽可能减小电流引线与导体层的超导带材连接处的焊接电阻，以降低通电时产生的焦耳热损耗。

目前高温超导电缆主要采用银包套 Bi-2223 带材作为载流导体，实用的 Bi-2223 带材的尺寸一般为 $(0.2 \sim 0.3) \times (4 \sim 5)\,mm^2$，其临界电流可达 $90 \sim 140A$（77K、0T），单根长度可达数百米到 1000m。由于超导输电电缆传输电流都比较大，一般都达 kA 量级，因此采用 Bi-2223 带材作为高温超导输电电缆的通电导体时就必须采用多根 Bi-2223 带材并联运行。

为了避免超导带材的性能在低温下因冷收缩引起的拉应变和因弯曲引起的弯曲应变而退化，通常在骨架上以一定的螺旋角度将带材绕成螺旋形结构。在设计上，螺旋角度的选择还要兼顾超导带材间电流均匀分布的要求。在电缆导电层设计上，要尽量降低电缆的轴向磁场，以防止由此导致超导带材临界电流的降低。对于电力应用的交流超导输电电缆，虽然导电层超导带在正常运行时电阻可视为零，没有焦耳热损耗，但超导电缆在运行时仍然会产生损耗。如在传输交流电流时将产生交流损耗，电缆终端的电流引线有热传导与焦耳热损耗，超导带材与电流引线焊接点电阻也会产生热损耗，此外，电缆的热绝缘不可避免会有热泄漏，电绝缘在通电运行过程也将产生介质损耗以及低温冷却装置的功率损耗等。对大容量的超导电缆，总的热损耗大约仅为同容量常规电缆总损耗的一半，尽管如此，在设计超导电缆时还是要采取相应措施，尽可能降低热损耗。例如，改善超导带材与电流引线焊接工艺和焊接材料以减少焊接点的电阻、调节电缆各导电层的电感使导电层电流分布均匀以便有效地降低交流损耗，以及改进电缆低温恒温管的热绝缘和真空度等。

3. 高温超导电缆冷却系统

低温技术是为超导技术应用提供最基本的运行条件，是超导电工装置的一个重要且不可分割的部分。目前高温超导电缆所采用的 Bi-2223 超导带材的临界温度为 110K，而目前正在发展的第 2 代涂层 YBCO（钇钡铜氧）带材的临界温度约为 90K，因此都可以采用液氮作为高温超导电缆的冷却剂。氮的液化技术成熟、价格低廉，同时氮气的泄漏不会带来环境保护问题。

目前高温超导电缆大都采用过冷液氮循环迫流冷却方式，其基本原理是利用过冷液氮的显热，将高温超导电缆产生的热量带到冷却装置，通过液氮冷却装置冷却后，再将过冷液氮送到高温超导电缆中去，形成液氮在闭合回路的循环过程。冷却装置可以采用各种不同制冷方式，如常压液氮沸腾制冷方式、减压降温制冷方式、低温制冷机（如小型 G-M 制冷机、斯特林制冷机、逆布雷顿循环制冷机等）制冷方式等。低温制冷机制冷方式不受环境和地域限制，运行简便，已被一些高温超导电缆所采用。但目前制冷机主要使用氦闭式循环气体制冷，制冷效率较低，同时制冷机存在有压缩机、膨胀机等运动部件，因而可靠性和使用寿命有一定限制，且价格比较昂贵。液氮蒸发制冷和减压降温制冷方式由于直接使用液氮，容易获得，价格也比较低廉。同时，由于液氮蒸发制冷和减压降温制冷两种方式基本上没有运动部件，其可靠性大大提高。但这种制冷方式在运行过程中需要定时补充液氮消耗。图 3-4 为采用斯特林制冷机作低温冷源的高温超导电缆的过冷液氮循环迫流的冷却系统流程图。

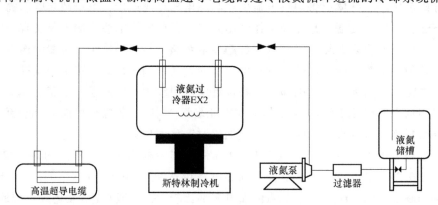

图 3-4　高温超导电缆过冷液氮冷却示意图

3.1.4　发展状况及应用前景

超导技术是 21 世纪具有战略意义的高新技术，超导电力应用研究是本世纪高新技术发展的重要方向之一。超导电力技术的应用将大大提高电力工业的发展水平、促进电力工业的重大变革，是对未来电力系统最具影响的新技术，超导输电技术的发展对整个人类科技的进步有着巨大的意义，全世界各国都在研究超导输电技术，并不断进行着实践探索，其发展历程如图 3-5 所示。

"美国电网 2030" 计划将超导电力应用技术放在一个十分重要的位置上。日本的新能源

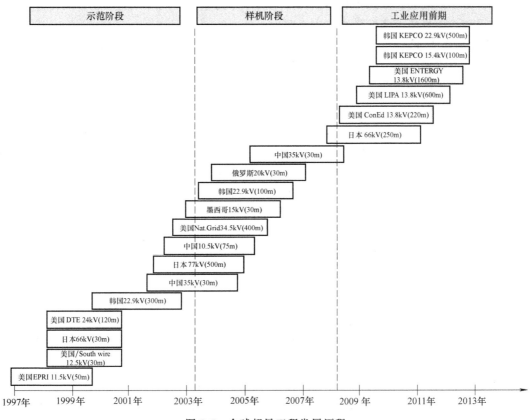

图 3-5　全球超导工程发展历程

开发机构也认为发展高温超导电力技术是在 21 世纪的高技术竞争中保持尖端优势的关键所在。《中国制造 2025》中关于"电力装备"领域方面，明确指出"突破大功率电力电子器件、高温超导材料等关键元器件和材料的制造及应用技术，形成产业化能力"。在中国《能源技术创新计划（2016—2030 年)》中将面向超导电力装备的应用型超导材料研究作为战略方向，开展高温超导在超导电缆、变压器、限流器、超导电机等领域的示范和应用。

由于超导材料的载流能力可以达到 $100 \sim 1000 \mathrm{A/mm^2}$（大约是普通铜或铝的载流能力的 $50 \sim 500$ 倍），其电流密度要比常规电缆约高 2 个数量级，传输容量为常规输电技术的 $2 \sim 10$ 倍，整个超导输电系统的安装占地空间小，土地开挖和占用减少，征地需求小；而在损耗方面，其传输损耗几乎为零（直流下的损耗为零，工频下会有一定的交流损耗，约为 $0.1 \sim 0.3 \mathrm{W/kA \cdot m}$），整个超导电缆系统（包括冷却系统损耗）仅为常规电缆的 $25\% \sim 50\%$，因此它在电力应用领域有广泛的应用前景。特别在以下几个方面，超导电缆有比较明显的技术和经济的优势，近期内有可能获得实际应用。

1）城市地下输电电缆。大城市一般建筑密集，高压输电线深入到城市负荷中心有很大困难，因此一般都通过地下输电电缆来输送电能。随着城市不断发展和负荷增加，许多城市已有的地下输电电缆容量已达饱和，如果采用高温超导电缆替换原有的常规电缆，在现有城市地下电缆沟容积不变的情况下，即可将输电容量提高 $3 \sim 5$ 倍，因而能有效提高城市输电功率。

2）发电站和变电站的大电流母线。目前，发电站和变电站的大电流母线都采用常规导体做母排，由于电流大，因此焦耳热损耗很大。采用高温超导电缆做大电流母线，不仅可以大大减少损耗，而且还可降低母线占用空间。

3）金属冶炼工业的大电流母线。冶炼工业一般耗电量都非常大，如炼铝工业，一般都采用低压大电流直流供电，电源与电解槽之间距离不长，但由于电流大，如达几万甚至十几万安，因此母排损耗非常大。高温超导直流电缆的电阻几乎为零，同时电流密度比常规电缆约大 2 个数量级，因此采用高温超导电缆可以大大降低电能损耗和节省厂房面积。

目前高温超导电缆主要采用 Bi-2223 超导带绕制，随着高温超导材料技术的发展，第 2 代 YBCO 涂层高温超导带材近期有可能获得实际应用。YBCO 涂层高温超导带材具有比 Bi 系带材更优越的电磁性能，目前美国、日本等国已开始研究 YBCO 高温超导电缆，它将进一步推动高温超导电缆的实际应用。高温超导电缆作为超导电力技术的一个重要应用方面，它的研究、开发和应用，将会为国民经济发展做出重要贡献，并对人类社会产生积极而深远的影响。

3.2 气体绝缘线路输电技术

3.2.1 背景

气体绝缘输电线路（gas-insulated transmis-sion line，GIL）是一种采用 SF_6 气体或 N_2-SF_6 混合气体绝缘的金属封闭输电管道，它在结构上类似于 GIS 的母线，是 20 世纪 60 年代末、70 年代初针对变电站、水电站和地下设施等环境使用而开发的新型输电技术。GIL 线路的电气特性与架空线路相似，无绝缘老化问题，损耗低，安全防护性好，占地空间小，在大容量长距离输电领域具有显著优势。

GIL 技术的研发始于 20 世纪 60 年代，其目的是实现与架空输电线路输电容量相当的地下输电线路，它首次应用于 1975 年德国 Schluchsee 的 Wehr 抽水蓄能电站，电压等级 400kV，全长约 700m，敷设在山体隧道内，用以连接发电机与洞顶架空线，其结构如图 3-6 所示。

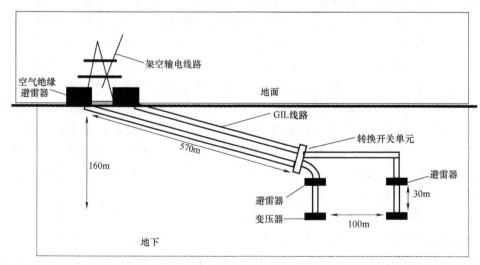

图 3-6　Wehr 抽水蓄能电站中的 GIL 应用示意图

3.2.2 结构

GIL 的结构剖面图如图 3-7 所示，参照示意图可以看到 GIL 的四大组成部分分别是导体、外壳、绝缘子和微粒收集器。以下分别介绍 GIL 的这四个组成部分。

GIL 导体一般采用管型设计。由于负荷电流具有趋肤效应，只在表面流过，因此不需要把导体做成实心型。导体内部充有 N_2-SF_6 混合气体，且各个独立的导体单元通常采用接触插头进行连接。GIL 外壳是容纳绝缘气体的抗压力容器，同时也承担所有的荷载，比如支撑荷载、悬臂荷载和短路电流作用力等。对于外壳来说，最合适的材料是铝合金，其直径与电压等级有关。GIL 母线通常用固定式绝缘子将导体固定在外壳上。在长线路上，用一个或者多个可移动式绝缘子来支持导体，可移动式绝缘子可以固定导体，并允许导体在外壳上移动以便对热胀冷缩进行补偿。GIL 绝缘子有三柱式和盆式两种型式。三柱式支撑绝缘子的三个支柱呈 120° 排列，作用是支撑导电管并保持导电管与外壳同心，该种绝缘子直接熔铸在导体铝套筒上。而盆式绝缘子主要用于气隔的划分，可用于母线适当位置的气体或污染隔离栅；同时它还可承受垂直布置方式下导电管的重量。

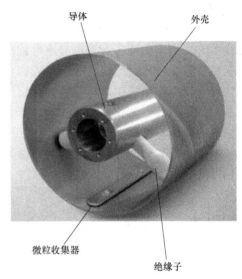

图 3-7　GIL 结构示意图

GIL 管体内部的微粒收集器提供一个在它自身和外壳之间具有很低电场的区域，导电粒子进入低电场区后就能被有效吸附，微粒收集器可降低 GIL 内部的导电粒子浓度，增强 GIL 的绝缘能力。

3.2.3 GIL 输电系统

GIL 输电系统主要由导体、外壳、绝缘子、套管四个部分构成。GIL 输电系统详细说明和主要元件如图 3-8 所示。

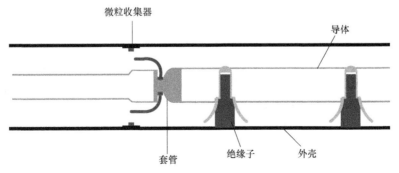

图 3-8　GIL 输电系统示意图

整个系统中核心部件是导体，它采用导电性能高的铝合金材料，起传输电流的作用。导体管的厚度与载流量有关，外径与电压等级有关。而在整个 GIL 系统中用于导电管与外壳之间绝缘的是 SF_6 气体，它是一种惰性、无毒、不可燃的气体，在一定压力下，SF_6 气体的电气绝缘强度大约是空气的 3 倍，因此 SF_6 气体被广泛应用于高电压设备中，其良好的绝缘特性使得电气设备结构更为紧凑，早期第一代 GIL 采用绝缘性能良好的纯 SF_6 气体，气压为 0.44~0.515MPa。但由于 SF_6 气体价格昂贵且为温室气体，破坏环境，因此第二代 GIL 中多改用 $80\%N_2$-$20\%SF_6$ 混合气体，气压 0.7MPa，该状况可达到纯 SF_6 气体的绝缘水平。此外，整个 GIL 采用的是高强度和高导电性能的铝合金材料气体密封外壳，整个金属外壳将导体牢牢包围在绝缘气体封闭环境中，可以防止外部环境的变化对整个 GIL 系统输电状况的影响，极大提高了 GIL 系统供电可靠性和稳定性；同时密闭外壳有利于绝缘气体的回收，这样也可减少对环境的破坏。在 GIL 系统中，套管由一个瓷质外壳和气体绝缘母线的接头组成，其作用是完成管道母线与其他线路的连接。

根据内部导体与接地外壳的安装方式的不同，GIL 可以分为分箱式和共箱式两种结构，如图 3-9 所示。

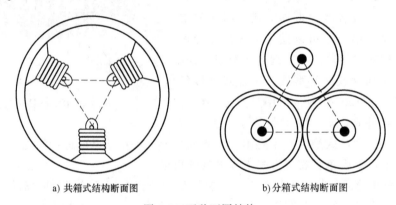

a) 共箱式结构断面图　　　　　　　　　　b) 分箱式结构断面图

图 3-9　两种不同结构

（1）分箱式结构

GIL 的三相导体分别装在三个不同的接地外壳中，每一相的内部导体分别与同相的接地外壳同轴布置。该分箱式结构简单，绝缘设计可以根据同轴圆柱电场来设计计算，该结构的电场不均匀系数一般在 1.7 以上，亦即接地外壳内径与内部导体外径最佳比值取自然常数 $e(e=2.71828)$。该结构设计经验较为成熟，现在 ABB、西门子等公司提供的产品都是属于该类。

（2）共箱式结构

共箱式结构是指 GIL 的三相导体封闭在一个接地外壳中，三相导体成等边三角形与外壳轴线呈 120° 布置，此结构电场的计算较为复杂，一般采用模拟电荷法进行数值计算。共箱式结构与分箱式结构相比具有更加突出的优点：它不仅可以减少外壳材料的使用量进而降低制造成本；还可以减少外壳连接处的施工量；减少可能产生泄漏点的连接密封面的数量；它的体积更加小型化，会更加节约空间，绝缘气体的使用量也会相应减少；外壳中的能量损耗也得到了减少。

3.2.4　GIL 的运行特点及优势

GIL 具有强大的传输容量（每回路 2000MVA），可以承受架空线路同样的负荷。GIL 允许自动重合闸操作，所以在运行和保护装置上不必进行大的改变，对于发电厂的"最后一英里"传输，即发电厂高压开关装置与架空出线之间的连接，GIL具有其他技术都无法替代的优势。

1. 输电距离远容量大

与充油电缆和交流聚乙烯电缆相比，由于采用介电常数和空气接近的 SF_6 气体（或 SF_6 混合气体）且接地外壳与高压导体的内径比值大于自然常数 e，GIL 的电容量小，仅为相同电压等级充油电缆的 1/5。GIL 的充电电流低于常规高压电缆，临界传输距离长，即使长距离输电，也不需要无功补偿和冷却系统。目前，国际上 GIL 的最大额定电流可达 8kA，最大输送功率超过 10GW。

2. 损耗低

由于导体和外壳截面大，使得阻性损耗低。根据外径（500mm 或 600mm）以及外壳和导体的壁厚（6~15mm），典型的 GIL 电阻为 $6~8m\Omega/km$。输电损耗与电流的二次方相关，$P=I^2R$。当 GIL 的额定电流高时（如 300A），损耗低的特性就更显著，其电阻损耗远小于电缆和架空线路，如图 3-10 所示。而 GIL 绝缘介质为 SF_6 气体，电介质损耗可以忽略不计，这将显著降低和节约运营成本。此外，由于外形尺寸比电缆大，散热效果更好，因此几乎所有的 GIL 应用都不需要加装冷却系统。

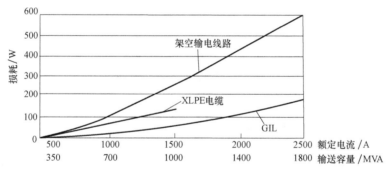

图 3-10 架空线、XLPE 电缆和 GIL 的运行比较

3. 低电磁场

为了保护公众以及操作人员，国际上对电磁场有限值要求，这些限值要求根据各地区和国家的法律和法规要求而不同，目前的趋势是限值越来越小。而在人口稠密地区及城市，这些电磁场的要求规定了输电线的许用设计。而 GIL 运行在可靠接地条件下，因而感应回路是通过接地闭环的，耦合系数约为 95%，这意味着两个反向电流的重合减少了 95% 的外部电磁场，只有 5% 的导体电流产生 GIL 的外部电磁场。根据感应定律，导体电流在外壳内会感应出同样大小但相位差 180° 的电流，两个电磁场的叠加结果接近为零。在限制周围磁场情况下，可靠接地的 GIL 可以满足非常低的磁场要求。当额定电流为 3000A 时，周围几米的磁场强度可以达到 $1\mu T$。在输电线靠近居民区时，低磁场的优点非常重要，特别是对于有很多灵敏设备的机场、医院以及拥有很多灵敏电子设备的个人和商家。在意大利，新装设备的电磁场要求低到 $0.2\mu T$。GIL 可以在数米范围内达到这样的低值，所以 GIL 的外部电磁场可以忽略不计。即使在对于电磁场有着严格要求的区域，例如机场或计算机中心，也不需要特殊的屏蔽措施。

4. 安全性好

由于外壳可靠接地，因此操作人员不可能接近高压部件（气密外壳）。GIL 在承受短路电流（50kA、63kA 或 80kA，1~3s）时的人身安全仍是可以保证的，试验证明即使发生内部电弧故障仍然不会对外部产生影响。如果 GIL 内部发生绝缘故障，故障电弧会被限制在 GIL 外壳内，不会影响到任何外部人员或设备。GIL 内 SF_6 气体耐火性强，不会助长火势，这也意味着对人员和环境的最好保护。该优点对于水电站尤其重要，因为水电站的架空线路与高压设备的连接部分通常需要经过隧道和竖井。此外，由于 GIL 采用高压导体和接地外壳同轴布置的全封闭式结构，管道内部的 SF_6 气体或混合气体间隙和绝缘子的绝缘性能不受外界环境中各类污秽、雨雪和覆冰的影响，不存在发生污秽和覆冰闪络的可能，可以替代高寒、多雨雪、重污秽地区的架空输电线路。

5. 可靠性高

GIL 不需要内部开断或关合能力，其唯一目的是输电。根据这些特点可以把 GIL 看成没有运动部件（如开关）的高压气体绝缘系统。目前世界范围内已有单相长度超过 300km 的 GIL 系统投入运行 30 多年，至今尚未有主要故障（系统内电弧故障）的报道。这一点使得 GIL 成为最可靠的输电系统。

6. 占地少且无老化问题

GIL 采用的 SF_6 气体的绝缘强度约是空气的 3 倍，且不燃烧、性能稳定，作为同轴间隙的绝缘介质，结构紧凑，无绝缘老化和燃烧问题。单纯的 SF_6 气体热稳定性高，加热至 500℃ 时也不会分解，经试验验证，GIL 寿命可长达 50 年，绝缘件的电场强度和 GIL 的最高温度都非常低，以至于不能产生电老化或热老化，这已经通过独立实验室的长期测试以及系统中大量在用设备的经验得到证实。

3.2.5　GIL 的发展及应用前景

GIL 设备几十年的运行经验表明，由于具有传输容量大、损耗小、安全性高、环境友好、适用于大落差、大跨度等特殊环境的优点，作为电能输送的一种高效的选择方式，GIL 是传统架空线路/电力电缆在某些特定场合的有效替代品，其必然会在电力行业的发展中起着不可替代的作用。当然，随着科技的进步，GIL 产品本身的特点也会与时俱进，不断满足新的需求，通过前面的论述以及相关的研究，不难发现，GIL 的发展和应用前景主要集中在以下几个方面：

（1）更小型化

推进 GIL 设备的小型化，缩小 GIL 设备的体积，提高绝缘介质的绝缘强度，减小绝缘介质的使用量，进一步降低制造和安装成本。例如现正处于初步研究阶段的共箱式小型化 GIL 设备。

（2）更环保高效

GIL 发展到现在已经经历了两代产品的发展。轻质的刚性结构金属筒体外壳、干燥压缩空气、导电杆及绝缘件组成的环保型压缩空气绝缘输电线路（CAIL）是现在正处于研发阶段的第三代产品，具有更大的技术和经济优势。但是，由于目前 CAIL 处于刚刚起步阶段，技术不够成熟，应用场合较少，相关技术问题还有待进一步的研究。近年来，国内有关学者也提出新型的环保气体 CF_3I 作为 GIL 设备的绝缘介质，能在保证 GIL 安全运行的同时，保证环保高效，但实现工程应用还需开展一系列的研究工作。

（3）更广泛的走廊共享

随着 GIL 技术的革新和发展，其应用场合越来越广泛。目前由于生态和经济原因，可输电走廊紧张的问题日益突出。GIL 由于其对外界环境影响很小，未来可以沿高速公路、交通隧道、大型桥梁、天然气管道等设施敷设，获得广泛的走廊共享空间，如图 3-11 所示。GIL 可以固定在钢制结构的隧道顶部或者外部，也可架设在高速公路的地下。GIL 周围的电场和磁场很低，因此对共享走廊内其他公共设施的影响几乎可以忽略。即使内部发生电气故障，GIL 设备的金属全封闭结构也能保证周围设施的安全。

（4）直流 GIL 的应用

目前的 GIL 设备大多数还只局限于应用在交流输电领域。近年来，随着高压直流输电技术飞快发展，我国的超、特高压直流输电技术在世界上处于领先地位。由于已投运或在建的超、特高压直流输电工程多数处于高海拔、大落差的环境中，地理、气象和人文条件复杂，对直流输电线路的安装、运行、维护提出了更高的要求，传统的电缆和架空线路难以满足。另外，随着高压直流输电工程电压等级的提升，绝缘距离和设备高度均有大幅度提高，这对高压直流套管的设计和制造提出了更高的要求。如果能采用 GIL 设备代替穿墙套管，不仅可以降低环境条件对系统的影响，提高电网的可靠性，而且可以降低成本，因此直流 GIL 的应用将为超、特

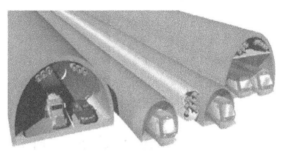

a）GIL 在交通隧道中的三种敷设方式

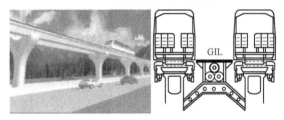

b）GIL 在城市轻轨中的敷设方式

图 3-11　GIL 共享模式

高压直流输电提供一个全新的技术实施方案，具有重要的社会效益和经济效益。直流 GIL 目前存在的技术难点主要是绝缘设计的问题，首当其冲是气体或固体介质在直流电场作用下的表面电荷积聚以及绝缘设计的优化等问题。

（5）超、特高压 GIL 的应用

在超、特高压电力系统中，某些大型的水电站、特高压变电站等，其处在高海波、大落差、大跨度、走廊困难、自然条件恶劣的环境条件中，可以采用 GIL 设备来进行敷设。例如，可以利用 GIL 设备解决特高压输电线路大跨度跨江的技术难题，如 1000kV 苏通 GIL 综合管廊工程。现阶段，特高压 GIL 的应用较少，一方面由于制造工艺复杂，另一方面，制作成本较高，在未来特高压技术的发展中，制造工艺和成本是需要重点关注的问题。

GIL 为满足人类日益增长的电能需求以及为扩大和增强现有输配电网络的能力提供了一种有效的技术解决方案。它不仅是大型地下电站高压引出线的首选方案，而且也是解决大城市的市区负荷不断增长导致线路走廊紧张问题的可选方案。在技术上 GIL 是先进的，已经在许多项目中得到了广泛应用。通过长距离或短距离以安全可靠且环保的方式输送大容量的电力是电力工业未来面临的巨大挑战之一，GIL 或将成为攻克这一挑战的关键技术。

第 **4** 章

多相交流输电技术

4.1 多相交流输电基本原理

1. 背景介绍

多相输电（Multi-Phase Power Transmission）指多于三相的新型输电方式，该概念是美国学者 H. C. BARENS 和 L. D. BARTHOLD 在 1972 年国际大电网会议上首次提出来的。不同于传统电力系统采用的三相输电方式，多相输电方式是将三相发电机的电能转换成四相、六相，甚至十二相进行传输，每相相差 90°、60° 或 30°。现有多相输电的研究多限于相数为三的倍数相，因为实现三相与三的倍数相之间的变换，很容易通过改变三相变压器的接线方式而得到。但是由于六相及以上多相输电线路的导线悬挂困难，杆塔结构复杂，线路造价上升，故障分析、继电保护设计及整定的难度增大，并且多相输电系统中的断路器的结构比较复杂，相间过电压倍数较高，因此六相及以上多相输电方式的推广和应用受到了限制。

2. 四相输电系统原理

图 4-1 为四相输电系统结构，发电设备与用电设备仍为三相制，四相输电线路通过三相变四相变压器 T_1 与四相变三相变压器 T_2 与现有的三相系统相联接，实现 A、B、C、D 各相电流、电压大小相等相位互差 90° 电角度，构成一个对称的四相系统。

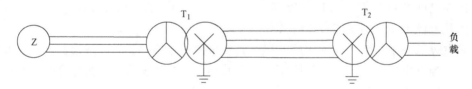

图 4-1 四相输电网络结构图

四相线路的相邻相间电压 $U_{p\text{-}p}$ 与相对地电压 $U_{p\text{-}g}$ 之间的比值为

$$U_{p\text{-}p}/U_{p\text{-}g} = 2\sin(\pi/N) \tag{4.1}$$

式（4.1）中 N 为相数。当 $N=3$ 时，比值为 $\sqrt{3}$；当 $N=4$ 时，比值为 $\sqrt{2}$。常规输电线路相间距离主要取决于空气的耐电强度。由于相间电压减小，对相间绝缘的要求降低，从而使得相间距离减小，线路变得紧凑。

考虑架空输电线路四相导线均匀分布在半径为 r 的圆上，如图 4-2 所示。下面仅用空间电磁场分布的物理概念，分析输电线路参数计算时对应的相间几何均距，以便很方便直观地推广到四相导线

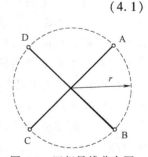

图 4-2 四相导线分布图

任意排列并换位的四相输电线路的参数计算之中。

由图 4-2 分析可知，各相导线均匀分布在圆上的四相输电线路的相间几何均距为圆半径的 2 倍。众所周知，各相导线均匀分布在圆上的三相输电线路的相间几何均距为圆半径的 $\sqrt{3}$ 倍。如果维持四相输电线路与三相输电线路的相间几何均距不变，即二者的每相参数与电晕临界电压不变，则四相输电线路所占据的空间半径反而减小到三相的 $\sqrt{3}/2$ 倍。从本质上看，四相输电线路的空间电磁场分布更加均匀。因此可极大提高四相输电线路输送功率的密度，其输电线路的自然功率表达式为

$$S_n = P_n = NU_N^2/Z_C \qquad (4.2)$$

式中，U_N 为输电线路相对地额定电压；Z_C 为线路的波阻抗；N 为相数。当相数由三相增加到四相时，在波阻抗不变的条件下，自然功率增大到原来的 1.333 倍。

3. 四相变压器

实现四相输电技术的首要问题是三相电量与四相电量间的相互转换，其核心就是三相/四相变压器，该变压器需在保持各相电量对外部电网的对称性基础上，同时对电压值和相数进行转换。

目前这种变压器有四种方案实现，分别是参照斯科特（Scott）变压器原理、李布朗克（Le Blanc）联结变压器原理、伍德桥原理及阻抗匹配原理。

（1）基于斯科特（Scott）原理的三相/四相变压器

斯科特变压器又称 T 形接线变压器，如图 4-3 所示，由两个电磁耦合的单相变压器（即高变压器与低变压器）组成。由图 4-3 可以看出，三相侧的几何中心在 BC 两点之间的 O 点，但是没有引出可以接地的中性点。

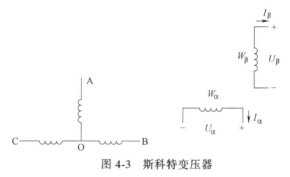

图 4-3 斯科特变压器

设 $U_A/U_\alpha = k$，输出侧两相绕组匝数取 $W_\alpha = W_\beta$，为使它们的感应电动势相等，令绕组匝数比为 $k_\alpha = W_{AD}/W_\alpha = 3k/2$，$k_\beta = W_{BD}/W_\beta = W_{CD}/W_\beta = 3k/2$。当一次侧加入的三相电压对称时，低压侧可得到数值相等、相位相差 90°的两个单相电动势。

由每相铁心磁势平衡的原理可知，一、二次侧电流变换关系为

$$\begin{bmatrix} I_A \\ I_B \\ I_C \end{bmatrix} = \frac{1}{k} \begin{bmatrix} 0 & 2/3 \\ \sqrt{3}/3 & -1/3 \\ -\sqrt{3}/3 & -1/3 \end{bmatrix} \begin{bmatrix} I_\alpha \\ I_\beta \end{bmatrix} \qquad (4.3)$$

根据式（4.3），可以作出一、二次侧电流相量关系，见图 4-4。当 $I_\beta = jI_\alpha$ 时，按坐标系统的线性变换关系，一次侧三相电流对称，不存在负序电流，故该接线具有将两相对称负荷转换为一次侧三相对称负荷的能力。这种变压器采用三相铁心时，为使负荷变化时保持 BD 和 DC 的端电压相等，避免 D 点电位漂移，应使 BD 和 DC 绕组紧密耦合，故该两绕组要绕在同一心柱上。

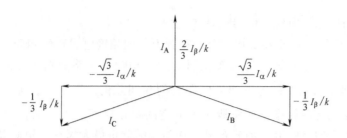

图 4-4 斯科特变压器电流变换关系

（2）基于李布朗克（Le Blanc）原理的三相/四相变压器

李布朗克变压器接线见图 4-5。一次侧三相接成三角形，二次侧有两套副绕组，其中第二副绕组匝数为第一副组绕匝数的 $(\sqrt{3}-1)/2$ 倍，以保证输出侧两个单相的电压相等。

图 4-5 李布朗克变压器接线

取电压比为 $k_1 = W_A/W_{a1} = k$，则 $k_2 = W_A/W_{a2} = 2k/(\sqrt{3}-1)$，故在负载情况下，换算到一次侧三相绕组的电流为

$$
\begin{bmatrix} I_{AB} \\ I_{BC} \\ I_{CA} \end{bmatrix} = \frac{1}{k} \begin{bmatrix} -1-\dfrac{\sqrt{3}-1}{2} & 0 \\ \dfrac{\sqrt{3}-1}{2} & 1 \\ \dfrac{\sqrt{3}-1}{2} & -1 \end{bmatrix} \begin{bmatrix} I_\alpha \\ I_\beta \end{bmatrix} = \frac{1}{k} \begin{bmatrix} -\dfrac{\sqrt{3}-1}{2} & 0 \\ \dfrac{\sqrt{3}-1}{2} & 1 \\ \dfrac{\sqrt{3}-1}{2} & -1 \end{bmatrix} \begin{bmatrix} I_\alpha \\ I_\beta \end{bmatrix} \tag{4.4}
$$

一次侧三相输入的线电流为

$$
\begin{cases} I_A = I_{AB} - I_{CA} = (-\sqrt{3}I_\alpha + I_\beta)/k \\ I_B = I_{BC} - I_{AB} = (\sqrt{3}I_\alpha + I_\beta)/k \\ I_C = I_{CA} - I_{BC} = -2I_\beta/k \end{cases} \tag{4.5}
$$

根据式（4.5），当 $I_\beta = jI_\alpha$ 时，一次侧三相线电流完全对称，无负序电流存在，故该接线也具有将两相对称负荷转换为一次侧三相对称负荷的能力，但是在一次侧三角形绕组内存在环流，这将会在变压器绕组中产生附加损耗。

（3）基于伍德桥（Wood Bridge）原理的三相/四相变压器

伍德桥型变压器由一个普通的三相三绕组变压器外加一个自耦变压器构成。

由图 4-6 可见，在二次侧菱形接线两对顶角间，可以得到相互垂直的且幅值相差 $\sqrt{3}$ 倍的

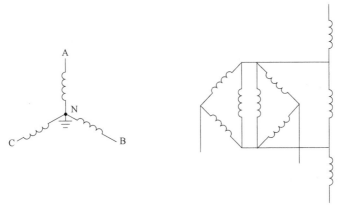

图 4-6　伍德桥型三相/四相变压器

两个单相电压。为使输出电压相等，其中较小的输出电压必须经附加自耦变压器升高电压
$\sqrt{3}$ 倍，其一、二次侧电流变换关系与斯科特变压器类似，该接线具有将两相对称负荷变换
为三相对称负荷的能力。为去掉自耦变压器，将图 4-6 低压第二副绕组的中间一相绕组分为
上下两部分，其匝数取为菱形各臂绕组的 $(\sqrt{3}-1)/2$，分别接在对角绕组的上、下端，如图
4-7 所示。由于低压中间相绕组接线及匝数发生变化，必然要通过调整绕组阻抗以保持三相
磁势平衡，当中间相第一副绕组阻抗为菱形各臂绕组阻抗的 1.366 倍时，该接线变压器具有
将两相对称负荷变换为三相对称负荷的能力。

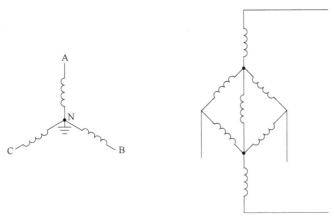

图 4-7　改进型伍德桥接线变压器

（4）阻抗匹配型三相/四相变压器

阻抗匹配平衡变压器是在伍德桥变压器的基础上进行改进并经简化后得到的。它相当于
是在 YN/d-11 接线的普通双绕组变压器基础上，为了使二次侧的两相输出电压在相位上保
持垂直，在低压侧的 b 相绕组两端各增加一个外延支臂，便得到阻抗匹配平衡变压器，如
图 4-8 所示，其接线方案可经改进型伍德桥变压器做简化处理得到。

设一次侧三相绕组匝数为 W_{I}，二次侧绕组匝数为 $W_{\mathrm{ab}}=W_{\mathrm{bc}}=W_{\mathrm{ca}}=W_{\mathrm{II}}$。取支臂绕组为
$W_{\mathrm{da}}=W_{\mathrm{be}}=W_{\mathrm{II}}'=(\sqrt{3}-1)/2$，则输出电压相量 U_{α} 与 U_{β} 的相位差为 $90°$。由于在普通双绕组
变压器的 b 相多增加了外延支臂，为使各相安匝数一致，应适当增大 b 相绕组的等值阻抗。

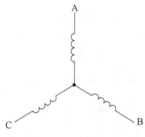
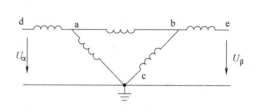

图 4-8　阻抗匹配平衡变压器

设二次侧绕组的等值阻抗 $Z_{ac}=Z_{bc}=Z_{\mathrm{II}}$，令 $Z_{ab}=\lambda Z_{\mathrm{II}}$，其中 λ 为大于 1 的阻抗匹配系数。不计励磁电流，设由相绕组匝数确定的电压比为 $k=W_{\mathrm{I}}/W_{\mathrm{II}}$，则一、二次侧的电流变换关系为

$$\begin{bmatrix} I_{AB} \\ I_{BC} \\ I_{CA} \end{bmatrix} = \frac{1}{k} \begin{bmatrix} \dfrac{\lambda+1}{\lambda+2} & -\dfrac{1}{\lambda+2} \\ -\left[\dfrac{1}{\lambda+2}+\dfrac{\sqrt{3}-1}{2}\right] & -\left[\dfrac{1}{\lambda+2}+\dfrac{\sqrt{3}-1}{2}\right] \\ -\dfrac{1}{\lambda+2} & \dfrac{\lambda+1}{\lambda+2} \end{bmatrix} \begin{bmatrix} I_\alpha \\ I_\beta \end{bmatrix} \tag{4.6}$$

变压器在二次侧两相负荷变化时，一次侧三相电流保持平衡，即零序电流等于零。与此对应的条件为取式（4.4）中矩阵的各列元素之和为零，则得

$$\lambda+1-\left[2+(\sqrt{3}-1)(\lambda+2)/2\right]=0$$

解上式得到

$$\lambda=2/(\sqrt{3}-1)=2.732$$

将 λ 代入式（4.6）中，则电流变换矩阵可以简化为

$$\begin{bmatrix} I_A \\ I_B \\ I_C \end{bmatrix} = \frac{1}{2\sqrt{3}k} \begin{bmatrix} \sqrt{3}+1 & -(\sqrt{3}-1) \\ -2 & -2 \\ -(\sqrt{3}-1) & \sqrt{3}+1 \end{bmatrix} \begin{bmatrix} I_\alpha \\ I_\beta \end{bmatrix} \tag{4.7}$$

与式（4.6）对应的一、二次侧电流相量关系如图 4-9 所示。当两臂的负荷电流对称时，即 $I_\beta=jI_\alpha$ 时，转换到一次侧的各相电流幅值相等，相角彼此相差 120°，三相电流完全对称。

（5）几种三相/四相变压器比较

斯科特型变压器和李布朗克型变压器均不能满足三相侧 110kV 或 220kV 电力系统中性点接地的要求，

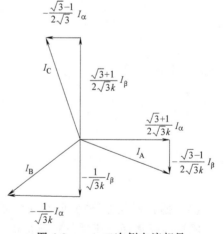

图 4-9　一、二次侧电流相量

适应于中性点不接地系统。而伍德桥接线变压器三相侧中性点可以直接接地，但需增加一台自耦变压器，存在投资高、材料利用率低、占地面积大等缺点，可以采用改进型伍德桥接线变压器。阻抗匹配平衡变压器是由湖南大学刘福生教授研制的，该变压器高压侧中性点可直接接地，低压侧有三角形回路，两相出线有公共点，可用于电气化铁路直供。斯科特型变压器的优点是绕组结构简单，低压侧两相绕组相互独立，没有电气联系，变压器运行可靠性

高。缺点是不能采用等截面铁心，增加了铁心制造难度，制造工艺要求较高，且三相侧没有中性点可以接地。

4. 六相输电系统原理

六相输电是通过接线将六相接于同一中性点上，各相间角度为60°的新型输电技术。典型六相输电系统如图4-10所示，六相输电线连接了两个三相输电系统（M 侧、N 侧）。M 侧通过 d，Yg11 和 d，Yg1 两台变压器实现了三相输电系统与六相输电系统的相互转换，N 侧通过 Yg，d1 和 Yg，d11 两台变压器实现了六相输电系统与三相输电系统的相互转换。其中六相输电系统中的 A、C、E 相分别与三相输电系统中的 IA、IB、IC 相对应，相位均超前30°；六相输电系统中的 B、D、F 相分别与三相输电系统中的 IIA、IIB、IIC 相对应，相位均滞后30°。图中，$\dot{I}_A$、$\dot{I}_B$、$\dot{I}_C$、$\dot{I}_D$、$\dot{I}_E$、$\dot{I}_F$ 分别表示六相输电线路中 A、B、C、D、E、F 相的电流相量。$\dot{I}_{IA}$、$\dot{I}_{IB}$、$\dot{I}_{IC}$ 分别表示 M 端流入 d，Yg11 变压器的 A、B、C 三相电流，$\dot{I}_{IIA}$、$\dot{I}_{IIB}$、$\dot{I}_{IIC}$ 分别表示 M 端流入 d，Yg1 变压器的 A、B、C 三相电流。

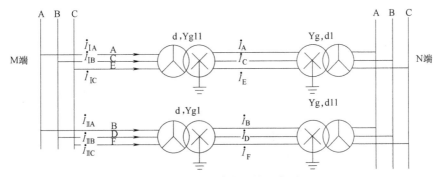

图 4-10　六相输电系统示意图

在多相输电线中，相邻相间电压 $U_{p\text{-}p}$ 与相对地电压 $U_{p\text{-}g}$ 的关系可以表示为 $U_{p\text{-}p} = 2\sin(\pi/N)U_{p\text{-}g}$，式中 N 代表相数。

因此，可推出六相输电线的 $U_{p\text{-}p} = U_{p\text{-}g}$，因此对于六相输电线路，一般用相对地电压 $U_{p\text{-}g}$ 表示六相输电系统的额定电压。与同杆双回三相输电线相比，六相输电系统的相间电压减少使得缩减相间距离，建设紧凑型的线路成为可能。

表 4-1 为 500kV 电压等级的同塔输电线路与六相输电线路的电压参数对比。与同塔双回线相比，六相输电系统相间电压更低，对绝缘要求降低，从而使得相间间隔距离减小，线路更加紧凑。

表 4-1　同塔双回线与六相输电系统的电压参数对比

类型	相数	电压/kV
同塔双回线	2×3	500/289
六相系统	6	500/289

对于 1000kV 级别的特高压输电线路，其典型常规双回路杆塔如图4-11所示，其高度为108m，而相应的特高压六相输电线路的电压级别为578kV，其杆塔结构如图4-12所示，其高度仅为75m。

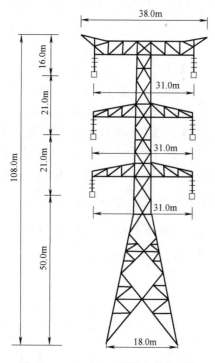

图 4-11　1000kV 三相输电线路杆塔

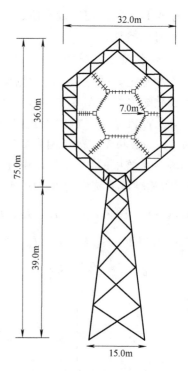

图 4-12　578kV 六相输电线路杆塔

由图 4-12 可知，特高压六相输电的杆塔比传统的特高压双回路杆塔低了 31%，在导线总截面积相同的情况下，大大降低了杆塔的风荷载。杆塔的重量将大大减轻，节省了大量的钢材。另外，由于杆塔的高度降低，对基础的作用力也相应减少，节省了基础的占地面积和混凝土的消耗量。

在线路电压降和稳定储备相同的情况下，六相输电线路能够输送更多的功率。六相输电线路在输送重负荷时，其维持电压和稳定的性能要优于同塔双回线，能够减少用户断电损失 10%~50%。六相输电线路可以采用较轻的杆塔，较窄的线路走廊，可以直接利用三相线路标准的绝缘子线路，而且六相输电系统易与三相输电线路协调、兼容运行，对高压断路器出头断流容量的要求较低，易于灭弧；六相输电线路的地面电磁场分布，无线电噪声、可闻噪声等方面的环境指标均优于传统的双回线路。

4.2　多相交流输电的应用及未来

1. 案例分析

为了进一步分析四相输电线路的运行优势，选用某回三相和四相系统进行对比分析。

一回三相 330/190kV 线路与一回四相 269/190kV 线路，导线均匀布置在半径分别为 $r_1 = 5.5\text{m}$ 与 $r_2 = (\sqrt{3}/2) \times 5.5\text{m} = 4.76\text{m}$ 的圆上，使用 2×LGJ-300/50 分裂导线，分裂间距 0.4m，如图 4-13 所示。

计算得到线路的波阻 Z_c、每公里的电抗 X_1、电晕临界电压 U_{cr} 及自然功率 P_n 见表 4-2。

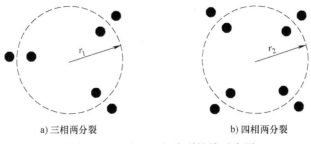

a) 三相两分裂　　　　　　　　　　　b) 四相两分裂

图 4-13　三相/四相分裂导线示意图

表 4-2　三相线路与四相线路参数比较

相数（N）	电压/kV	U_{cr}/kV	Z_c/Ω	X_1/(Ω/km)	P_n/MW	r/m
3	330/190	217	299	0.3165	364	5.5
4	269/190	217	299	0.3165	364	4.76

由表 4-2 可知，四相线路的自然功率为三相的 4/3 倍，而四相线路所占据的空间半径仅为三相的 $\sqrt{3}/2$ 倍。所以，单位空间半径下四相线路输送容量是三相线路的 $8/(3\sqrt{3}) = 1.54$ 倍。如果考虑三相线路的宽度为正三角形的边长，则四相线路输送单位容量所占地面宽度为三相的 $(3/4) \times (\sqrt{2}/2) = 0.53$ 倍，即节省了 47.0% 的占地补偿投资。而四相线路的高度（导体部分）也只有三相线路高度的 $\sqrt{2}/\sqrt{3} = 0.816$ 倍，其经济效益是非常显著的。如果考虑三相线路的宽度为正三角形的高，则二者输送单位容量的占地宽度之比为 $(3/4) \times (\sqrt{2}/\sqrt{3}) = 0.612$，即节约了 38.8% 的占地面积。而四相线路的高度（导体部分）仅为三相线路高度的 $\sqrt{2}/2 = 0.707$ 倍。

通过该案例分析可知，相比于三相输电系统，四相输电系统能够显著提高输送容量，减小占地面积，并改善输电环境周围的电磁环境干扰，具有良好的经济效益、社会效益和生态效益。

2. 多相输电技术的未来

21 世纪输电系统将承担更大的来自环境保护和电力市场两方面的压力。其中，需求所产生的压力可概括为增大输送能力、保持系统稳定与优化系统运行三个方面。我国有大量电能需要西电东送与北电南送，根据我国能源资源分布和电力负荷增长的现实情况，大容量、远距离的西电东送与北电南送势在必行。

今后随着导线价格的下降，占地赔偿价格和线路走廊通道障碍物拆迁、林木植被的保护费用的提高，多相输电线路综合造价会进一步降低，线路的社会、经济效益会更加显著，因而具有下列优越性：

1）提高线路输送功率。在电压降和稳定储备相同的条件下，多相输电比三相输电能输送更多的功率。如与三相输电比较，在线间电压相同，各相导线截面积相同的条件下，四相输电容量为三相输电容量的 1.633 倍，电压损耗较三相输电减少了 18.4%。在相电压相同、相导线截面积相同的条件下，四相输电容量为三相输电容量的 1.333 倍，且电压损耗与架空线路的相邻线间距离较三相输电减少了 18.4%。在相同的相—地电压条件下，六相输电线路比两回并联三相线路的输送功率极限提高 73%。

2）使线路更加紧凑，降低线路走廊宽度，可采用较轻型的杆塔。相数的增加使相间电压与相间角度差均减小，因此使与相间电压关系密切的绝缘要求大大降低，从而大大降低了对相间距离的要求，使线路变得更加紧凑，减少了线路走廊的宽度，提高了单位走廊利用率。

3）提高传输功率的稳定性。多相输电在输送重负荷时其维持电压和稳定的性能比三相制好，所需的无功补偿容量也远小于三相输电系统。与三相输电线路相比，如果电压相同，则多相交流输电线路的正序电抗 X 下降，可进一步促使稳定极限功率上升。

4）多相输电的构成比较简单，利用三相系统的标准绝缘子和金具就可以直接构成多相输电系统的支撑构架。且与现有的三相输电兼容性好，不需改变发电和配电端接线，只需在输电端接入特种变压器即可。

5）多相输电的断路器灭弧相对容易些。输电能力相同的条件下，由于多相断路器的断口多，则每个断口的开断容量将变小，灭弧也容易。

6）电磁场环境好。多相输电的各相导线在空间分布对称均匀，因而电磁场环境得到了一定程度的改善。

当然，多相输电系统也存在一些缺陷。为了避免线路的复杂换位，必须将杆塔设计成正多边形，进而给导线悬挂造成困难，线路架设成本上升；多相输电中的断路器结构比较复杂，相间过电压倍数较高。但多相输电系统最主要的缺陷是线路故障类型太多，给继电保护装置的配置造成不小的障碍。例如，三相输电系统的故障只有 11 种，典型故障类型只有 5种。而多相输电系统的故障类型则要复杂得多，如表 4-3 所示，总的故障类型多达 120 种，其中典型故障类型达到了 23 种。由于六相输电系统故障种类的复杂性，六相输电线路的继电保护装置势必更加复杂。由于上述缺点，六相及以上的多相输电方式的推广应用受到限制。

表 4-3　六相输电系统故障类型

故障类型	类型总数	典型故障数	典型故障
单相接地故障	6	1	a-n
两相故障	15	3	a-d, c-e, e-f
两相接地故障	15	3	a-d-n, c-e-n, e-f-n
三相故障	20	3	b-d-f, a-b-d, a-d-f
三相接地故障	20	3	b-d-f-n, a-b-d-n, a-d-f-n
四相故障	15	3	b-c-e-f, a-b-c-d, a-b-d-f
四相接地故障	15	3	b-c-e-f-n, a-b-c-d-n, a-b-d-f-n
五相故障	6	1	b-c-d-e-f
五相接地故障	6	1	b-c-d-e-f-n
六相故障	1	1	a-b-c-d-e-f
六相接地故障	1	1	a-b-c-d-e-f-n
总计	120	23	

第 **5** 章

半波长交流输电技术

5.1 半波长交流输电基本原理

1. 超远距离输电的需求

近年来，随着用电需求量的不断增加，超远距离和超大功率的电能输送技术在世界范围内具有显著的经济意义和实用价值，成为世界电力发展的一个重要方向。

我国在能源布局上出现了严重不匹配的情况，水利资源、煤炭资源丰富，主要集中在西部；而能源主要负荷集中在东部沿海地区，从西部能源基地到东部负荷中心之间距离有些可达 3000km，传统的特高压交直流输电工程难以满足超远距离电能高效传输的需求，亟待新型输电技术解决该问题。另外，从国际上看，对于很多幅员辽阔的国家，也存在大型水力和煤炭资源距离负载中心可达 2000~3000km 超远距离的现状。例如，在巴西，尚未开发出的水力资源中，有 66% 是在西北部的亚马逊河流域，总量大约有 120GW，需要将其开发出来并输送至东南部距离为 2500~3000km 的负载中心。欧洲 2050 年预想将北海电网与德国在撒哈拉沙漠启动建设的大型太阳能项目组成一个有机整体，形成覆盖范围更广的欧洲、中东、北非超级电网，其中中东、北非的太阳能电力送往欧洲负荷中心的传输距离在 1500~3000km。国际上的超远距离电能传输计划越来越多。我国也计划开发毗邻的俄罗斯、蒙古等国的电力能源并向我国输送，传输距离也将达到甚至超过 3000km，迈出全球能源互联网的一步。

2. 原理

交流输电本质上是波的传播过程，当线路足够长时，整个输电线路在传输功率极限和沿线电压分布等方面会出现许多与短线显著不同的性质。半波长输电是根据当线路长度匹配半波长时，输送功率极限可达到无限大这一特征而确定的输电方式。

根据交流输电线路的长线基本方程，线路的极限输送功率 P_m 为

$$P_m = \frac{U_1 U_2}{Z_c \sin(\alpha l)} = \frac{P_H}{\sin(\alpha l)} \tag{5.1}$$

式中，U_1 和 U_2 分别为线路首末端电压；Z_c 为波阻抗；α 为相位常数；l 为线路长度；P_H 为自然输送功率。

在线路中 $\alpha l = 2\pi$ 时线路长度为全波长，$\alpha l = \pi$ 时为半波长线路。根据频率与波长的关系可知，频率为工频（50Hz）时，半波长线路的长度为 3000km；频率为 60Hz 时，半波长线路的长度为 2500km。

由此，可定义半波长交流输电（half-wavelength AC transmission，HWACT）为：输电线路的电气距离接近一个半波，即 3000km（50Hz）或 2500km（60Hz）的超远距离三相交流

输电方式。

当 $\alpha l = \pi$ 时，输电线路的电气距离为半波长，此时线路功率极限为无穷大。需要注意的是，实际工程中构建恰好满足自然半波长度的线路是难以实现的，因此常采用人工补偿的方法，利用附加调谐装置，将输电线路的电气参数调谐至接近半波长。根据试验可知，当频率为 50Hz 时，线路的最佳长度范围为 2600~3200km；当频率为 60Hz 时，线路的最佳长度范围为 2100~2700km；在最佳长度范围内，半波交流输电具有最大的效益，比相同可靠性指标的直流输电相应地节省费用 30%~35% 和 35%~40%。正是由于半波交流输电技术的输送距离长、容量大、经济性好等特点，使得其有望成为未来的输电方式之一，因此有必要针对半波长交流输电技术展开深入的研究。

3. 优势特点

半波长交流输电技术的特点主要体现在：

1）无损情况下的半波长输电线路就像一台电压比为 -1 的理想变压器，一次侧电压和二次侧电压大小相同，相位相反；输电线路的中点电压与接收端电流的大小成正比，中点电流与接收端电压的大小成正比。

2）半波长输电线路中无需安装无功补偿设备。线路上的电压会随着线路的负载而自动调节，线路电容发出的无功会被线路本身的电感所消耗。

3）半波长交流输电线路首末端的电压稳定性极好。在一条无损半波长线路中，由于无功功率的流动十分有限，无论负载的大小，线路两终端的电压都是稳定的，实际中可通过发送端和接收端系统而将线路两终端电压值稳定在额定值附近。

4）输电能力很强，经济性很好。由于输电不需要安装无功补偿设备，全线没有开关站，输电设备数量大幅度减少，因而造价很低。据测算，在特定超远距离送电的情况下，半波输电的经济性优于常规超高压直流输电。

4. 存在的问题

半波长交流输电技术存在的问题主要体现在：

1）频率的变化会导致波长的变化，使得原来的半波长线路不再等同于半波长，从而失去上述半波长交流输电线路的优良特性。实际运行中应避免导致频率变化大的工况。

2）当系统内发生对称或不对称短路故障时，线路上会产生很大的电压升高；以线路末端的三相短路情况最为严重，可能会引发谐振或者接近谐振的情况。线路中点电压与接收端的短路电流近似成正比，短路故障后极大的短路电流会造成很高的过电压。

3）半波长交流输电线路是一种点对点的传输线路，很难在线路上直接给沿途负载供电。在线路上直接接入负载易引起沿线电压发生变化，并可能会使线路失去半波长的特性而导致系统不稳定。

5.2 半波长交流输电的应用及难点

1. 应用前景

目前世界上许多国家的能源资源和负荷需求都呈逆向分布，随着全世界范围内对于超远距离大功率传输需求的不断增加，特高压输电技术再次受到关注。虽然到目前为止，世界上还没有一条投入运行的半波长交流输电线路，但是基于对超远距离大功率输电的需求，以及半波长交流输电拥有的诸多优势，决定了其在国际上必定会有重要的应用前景。例如，我国新疆煤电可再生能源基地到上海或珠三角的直线距离均在 3000km 左右，将新疆煤电与可再生能源发电打捆送出，采用半波长交流输电可能是一个技术经济特性均佳的方案。

2. 研究现状

（1）国外研究现状

国外对半波长交流输电技术的研究起步较早，从 20 世纪 40 年代半波长交流输电的概念被提出起，就有不少的科学家在这个领域进行了探索性的研究。对其特性有了一定程度的认识，理论成果多集中在 20 世纪七八十年代。后因没有实际工程需求，再加上当时的技术水平有限，研究一度处于停滞状态。

从 21 世纪初开始，全球气候问题突出，同时随着经济发展，能源供应紧张。全球对超远距离、大功率电能输送有了更现实的需求，半波长交流输电技术受到越来越多国家的重视，一大批专家、学者投身于半波输电技术的研究中，同时也取得了许多突破性的成果。目前，通过数字仿真的手段对半波长输电线路的过电压问题、系统运行可靠性问题、线路损耗问题、短路特性等一系列问题进行了深入分析。

（2）国内研究现状

半波长交流输电技术十分适用于我国现有输电情况，但限于技术条件且早期的工程需求不迫切，所以理论研究没有跟上。近年来，半波长交流输电技术受到越来越多专家、学者重视。2009 年 6 月 1 日，中国电机工程学会在北京组织召开了第九次全国会员代表大会学术报告会，会上郑健超院士详细介绍了半波长交流输电这种适合于超远距离大功率送电且成本较低的输电技术，引起了国内学者的广泛关注。随后，国内学者对半波长交流输电领域的许多仍未解决的技术难题进行了更为深入的研究，同时也取得了许多突破性的成果。目前，半波长交流输电方案的研究已进入一个比较深入的层次，其初期所遇到的技术问题正在被众多专家、学者逐一攻克，但由于半波长交流输电方案没有实际的运行案例，始终处于理论研究阶段，现有研究成果还有待验证。

3. 关键技术难点

半波长输电技术的发展和实现目前还面临着许多关键问题，主要体现在：功率传输与系统暂态稳定性能，系统运行和维护技术，内部过电压及其抑制措施，潜供电弧及其抑制方法等。这些关键问题的研究虽已取得了一些有价值的科研成果，但仍需进一步深入探索。下面针对上述的关键问题，对现有研究成果及存在问题论述如下。

（1）系统稳定特性

对于简单的交流输电系统，要具有运行的静态稳定性，必须运行在功率特性的上升部分，可以用 $dP/d\delta > 0$ 作为简单电力系统具有静态稳定的判据。针对六条不同长度的无损无补偿线路，传输的有功功率与自然功率比值 P/P_n、发出的无功功率与自然功率比值 Q/P_n 与功角 δ 的函数关系如图 5-1 和图 5-2 所示。由图可知，不同长度范围的输电线路其静态稳定运行具有不同的特点，揭示了半波长输电线路不同于常规短线路的稳定运行范围。

图 5-1 和图 5-2 中，曲线 a、b 代表常见的短线路，应运行在功角 δ 接近于 90°的区域，以满足 $dP/d\delta > 0$；曲线 c、d 代表仅比半波长线路略短的超长线路，也应运行在功角 δ 接近

于90°的区域，但是需要补偿大量的无功功率；曲线 e、f 代表长度超过半波长的线路，当线路运行在 $\delta=180°$ 附近时，不仅可以满足稳定性的条件，线路所需的无功功率不大，而且沿线电压不会超过电压额定值。最主要的不同是，线路 e、f 中点处的电压与传输功率成正比。电力系统稳定运行的必要条件是静态稳定，但当系统受到大的扰动（各种短路、切除输电线路等）时，也能保持暂态稳定运行。大扰动下的半波长交流输电系统的暂态稳定性受线路长度、调谐方式、故障类型、故障切除时间等因素的影响。目前，针对大扰动下含半波长输电线路的特高压电力系统的暂态稳定性能的分析研究还处于初级阶段。

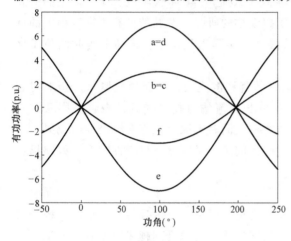

图 5-1　P/P_n 与 δ 的函数关系

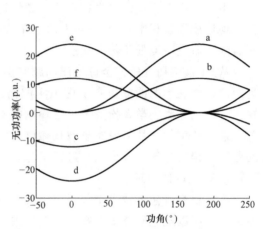

图 5-2　Q/P_n 与 δ 的函数关系

（2）电压分布和功率传输特性

线路上距离接收端为 x（km）位置处的电压和电流相量由式（5.2）及式（5.3）决定：

$$\dot{U}_x = \dot{U}_r\cos(kx) + \mathrm{j}Z_c\dot{I}_r\sin(kx) \tag{5.2}$$

$$\dot{I}_x = \dot{I}_r\cos(kx) + \mathrm{j}\frac{\dot{U}_r}{Z_c}\sin(kx) \tag{5.3}$$

其中 $k=\omega\sqrt{L_0C_0}$，为线路传播常数；$Z_c=\sqrt{L_0/C_0}$，为线路波阻抗；L_0、C_0 分别为输电线路单位长度的电感和电容，$\dot{U}_r$ 和 $\dot{Z}_r$ 为接收端电压和电流。

由式（5.2）和式（5.3）可得半波长输电线路沿线电压和电流的分布情况，可知半波长输电线路的中点电压和接收端电流的大小成正比，中点电流和接收端电压的大小成正比。虽然无损半波长输电线路两端的电压不受传输功率等因素的影响，保持大小相等相位相反，具有很好的稳定性，但越靠近线路中部位置，电压的变化受功率影响越严重，如图 5-3 所示。若考虑到实际系统的等值阻抗，改变输电线路的半波长特性对线路电压的分布尤其是其最值及其出现位置也会产生

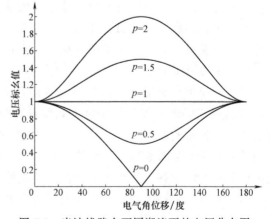

图 5-3　半波线路在不同潮流下的电压分布图

影响。

半波长输电线路的传输功率和对应的沿线电压分布与常规短线路有显著不同，半波长输电线路的极限输送功率如式（5.1）所示。理论上，半波长线路输送功率的极限理论值可为无穷大；但实际上，随着传输功率的增加，半波长输电线路中点附近的电压会随之迅速增加，同时线路上的电晕损耗增加，这两者都将限制半波长输电线路的传输功率值。因此还需进一步研究电晕特性对线路产生的综合影响。

（3）内部过电压及其抑制措施

国外学者针对半波长交流输电的操作过电压进行了一些分析计算，主要包括：自然半波长输电线路的单相接地故障、两相对地短路、三相接地短路故障等引起的过电压，指出故障条件下输电线路的半波长特性受到破坏，在故障相及邻近健全相激发的暂态过电压问题极为突出；短路故障时调谐半波长输电线路的过电压更为复杂、严重；还对自然半波长输电线路的单相重合闸过程进行了研究，发现线路的重合闸过电压水平较低。目前研究结果表明，半波长线路空载合闸及重合闸过电压水平相对不高，线路的过电压水平主要由短路故障所引起的暂态过电压所决定。可见，内部过电压仍是特高压半波长输电技术亟待解决的关键技术问题。

但是目前针对特高压等级的调谐半波长输电线路的过电压研究较少。虽然半波长交流输电线路过电压的类型与常规线路基本一致，但因半波长输电线路的特殊线路结构，使其过电压的特点与短线路却不尽相同；而自然半波长线路和调谐半波长线路过电压的特点也呈现明显不同。并且对于传输功率、调谐网络类型和线路实际长度等因素对过电压水平影响的分析也相对缺乏。

同时，抑制半波长输电线路过电压的措施也是目前需要解决的重要问题。现阶段应用的抑制过电压措施主要有：氧化锌避雷器、带并联电阻的高压断路器、并联电抗器和相位控制高压断路器等。为了有效抑制半波长输电线路的过电压，有学者曾经提出通过火花放电间隙在线路上并联阻抗（很大的电阻或电抗设备）的方式。但此方式要求电阻或电抗设备具有很大的阻值，不易实现。

我国首先把特高压输电技术应用于远距离输电，而且目前输电线路过电压的抑制主要是采用避雷器。因此很多学者认为，研究沿线装设避雷器的技术是最有意义的。对于特高压半波长这种特殊输电线路的故障激发过电压，研究利用沿线布置避雷器技术是最有应用前景的。针对线路避雷器抑制措施，讨论其安装位置与数量对特高压半波长输电线路故障激发过电压的抑制效果有较大应用价值，需针对其特殊性，提出新的特高压半波长输电线路沿线避雷器的优化配置方案，将故障激发过电压抑制在较低的水平。

（4）潜供电流及其抑制措施

未来应用于超长距离输电工程中的半波长输电的额定电压等级范围是 800~1200kV。在特高压输电线路（1000~1200kV）中，由于电弧产生的长间隙，为保证潜供电流的自熄和单相快速重合闸的成功，潜供电流的有效值要限制在 75A 以下。

半波输电线路潜供电流问题十分严重。对超高压半波长输电线路潜供电流的初步计算得到，在线路故障前传输的有功功率大小为自然功率时，单相接地故障点处潜供电流的有效值不可能低于 360A，并且可能会超过 1563A。那么在特高压等级下，潜供电流的数值可能会更高。而且在传输功率改变时，对潜供电流和恢复电压值的影响以及调谐线路潜供电流的变化趋势目前并没有相应的分析研究。

为大幅减小半波长输电线路的潜供电流和恢复电压数值，需采取有效的抑制潜供电弧的措施，现已存在的抑制潜供电流的方法主要包括：

1) 并联电抗器加中性点小电抗。

2) 补偿选择开关式并联电抗器组。

3) 串联电容器补偿输电线路的潜供电流。

4) 快速接地开关熄灭潜供电弧。

5) 混合式单相触发跳闸。

6) 线路分区与开关站。

根据国内外关于超特高压输电线路的研究和运行经验，综合比较几种潜供电弧的熄灭措施，采用高抗中性点加小电抗和快速接地开关这两种方法应用最为广泛和可靠。同时，结合我国国情以及从经济性考虑，采用高抗中性点加小电抗仍然是目前常规交流输电线路最可取的方法。但对于特高压半波长输电线路而言，中性点小电抗法并不适用，因为半波长输电线路并不需要并联电抗器，这阻碍了中性点小电抗的常规连接。因此，采用快速接地开关法来抑制潜供电流成为最有可能的选择。

但是有关仿真分析表明，在超高压半波长输电线路两端使用快速接地开关根本无法将潜供电流的有效值降低到 50~75A 的允许值，需要设计快速接地开关沿线布置的新方案。在特高压半波长交流输电系统中，研究快速接地开关的配置方案成为研究重点，需视系统的具体情况而定。有学者提出了有源补偿的方法，即在线路末端零序电路中，短时连接特殊的补偿阻抗。通过实时监测故障点处的电压以及潜供电流值，并据此在线计算出所需补偿的功率值来确定可控阻抗的阻值，以补偿线路中的潜供电流，同时抑制故障点的恢复电压。实时补偿功率的在线计算是该方案的难点和关键，至今还没有实现。

目前，特高压半波长输电技术的发展面临着许多关键问题有待解决，有些技术还不成熟不完善，且目前尚未对特高压等级的半波长输电线路进行过细致的研究，存在的主要问题有：

1) 现有半波长输电的人工调谐方案并不完善，需综合分析研究调谐方式对系统传输功率、暂态稳定特性、沿线过电压和潜供电流大小的影响，再结合经济性因素，进一步加以改进。

2) 半波长输电传输功率大，线路长，如何提高系统的稳定性和供电可靠性，是半波长输电技术的一个关键问题。半波长输电线路的潜供电弧现象严重，快速接地开关的分布配置、开关之间的动作配合、动作的可靠性等，都有待进一步研究。

3) 半波长输电线路的过电压水平较高，应综合分析各种工况，考虑线路各段可能产生的最大过电压，同时发展经济有效的过电压抑制方法，制定适宜于半波长输电线路的绝缘配合方案。

4) 超远距离输电线路，特别是超/特高压半波长输电线路，电晕损耗较大，严重影响着线路的功率传输效率和过电压水平，应进一步研究电晕特性对线路产生的综合影响。

第 6 章

分频输电技术

6.1 分频输电基本原理

1. 分频输电的提出

随着电力工业的发展，如何减少线路损耗，提高输送距离和输送容量一直是电气工程领域的研究热点。目前单纯提高输电电压等级的发展已出现明显饱和，寻求新型输电技术是未来发展趋势，20 世纪 90 年代，西安交通大学的研究者提出了新型输电技术——分频输电技术。设想在不提高电压等级的前提下通过降低输电频率，减少输电线路的电抗来提高输电线路的输送功率，达到减少输电回路数和出线走廊的目的。分频输电适合于水电、风电等原动机转速较低的电力接入系统的应用，到负荷中心后再通过变频技术与电力系统相连，该技术对于解决我国远距离、大容量水电以及风电接入系统等提供了一种可能有竞争力的输电方案。该技术适于低频发电源，能够大幅提高传输容量和传输距离，受到世界各国的广泛关注。

在电力工业发展历史上，电力系统中曾出现了其他频率，如 25Hz、50/3Hz 等。在 20 世纪初，美加边界布法罗水电站的交流输电系统就以 25Hz 中标，因为该水电机组转速很低，便于发出低频电力，频率越低对输电系统就越有利。然而随着电网中火电机组增多，火力发电技术的不断发展，25Hz 作为公共频率已不再可取，这是由于火电机组的转数越大则效率越高，而频率过低则会限制其转数。对于输电系统而言，频率降低有利于电能的高效清洁远距离大容量传输。

在传统交流输电领域，交流输电频率（50/60Hz）一直是整个电力系统设计运行的先行条件，不容更改和讨论，随着电力电子变换器以及变频变压器的发展，未来或许能打破传统交流电频率的限制，让发电机组和输电系统能分别运行在各自最合理的频率之下，整个电力系统的运行指标肯定会得到显著改善。正是基于这种思路，西安交通大学王锡凡等提出了一种全新的输电系统——分频输电系统。

目前，通过改变频率提高输电能力并改善电力系统运行指标的研究正在不断深入。电力电子技术的进步为大功率变频装置的发展创造了有利条件，世界上不少国家均开展了低频送电方式的研究，主要有：

1）1998 年在国际大电网（CIGRE）会议上，美国、德国、南非等国学者提出了向边远地区送电的 7 种小型经济输电系统，其中第 6 种就是 0~50Hz 的低频输电方式。这种输电线路两端利用电力电子器件门极可关断晶闸管（gate turn-off thyristor，GTO）变换频率，可用较低的电压等级输送较远的距离，且有利于可再生能源并网和形成分布式电力系统。

2）2000 年日本大阪大学提出了 10Hz 电缆输电方案，电缆两端采用变频器。世界广泛采用的交联聚乙烯电缆用于工频交流输电系统时容性电流太大，运行指标较差；应用于直流输电系统时容易注入和积累电荷，对绝缘造成危害。采用 10Hz 的电缆分频输电既可减少损耗，又可降低绝缘损坏的几率。

3）2002 年，有学者在分频输电理论的基础上提出了分频配电系统（fractional frequency distribution system，FFDS）的概念，利用分频（50/3Hz）输电改善配电系统的电压稳定性及可靠性。通过案例证明可知，利用分频技术后无功损耗降低了 68%，电压稳定极限提高了 17%，这表明分频配电系统有光明的应用前景。

4）2010 年美国电力工程国家实验室 PSERC 已设专题，开展将低频输电用于风电送出系统的研究。

以上的研究和实践表明，电力输送已经从固定的工频转变成寻求用不同的频率来降低输电系统的投资和改善电力系统运行指标。低频（多频、分频）输电系统的研究已成为新世纪电力发展的重要方向。

2. 基本原理

分频输电方式的基本思想是基于水电或风电机组的以下特点而提出的：

1）原动机转速很低，适合发出低频电能。

2）通常这些水电站、风电场等电厂距负荷中心较远，需要远距离传输，而交流输电线路的阻抗与频率成正比。降低输送频率时，其线路电抗也将成比例下降，因此可大幅度提高线路输送容量。

因此分频输电方式与可再生能源可以很好地结合，相得益彰。影响交流输电能力的主要是其输变电系统的电抗 X，而 $X = 2\pi fL$ 与频率 f 和电感 L 成正比，当频率降为 50/3Hz 时，电抗也降为原来的 1/3，输电线路的电气距离缩短为原来的 1/3，因而在输电系统额定电压 U 不变的情况下，其极限功率 P_{max} 可提高 3 倍：

$$P_{max} = \frac{U^2}{X} \tag{6.1}$$

式中，U 为输电系统的电压；X 为输电线路的阻抗。

此外，在线路无功功率 Q 不变的情况下，线路电压损耗 $\Delta U\%$ 也降为原来的 1/3：

$$\Delta U\% = \frac{QX}{U^2} \times 100 \tag{6.2}$$

因此，分频输电可以大幅度提高输电能力，改善电压波动情况。分频输电的结构如图 6-1 所示。低转速水轮机或风机带动发电机发出 50/3Hz 的交流电，经升压后通过输电线路将电能送到受端系统，经倍频器将电能转换为 50Hz 交流电后并入电网。

图 6-1　分频输电系统结构图

3. 重要设备

倍频器是分频输电系统中的重要环节，是实现将分频输电线路所输送的低频能量转换成工频能量最终并网应用的连接端口。而倍频器的研究也是整个分频输电系统中的关键研究。实现大功率运用场合中低频变高频功能的倍频器主要有两种，一种是铁磁型的倍频变压器，一种是基于电力电子器件的交-交变频器。

（1）倍频变压器

铁磁型的三倍频变压器是利用铁心材料的饱和特性进行变频和变压的，其变频方式是一种传统的变频方式。自 20 世纪 50 年代以来，在世界各国工业界，三倍频变压器的基本电路结构和工作原理已得到了普遍承认。其特点是经济、可靠、容量大，但变频倍数较低。铁磁型的三倍频变压器作为感应加热炉、高速回转机、X 射线发生器、臭氧发生器等装置的电源得到了广泛的应用。在分频输电系统中，倍频变压器也是关键的设备。

三倍频变压器实质上是由三个单相变压器组成，如图 6-2 所示。一次绕组为星形联结，二次绕组为开口三角形联结，变压器在高度饱和状态下运行。对于一次侧为星形联结且中性点不接地的变压器而言，当铁心高度饱和时，磁通不再与励磁电流成比例增长。其波形将发生严重畸变，磁通中包含基波分量和所有奇次谐波。这时，如果将二次侧接成开口三角形，则只有三倍频次的谐波功率输出，利用此特性就可以构成一个三倍频变压器，即在其一次侧

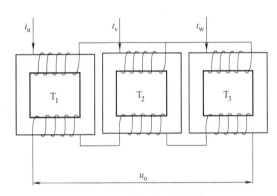

图 6-2　三倍频变压器结构

输入对称的三相电流 i_u、i_v、i_w，在二次侧输出基波的三倍次电压，其中主要是三倍频电压。

图 6-3 为三倍频变压器中的其中一相等效电路，其中 U_1、U_2、U_3 为工频 50Hz 的一次侧三相电源电压；R_1、L_1 分别是外接线路电阻及电感，C_1 为无功补偿电容；R_L、C_0 分别为负载电阻和并联电容；N_1 为一次绕组匝数、N_2 为二次绕组匝数；G_1 为倍频变压器的空载损耗；R_3、L_3 分别为倍频变压器的等效电阻和漏电感。

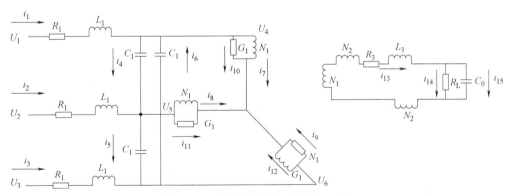

图 6-3　三倍频变压器一相等效电路

（2）交-交变频器

随着电力电子技术发展与日趋成熟，灵活、大功率的电力电子设备成功地运用于现代电力系统（如 HVDC 输电与 FACTS），使我们的思路得到拓展。分频输电系统的提出，使得相

控式交-交变频器作为一种新型的 FACTS 装置应用于交流输电系统中成为可能，即用它替代倍频变压器来实现分频输电系统的变频传输功率，并按柔性交流输电系统的定义将其并称为柔性分频输电系统（FFFTS），其电路原理如图 6-4 所示。

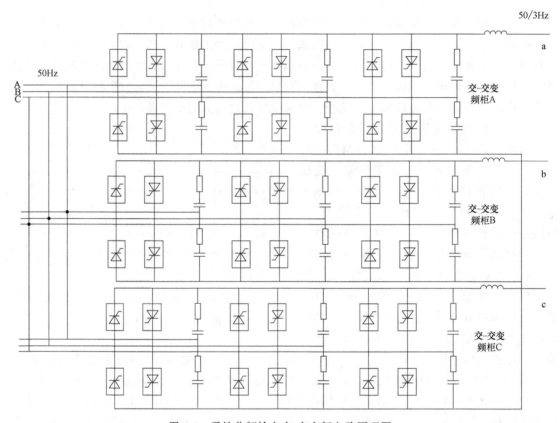

图 6-4　柔性分频输电交-交变频电路原理图

相控式交-交变频器有整流和逆变两种可能的工作状态，其区别仅仅是触发延迟角 α 的不同。以往交-交变频多用于交流调速，整流过程大于逆变过程，将电源的工频电能转变为低频电能以调节被拖动机械的转速。若交-交变频器在适当规律的触发延迟角 α 触发与适当的条件下，使得逆变过程大于整流过程，则可实现电能向电网的反送。分频输电系统中交-交变频器的两端均为电源，由于工频系统为受电端，而分频系统为供电端，故无论是正桥还是反桥均主要工作在逆变状态，从而使一般相控式交-交变频器成为电能的倍频器。

倍频器的控制系统主要由三分频电路、同期电路、交-交变频控制电路构成，如图 6-5 所示。其中三分频电路产生三分频基准信号；同期电路在接收到启停装置发出的启动命令后开始检查同期；同期装置测量并比较变频器两端电压的频率、幅值及相位，当满足同期条件：电压差<5%，转差或频差<0.5%，相位差<5°时，立即向各相换流桥的控制电路发出同期工作信号；控制电路保证正、反桥分别在电流的正、负半周轮流工作，在电流过零点时进行无环流切换；分频电压正弦波的调制采用余弦交点法，并用数字电路控制，将触发角作成表格，事先计算好，在运行中按表格实行控制。

相比于常规交流输电系统，柔性分频输电系统的输送功率大大提高；而相比于直流输电

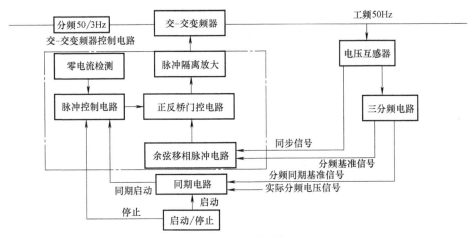

图 6-5　倍频器控制框图

系统，它只需一个换流站，能够节省投资成本。此外通过仿真可知，交-交变频换流站（包含交-交变频器和换流变压器）的传输效率>98%，整个输电系统效率主要取决于输电线路损耗，整个柔性分频输电系统需要补偿大量无功功率，交-交变频器使两端系统电压、电流产生谐波，应加设相应抑制装置。当交-交变频器用于电力系统时，它需要满足以下两点要求：

1）由于电力系统对谐波要求很严格，需尽可能减少对电力系统的谐波输出。

2）当分频输电用于风电并网后，系统要求风机的转速随风速在一定范围内变化以获取更多的风能，此时交-交变频器需要作为风机的控制装置控制风机的转速，使其适应于风速的变化。

为满足以上两点要求，相关的研究还在进一步完善中。

6.2　分频输电优势及问题

1. 经济效益估计

一个体现优越性的新型输电方式，其得以成立的基本条件，除了技术上要可行外，还必须在经济上优于传统输电方式。这就需要以实际电力输送工程实例为背景，进行主要发电和输电设备的概念设计，进而通过初步的技术经济性分析和比较，得出分频输电的理论和实验研究成果是否具有工程应用可行性的初步结论。

（1）分频水电系统工程的经济性分析

以甘肃省某水电站送出工程为例进行经济性分析。该水电站位于甘肃省南部白龙江中游，装有 3 台单机容量为 80MW 的发电机组。水电站年平均发电量为 9.07 亿 kWh，年利用小时数为 3779h。水电站拟接入天水市，送电距离为 220km。对于这样规模的水电站和输送距离来说，用直流输电肯定是不经济的。原设计方案（方案 A）为用工频 330kV 单回交流输电线路送出。

对上述水电站的研究结果表明，当采用分频输电方式（方案 B）时，单回 220kV 的输电线路即可完成送出任务。因此可以认为，单回 330kV 工频交流输电或 220kV 分频交流输电这两个方案在技术上都是可行的。对两个方案的经济性进行比较，结果如表 6-1 所示。其中对分频输电所用的设备进行了设计估价。

表 6-1　两种输电方案投资比较　　　　　　（单位：万元）

设备	投资		
	工频 330kV（A）	分频 220kV（B）	差值（B-A）
水轮发电机	5133	6211	1078
升压变压器	4800	4200	-600
GIS 断路器	3300	1200	-2100
输电线路	18920	13640	-5280
降压变电站/倍变频电站	5900	6940	1040
合计	38053	32191	-5862

表 6-1 中方案 A 的降压变电站投资为 1 台气体绝缘开关装置（gas insulated switchgear, GIS）与两台降压变压器的投资之和。需要说明的是，表 6-1 中分频变压器经优化设计，其造价约为同容量、同电压等级常规变压器的 1.8 倍。

对该水电站送出工程而言，由于电压等级高，使得工频 330kV 送电方案 A 在输电线路、升压变压器和 GIS 断路器的投资方面大于分频输电方式。方案 B 与方案 A 相比，发电机造价增加 1078 万元，输变电费用减少 6940 万元，总费用节约 5862 万元。分频输电方式是工频输电方式总投资的 85%。

经计算可知，工频 330kV 和分频输电方式的年损耗费用分别为 203.28 万元和 457.35 万元。若考虑年设备维护费用为投资费用的 5%，则方案 A 和方案 B 的年运行费用比较如表 6-2 所示。

表 6-2　两种方案年运行费用比较　　　　　　（单位：万元）

方案	年损耗费用	年维护费用	年运行费用
A	203.28	1902.65	2105.93
B	457.35	1609.55	2066.90
差价（B-A）	254.07	-293.10	-39.03

由表 6-2 可知，方案 B 的年运行费用比方案 A 少了 39 万元。因此，从总体上说采用方案 B 在经济上具有较大的优越性。

（2）分频输电与工频输电及直流输电经济效益对比

交流输电系统和直流输电系统相比，当距离大于 650km 时，FFTS 具有较好的社会经济效益。图 6-6 显示了这三种输电方式投资与输送距离的关系。因此，FFTS 结构简单，效益显著。

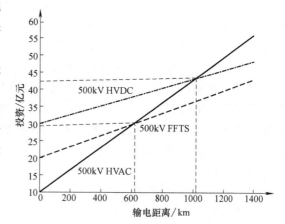

2. 分频输电的运行性能

研究表明，降低频率除了可以成倍地提

图 6-6　几种输电技术下投资与输电距离之间的关系

高输电容量外，对于输电系统各项运行指标，如末端空载电压、末端补偿容量、电压波动率等均有显著改善。表 6-3 为输电线路长度为 1200km、频率分别为 50Hz 与 50/3Hz 时对输电系统各项运行指标的影响比较。

表 6-3　传统 50Hz 与分频 50/3Hz 的输电性能对照

项目	50Hz	50/3Hz
波长 λ/rad	1.2567	0.4189
末端空载电压标幺值	3.2370	1.0946
末端补偿容量标幺值	0.7266	0.2126
电压波动率标幺值	0.9511	0.4067
输送容量* 标幺值	1.4	4.2

注：* 以自然功率为基准

由表 6-3 可以看出分频输电的运行性能较好。对倍频变压器进行的初步研究表明其效率高于 95%，对分频输电作短路及暂态稳定分析表明：这种输电方式不会提高受端电力系统的短路电流水平，但能提高系统的暂态稳定性。倍频变压器具有可逆性，即分频输电系统有功功率的流向可改变。降低频率对于输电系统各项运行指标，如末端空载电压、末端补偿容量、电压波动率等亦有显著改善。

3. 分频输电存在的问题及应用前景

从分频输电技术的提出至今只有短短的 20 年时间，相关的研究还在逐步进行着，还有许多关键问题待解决，目前分频输电系统主要面临着以下 5 个方面的问题：

1）低频侧变压器的体积和造价增大。

2）重负荷、轻负荷时的无功控制。

3）大容量电流系统的长时间运行和暂态控制。

4）采用更精确的电力系统数学模型和分析方法研究各种运行状态下的特性，同时还需开发分频输电的保护与控制系统。

5）研制分频输电所需的关键电力设备，如大型倍频变压器、开关设备等。

6.3　分频输电在风电中的应用分析

风能是一种无污染、可再生的绿色能源。开发风能，大力发展风力发电，对于解决全球性的能源危机和环境危机具有重要意义。因此，政府和产业界对风电建设的关注和重视程度日益加强。

目前风电并网的瓶颈主要表现在以下两个方面：一是效率和成本问题，降低成本、提高效率、增加寿命一直是风电机组发展所追求的目标，一塔一发电机一变压器的结构，以及多级行星齿轮变速箱的插入，不但使效率降低，而且增大了成本投入，机组可靠性降低，机组变得异常庞大笨重；二是风电机组并网以及风电机组与电网之间的相互影响问题，风电出力波动大，而且风电场离负荷中心较远，给电网运行带来不利影响。而分频输电技术为远距离、大容量的传输提供了一种有竞争力的输电方案。

1. 分频风力发电系统的构成

分频风电系统是在风力发电和输电过程中采用分频交流电（如 50/3Hz），送入系统时再利用 AC/AC 变频器将风电转换为 50Hz 的交流电并网。在风电场经分频输电装置接入系统中，电能经过分散的风力机-发电机-控制器及集中的一个 AC/AC 变频器接入系统，具体电路如图 6-7 所示。

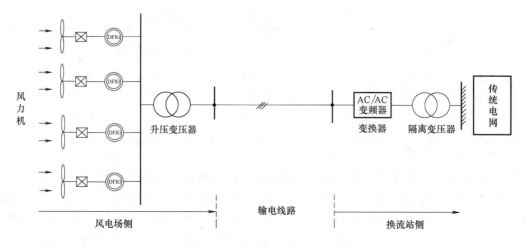

图 6-7　风电场经分频输电装置接入系统结构

各器件简述如下：

1）风轮：常规风轮不必做任何修改。

2）增速齿轮箱：由于采用频率变化范围在 50/3Hz 附近，故齿轮箱的增速比按照发出 50/3Hz 电能来计算。齿轮箱是仅次于塔架的笨重部件，重达 50 ~ 100t，相对于 50Hz 恒频系统，50/3Hz 系统则减少了齿轮增速比，可以大大减小变速箱的重量，并能够提高机组效率。

3）同步发电机：由于采用电力电子器件（AC/AC 变频器）作为馈网装置，可柔性地调节风力机的转速，故使用同步发电机进行发电能够满足并网条件，顺利并网，减少了风力发电对电网的冲击。同时，减少了因采用异步机发电所必需的大量无功补偿装置。

4）升压变压器：由于频率低、铁心面积和线圈匝数相应增大，提高了变压器的造价，但不存在技术上的困难，因此已在分频输电系统实验中得到应用。

5）输电线路：常规工频输电线路不必做任何修改。

6）AC/AC 变频器：工作效率高，安装运行灵活，在分频输电试验中得到了证实。

风电场中所有的风力机通过控制系统发出相同低频率的电能，经汇流母线收集到一起后升压至 110kV 以上，然后通过远距离输电将低频电能送到负荷中心地区，送入系统时再利用 AC/AC 变频器转换成 50Hz 电能，送入负荷中心电网。这样可在不改变输电线路的前提下增大电能传输距离，便于将风电接到较强受端系统，增强了系统的抗扰动能力，从而使电力系统可以承受更大规模的风电机群；同时，由于分频输电系统电抗减少，受电端的电压波动也会相应降低。

2. AC/AC 变频器的基本控制策略

在分频风力发电系统中，频率转换器是最重要的装置，图 6-8 是风力发电系统的分频控制原理图。

（1）同期电路

根据同期条件，完成 AC/AC 变频器的启动，即变频系统与工频系统的联网工作。同期

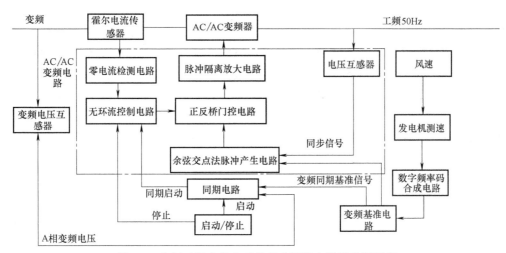

图 6-8　应用于风力发电系统的分频输电装置控制原理

电路把启动命令同时发给各相 AC/AC 变频器的无环流控制电路，后者即刻按预定的规则开通各自的正组变流电路或负组变流电路的触发脉冲。

（2）AC/AC 变频控制电路

各相 AC/AC 变频器控制电路完全相同，工作过程也完全相同，只是输出电压、输出电流彼此相差 120°。AC/AC 变频器控制电路由零电流检测电路、无环流控制电路、正反桥门控电路、脉冲隔离放大电路及余弦交点法脉冲产生电路 5 个功能电路组成。零电流检测电路根据霍尔电流传感器测量到的输出电流波形和电压传感器判断晶闸管两端的电压来监控零电流，准确判断过零点。无环流控制电路根据零电流检测电路的检测结果，并经进一步判断，决定何时封锁已工作组的触发脉冲、何时开通待工作组的触发脉冲。正反桥门控电路相当于正反桥触发脉冲传输通道的闸门。闸门的控制由无环流切换电路完成余弦交点法脉冲产生电路，按恒电压调制比的方式调制正负组的触发脉冲延迟角，其调制信号应是标准正弦信号，产生的触发脉冲信号送至正反桥门控电路的输入端。

（3）数字频率码合成电路

数字频率码合成电路的主要功能是随时产生任意频率的标准分频基准正弦信号。发电机的不同转速产生不同频率的电能，通过发电机测速装置测出发电机的转速后转换成电能频率，然后把数字频率码合成电路产生的标准正弦信号用于同期电路的基准信号和数字脉冲控制的基准信号。

3. 分频风电系统的优势

与工频风力发电机馈网系统相比，分频风电系统具有以下优势：

1）降低了输电频率，减少了整个输电系统的阻抗，因此可以成倍地提高线路的传输能力，平抑线路电压波动，增加电网吸纳风电的能力。

2）采用低频发电，可以减少齿轮箱的增速比，简化风力发电机结构，降低造价，改善风电机组的运行条件，提高效率。

3）海上风电发展迅速，当采用直流输电方式与主网相连时，需要在海上建整流站，这会大幅增加投资。当采用交流输电连接时，海底电缆将产生很大的容性无功功率。分频输电方式不需要在风电场建换流站，而容性无功功率也较 50Hz 交流输电显著减少，可延长海底电缆的使用寿命，存在明显优越性，因而分频发、输电在海上风电站也有广阔的应用前景。

当前由于石化燃料的短缺及其发电过程对环境的污染，可再生能源和清洁能源日益受到世界各国的重视。风力发电和水力发电等可再生能源的原动机转速很低，适合发出低频电力，而且低频输电具有降低电抗、提高输送能力等优势，因此，与可再生能源相关的发电和输电的频率选择问题应该重新被审视。如采用分频输电，将会使水轮发电机组及其输电系统都能运行在各自较合理的频率之下，提高整个电力系统的运行指标，获得较大的经济效益。我国水力和风力资源十分丰富，大多集中在中西部地区，而电力负荷多在东部沿海，输电距离一般都达到 1000~2500km，因此分频输电的研究对我国更具有现实意义。

第 7 章

无线电能传输技术

无线电能传输技术（WPT）作为一种灵活、安全、可靠和便捷的新型输电技术，它无需电线连接，避免了用电设备与电网之间的直接联系，克服了电气连接的不稳定、电气设备移动、电气绝缘等局限问题，该技术作为有线供电模式的重要补充，在一些特殊场合如便携式通信、交通运输、机器人探测、植入式医疗、军事、航空航天等领域具有重大的应用前景和战略意义，受到世界各国研究者的关注，被美国《技术评论》杂志评定为未来十大科研方向之一。

电力电子技术和电磁场理论的发展，使得无线输电的实用化成为可能。无线电能传输技术的引入将使电能的生产、输配和使用途径更加宽广、方式更加多样化。因此，近几年无线电能传输技术得到了很大的发展，甚至已经有了商业应用，如手机充电、电动汽车、家电等领域。无线电能传输技术根据实现方式主要分为三类：基于电磁感应方式的近距离无线电能传输、基于磁耦合谐振方式的中等距离无线电能传输、基于微波方式的长距离无线电能传输。这三种方式的基本特点如表 7-1 所示。

表 7-1　三种无线电能传输方式对比

无线电能传输技术	传输功率	传输距离	频率范围
电磁感应式	几十瓦级小功率	厘米级	几十～几百 kHz
磁耦合谐振式	百瓦级中功率	米级	几百 kHz～几十 MHz
微波方式	兆瓦级大功率	千米级	300MHz～300GHz

7.1　电磁感应式无线电能传输技术

7.1.1　原理

电磁感应式（又称为感应耦合式、电感耦合式）无线电能传输技术通过电磁耦合以无线方式向负载传递电能，该技术利用现代电力电子能量变换技术、磁场耦合技术，借助于现代控制理论和微电子控制技术，实现了从电源系统向用电设备以无线方式的电能传输。

这类系统的工作方式类似于变压器的电能变换，结构如图 7-1 所示，其原理是采用基于法拉第的电磁感应耦合定律，即若使得闭合电路中的磁通量发生变化，则会在闭合电路中产生感应电动势，若建立起电路回路，则会产生感应电流。其实现机理类似于变压器的工作原理，其具体关系如式（7.1），只是电磁感应耦合充电时将两耦合线圈分开，实现非接触的能量传输方式，其较为理想的能量传输距离大约在数毫米至数厘米之间，为了完成较高的能量传输效率，两线圈间的位置相互固定，且间距越近，线圈间的电磁能耦合效率将越高。

$$u = \frac{\mathrm{d}\varphi}{\mathrm{d}t} = \frac{n_1}{n_2} \frac{S_1}{S_2} \frac{\mathrm{d}B}{\mathrm{d}t} \qquad (7.1)$$

式中，u 为接收线圈两端开口电压；n_1 为接受线圈匝数；n_2 为发射线圈匝数；S_1 为接收线圈面积；S_2 为发射线圈面积；B 为整个磁链回路中的磁感应强度。

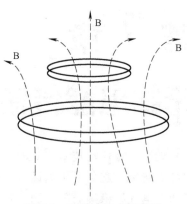

图 7-1　电磁感应式原理图

电磁感应式无线输电技术包括两个部分，如图 7-2 所示，分别为发射部分与接收部分，其中发射部分主要包括工频交流电源，整流器、逆变器、发射线圈等装置；而接收部分则包括接收线圈、整流装置、负载等。工频交流电源首先通过整流装置转变成直流电，然后利用逆变器将直流电逆变成具有较高频率的交流电输入一次侧发射端一次绕组，一次侧绕组中的高频交变电流产生磁链与接收端二次绕组交链，从而产生感应电动势，实现通过耦合作用将电能从发射线圈输送到接收线圈，再将二次侧接受电能通过电力电子设备实现转换满足负载所需要的电压与电流的要求。

在整个过程中，一次绕组和二次绕组可以等效为一组可分离的松耦合变压器，如图 7-3 所示，当一次侧绕组中流过高频电流时，在二次绕组中会感应出同频电功率，从而利用两者的感应耦合实现电能传输。

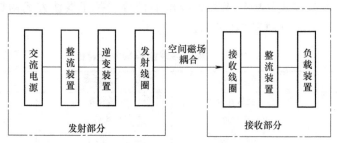

图 7-2　电磁感应式无线电能传输技术

其与传统的变压器区别在于一次线圈与二次线圈有较大的空气磁路，该项技术的优点在于原理简单，容易实现，近距离电能传输效率高，缺点是传输距离短，对位移和频率变化的稳定性差，对一次、二次传输线圈的形状和对齐方式要求较高，一旦出现相对位移，系统的传输效率会急剧下降。并且随着传输距离的增大，能量传输的效率会减小。

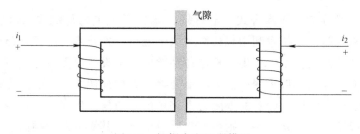

图 7-3　松耦合变压器模型

松耦合变压器可以采用分离铁心，也可以不采用铁心，为适应电磁感应无线供电技术在不同领域的应用，松耦合变压器根据其发射和接收绕组的相对运动形式主要分为如下三种。

1. 静止式

此类变压器主要应用于某些能够保证一、二次绕组相对位置固定不动的场合，如人工心脏、人工耳蜗和各类家用数码产品的无线供电系统等。目前，静止式松耦合变压器通常采用两种结构类型，一是耦合线圈无磁心，另一类是耦合线圈有磁心，这类结构通常采用一个或一对 E 形或 U 形线圈加强耦合效应。

2. 滑动式

滑动式松耦合变压器一般设计成细长形结构，一次侧采用长条形绕组，适用于一、二次绕组具有相对滑动的情况，如图 7-4 所示。其具体的表现形式是一条固定放置的供电导轨，可以为沿导轨运动的用电设备供电，如图所示。它可以满足现代移动电气设备供电灵活性的需求，实现对运动中电气设备的在线供电。根据实际应用要求，松耦合变压器通常有 O 形、E 形、EI 形和 U 形等结构。

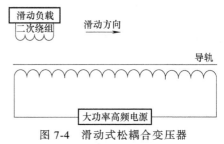

图 7-4　滑动式松耦合变压器

3. 旋转式

旋转式松耦合变压器的一、二次侧可以绕其轴心线做相对旋转运动，这为旋转式用电设备供电提供了很大的便利，具体结构如图 7-5 所示。

7.1.2　应用

1. 电动牙刷等

最早使用电磁感应原理传输能量的是电动牙刷。由于经常和水接触，直接充电比较危险，所以电动牙刷一般使用的是感应式充电。发射线圈位于充电底座，接收线圈在牙刷内部，整个电路消耗的功率约 3W。

2. 手机无线充电

目前该技术可用于多种电子产品，如对手机、相机、MP3 等进行无线充电，由于充电垫产生的磁场很弱，所以不会对附近的信用卡、录像带等利用磁性记录数据的物品造成不良影响。该解决方案提供商包括英国 Splashpower、美国 wild-

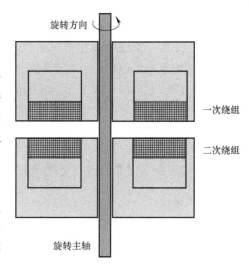

图 7-5　旋转式松耦合变压器结构图

Charge 等公司。这种非接触式无线电力传输方式的优点是制造成本较低、结构简单、技术可靠，但是传输功率较小、传送距离短，一般只适用于小型便携式电子设备供电。

3. 基于电磁感应式无线输电特点

优点：

1) 便捷性：非接触式，一对多充电与一般充电器相比，减少了插拔的麻烦，同时也避免了接口不适用、接触不良等现象，老年人也能很方便地使用。一台充电器可以对多个负载充电，一个家庭购买一台充电器就可以满足全家人使用。

2) 通用性：应用范围广，只要使用同一种无线充电标准，无论哪家厂商的哪款设备均可进行无线充电。

3）新颖性，用户体验好。

4）具有通用标准。

缺点：

1）工作距离短。目前的无线充电技术大多在短距离范围内的近磁场对电子设备进行无线充电。因为无线电能传输的距离越远，功率的耗损也就会越大，能量传输效率就会越低，且会导致设备的耗能较高。

2）转换效率低，速度慢。无线充电技术虽然简单便捷，但是其缺点在于缓慢的充电速度和充电效率。

3）功耗较高，更加费电。随着无线充电设备的距离和功率的增大，无用功的耗损也就会越大。

4）成本较高，维护消耗大，不符合标准的会有安全隐患。

目前针对电磁感应式，主流的无线充电标准有：Qi标准、PMA标准、A4WP标准。

1）Qi标准：Qi标准是全球首个推动无线充电技术的标准化组织——无线充电联盟（WPC，2008年成立）推出的无线充电标准，其采用了目前最为主流的电磁感应技术，具备兼容性以及通用性两大特点。只要是拥有Qi标识的产品，都可以用Qi无线充电器充电。2017年2月，苹果加入WPC。

2）PMA标准：PMA联盟致力于为符合IEEE协会标准的手机和电子设备打造无线供电标准，在无线充电领域中具有领导地位。PMA也是采用电磁感应原理实现无线充电。目前已经有AT&T、Google和星巴克三家公司加入了PMA联盟。

3）A4WP：Alliance for Wireless Power标准，2012年推出，目标是为包括便携式电子产品和电动汽车等在内的电子产品无线充电设备设立技术标准和行业对话机制。A4WP采用电磁共振原理来实现无线充电。

7.2 磁耦合谐振式无线电能传输技术

7.2.1 原理

磁耦合谐振式无线电能传输技术（Magnetically Couple Resonant Wireless Power Transmission，MCR-WPT）主要是利用谐振的原理，合理设置发射装置与接收装置的参数，使得发射线圈与接收线圈以及整个系统都具有相同的谐振频率，并在该谐振频率的电源驱动下系统可达到一种"电谐振"状态，从而实现能量在发射端和接收端高效的传递。

基于磁耦合谐振原理的整个装置必须包含两个线圈，每一个线圈都是一个自振系统，如图7-6所示。

图7-6中一次电路是发射装置，与电源相连，它利用振荡器产生高频振荡电流，通过发射线圈向外发射电磁波，在周围形成了一个非辐射磁场，即将电能转换成磁场；二次电路为接收装置，当接收装置的固有频率与收到的电磁波频率相同时，接收电路中产生的振荡电流最强，完成磁场到电能的转换，从而实现电能的高效传输。在日本，2009年8月长野日本无线株式会社也宣布开发出基于磁共振的送电系统。当送电与受电之间的传输距离为40cm

第 7 章

无线电能传输技术

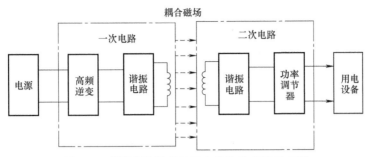

图 7-6　磁耦合谐振式无线电能传输系统示意图

时，传输的效率达到了 95%。由于不同无线输电设备所要实现的功能和工作环境的不同，磁耦合谐振式无线输电也出现了不同的结构。根据线圈的个数可分为一对一、一对多、多对一等结构。

　　按照单个线圈的绕制方式分为螺旋式线圈和盘式线圈结构；根据补偿电容在发射线圈与接收线圈串并联的方式不同，磁耦合谐振式无线输电补偿电路可主要分为以下四种：串/串（S/S）、串/并（S/P）、并/串（P/S）和并/并（P/P）补偿电路，如图 7-7 所示。如果接收线圈采用串联补偿，输出特性就类似于电压源，输入阻抗对负载变化敏感；接收线圈若采用并联补偿，则其输出特性类似于电流源，输入阻抗对负载变化不敏感，但轻载环流较大。

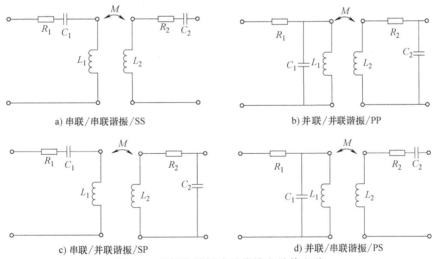

图 7-7　磁耦合谐振式无线输电补偿电路

　　由于磁耦合谐振式的频率比较高，一般为 MHz 级，因此进行电路建模过程中应该考虑高频下电阻的趋肤效应。由于线圈在传递能量过程中会产生电磁波，将能量以波的形式发散到周围空间，出现辐射现象，在电路建模过程中可以等效为一个电阻 R_{rad}。图 7-8 为发射/接收线圈的结构示意图，运用电磁场等知识，对线圈中的

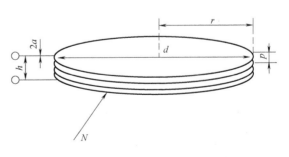

图 7-8　发射/接收线圈的结构示意图

电感、电容、电阻等进行建模。

对于轴向绕制的线圈，它的电阻 R_0 由趋肤效应下的电阻 R_{skin} 和电磁场辐射效应电阻 R_{rad} 组成，趋肤效应下电阻 R_{skin} 为

$$R_{skin} = \sqrt{\frac{\mu_0 \omega}{2\sigma}} \left(\frac{Nr}{a} \right) \tag{7.2}$$

式中，N 为线圈匝数；r 为线圈半径（m）；a 为导线半径（m）；μ_0 为空气的磁导率，$\mu_0 = 4\pi \times 10^{-7} H/m$；$\sigma$ 表示导线的电导率（S/m）；ω 为线圈中电流角的频率。

电磁辐射效应等效的电阻 R_{rad} 为

$$R_{rad} = \sqrt{\frac{\mu_0}{\varepsilon_0}} \left[\frac{\pi}{12} N^2 \left(\frac{\omega r}{c} \right)^4 + \frac{2}{3\pi^2} \left(\frac{\omega h}{c} \right)^2 \right] \tag{7.3}$$

式中，h 为线圈高度（cm）；ε_0 为空气的介电常数，$\varepsilon_0 = 8.85 \times 10^{-12} F/m$；$c$ 为电磁波传播速度，$c = 3 \times 10^8 m/s$。

通过对 R_{skin} 和 R_{rad} 估算，可知，$R_{skin} >> R_{rad}$，因此，$R_0 \approx R_{skin}$，对线圈周围磁场分析，线圈自感 L 为

$$L = N^2 r \mu_0 \left[\ln \left(\frac{8r}{a} \right) - 2 \right] \tag{7.4}$$

通过电磁场中的纽曼公式和磁场叠加原理，可求得多匝线圈之间的互感 M 为

$$M = \sum_{i=0, j=0}^{n} M_{i,j} \tag{7.5}$$

$$M(r_1, r_2, d) = \mu_0 \sqrt{r_1 r_2} \left[\left(\frac{2}{k} - k \right) K(k) - \frac{2}{k} E(k) \right] \tag{7.6}$$

其中：

$$\begin{cases} k(r_1, r_2, d) = \sqrt{\frac{4r_1 r_2}{(r_1 + r_2)^2 + d^2}} \\ K(k) = \int_0^{\frac{\pi}{2}} \frac{1}{\sqrt{1 - k^2 \sin^2 \beta}} d\beta \\ E(k) = \int_0^{\frac{\pi}{2}} \sqrt{1 - k^2 \sin^2 \beta} \, d\beta \end{cases} \tag{7.7}$$

式中，r_1、r_2 分别表示发射线圈和接收线圈的半径；d 表示两线圈之间的距离。$M_{i,j}$ 表示发射端的第 i 匝线圈与接收端第 j 匝线圈之间的互感。

最后可以推出一个近似公式，它们之间的互感 M 为

$$M \approx \frac{\mu_0 \pi n_1^2 n_2^2 \sqrt{r_1 r_2}}{2d^3} \tag{7.8}$$

式中，μ_0 为空气的磁导率；d 为传递距离；r_1 和 r_2 分别为发射线圈与接收线圈的半径；n_1 和 n_2 分别为发射线圈与接收线圈的匝数。

由于空心线圈不同匝线圈之间存在电压差，因此存在杂散电容 C_{stray}，

$$C_{\text{stray}} = \frac{\varepsilon_0 \pi^2 \times d}{(N-1)\ln\left\{\left[p/(2a)\right]^2 + \sqrt{\left[p/(2a)^2\right] - 1}\right\}} \tag{7.9}$$

式中，d 为线圈直径（m）；p 为线圈匝间距（m）；a 为导线半径（m）。

由式（7.9）可知电感线圈的杂散电容一般为 pF 级，杂散电容对电感线圈电感 L 的影响很小，电感线圈发生自谐振频率较高，一般为几十 MHz。而 WPT 系统谐振频率一般位于 100kHz~20MHz 范围内，谐振频率与自谐振频率之间相差较大，因此杂散电容对整个 WPT 系统调谐频率的影响可以忽略不计。

通过前面的建模分析，可进一步简化 WPT 系统模型。图 7-9 为 WPT 系统两线圈串联/串联模型，其中：U_s 表示发射端功率放大器的电压，R_s 为功率放大器内阻，R_1 和 R_2 分别为发射线圈和接收线圈等效损耗电阻，L_1 和 L_2 分别为发射线圈和接收线圈的电感，C_1 和 C_2 分别为发射端串联谐振电容和接收端串联谐振电容，M 为发射线圈与接收线圈之间的互感系数，R_L 为负载等效电阻，电路谐振频率 $f_R = \dfrac{1}{2\pi\sqrt{LC}}$。

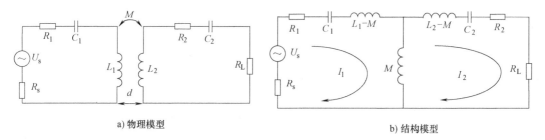

a) 物理模型　　　　　　　　　　　　　　b) 结构模型

图 7-9　WPT 模型

设发射线圈和接收线圈中的电流分别为 $\dot{I}_1$ 和 $\dot{I}_2$，电路工作频率为 f_w，列写整个电路的 KVL 方程，可得

$$\begin{cases} \dot{I}_2\left(\mathrm{j}2\pi f_w L_2 + \dfrac{1}{\mathrm{j}2\pi f_w C_2} + R_L + R_2\right) - \dot{I}_1(\mathrm{j}2\pi f_w M) = 0 \\[3mm] \dot{U}_s = \left(R_1 + R_s + \dfrac{1}{\mathrm{j}2\pi f_w C_1} + \mathrm{j}2 + \pi f_w L_1\right)\dot{I}_1 - \dot{I}_2\mathrm{j}2\pi f_w M \end{cases} \tag{7.10}$$

对式（7.10）化简，可分别求出 $\dot{I}_1$ 和 $\dot{I}_2$ 的表达式，即

$$\begin{cases} \dot{I}_1 = \dfrac{\dot{U}_s\left(\mathrm{j}\omega L_2 + \dfrac{1}{\mathrm{j}\omega C_2} + R_L + R_2\right)}{\left(R_1 + R_s + \dfrac{1}{\mathrm{j}\omega C_1} + \mathrm{j}\omega L_1\right)\left(\mathrm{j}\omega L_2 + \dfrac{1}{\mathrm{j}\omega C_2} + R_L + R_2\right) + \omega^2 M^2} \\[6mm] \dot{I}_2 = \dfrac{\dot{U}_s\mathrm{j}\omega M}{\left(R_1 + R_s + \dfrac{1}{\mathrm{j}\omega C_1} + \mathrm{j}\omega L_1\right)\left(\mathrm{j}\omega L_2 + \dfrac{1}{\mathrm{j}\omega C_2} + R_L + R_2\right) + \omega^2 M^2} \end{cases} \tag{7.11}$$

当 WPT 系统处于谐振状态，即 $f_w = f_R$ 时，系统工作频率与一、二次侧的谐振频率相同，

式（7.11）中会出现关系：$1/(j2\pi f_w C_1) + j\pi f_w L_1 = 0$ 和 $1/(j2\pi f_w C_2) + j\omega 2\pi f_w L_2 = 0$，式（7.11）可进一步化简为

$$\begin{cases} \dot{I}_1 = \dfrac{\dot{U}_s(R_L+R_2)}{(R_1+R_s)\times(R_L+R_2)+\omega^2 M^2} \\[4mm] \dot{I}_2 = \dfrac{\dot{U}_s j\omega M}{(R_1+R_s)(R_L+R_2)+\omega^2 M^2} \end{cases} \tag{7.12}$$

进而求解出系统中输入功率 P_{in}、接收功率 P_{out}、传递效率 η

$$\begin{cases} P_{in} = U\mathrm{Real}(I_1) = \dfrac{U_s^2(R_L+R_2)}{(R_1+R_s)(R_L+R_2)+\omega^2 M^2} \\[4mm] P_{out} = I_2^2 R_L = \dfrac{U_s^2\omega^2 M^2 R_L}{[R_1+R_s(R_L+R_2)+\omega^2 M^2]^2} \\[4mm] \eta = \dfrac{P_{out}}{P_{in}} = \dfrac{\omega^2 M^2 R_L}{[(R_1+R_s)(R_L+R_2)+\omega^2 M^2](R_L+R_2)} \end{cases} \tag{7.13}$$

在某一谐振频率 $f_R = 1.46\mathrm{MHz}$ 下，WPT 系统运行状态与工作频率 f_w 之间的关系如图 7-10 所示，可知：当工作频率与谐振频率满足关系 $f_w = f_R$ 时，WPT 系统的电能传输质量高于非共振状态，传递功率 P_{out} 和传递效率 η 均达到该谐振频率 f_R 下的最大值。

当 $f_w \neq f_R$ 时，整个 WPT 系统只通过电磁场耦合进行能量的无线传递，由于传递距离相对于电磁感应式较远，磁场能量在空间中迅速衰减，系统的运行指标 P_{out} 和 η 迅速下降。因此可认为磁耦合谐振方式无线电能传输是电磁感应无线电能传输方式中的一种特殊情况，此时 WPT 系统的所处状态是电磁感应原理无线电能传输的最优化状态，它需要整个 WPT 系统的运行频率 f_w 与系统自身谐振频率 f_R 满足严格的相等关系。

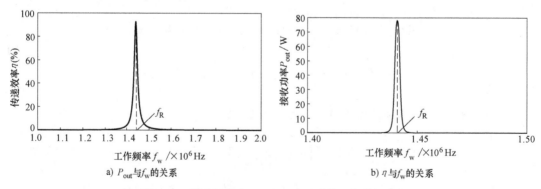

a) P_{out} 与 f_w 的关系　　　　　　　　　　b) η 与 f_w 的关系

图 7-10　某谐振频率 f_R 下，WPT 系统运行特性曲线

对于某一固定 WPT 系统，当 WPT 系统中线圈参数确定后，系统运行特性如图 7-11 所示，只有在传递距离 d、负载 R_L 以及谐振频率 f_R 等满足相应关系时，WPT 系统才能达到传输效率最大的状态。而随着谐振频率 f_R 和负载 R_L 变化，接收功率 P_{out} 在某区域中存在最大值。

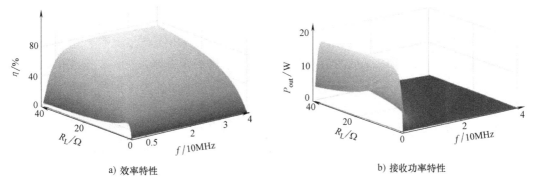

a) 效率特性　　　　　　　　　　b) 接收功率特性

图 7-11　WPT 系统运行特性曲线

　　磁耦合谐振式无线电能传输目前还不能进行较大功率的传输。在 MIT 的研究中，采用 10MHz 的谐振频率，在 2m 多的距离下，能够以 40% 的效率传输 60W 的功率；而在 1m 的距离范围内，效率可达 90% 以上。影响磁耦合谐振式无线输电的因素主要有传输距离、谐振频率、品质因数等。

　　在谐振状态下，随着传输距离增大，传输效率将急剧下降；整个 WPT 系统呈现对传递距离的敏感性。当传递距离过近时，传输效率虽然较高，但由于系统阻抗不匹配，整个系统传输功率很小，整个 WPT 系统出现了频率分裂现象。为抑制频率分裂，目前已经提出了多种方法：非对称的谐振线圈结构，该结构可以避免系统工作在过耦合区域，从而有效抑制了频率分裂现象；减小发射线圈与接收线圈之间的互感、增加源线圈与发射线圈之间的互感、增大接收线圈与负载线圈之间的互感，以及减小电源内阻抗，不仅可以抑制频率分裂，同时又提高了系统的传输效率；使用 L 形阻抗匹配网络来调节等效负载电阻的方法能达到同样的效果。

7.2.2　应用

　　相比插入式充电方式，无线电力传输在电动汽车充电过程中是一种典型范式的转换，为消费者提供一个自主、安全、高效和方便的选择。由于无线充电技术具有极高的灵活性、方便性等，在电动汽车充电领域具有广阔的前景。在电动汽车充放电过程中采用无线充电技术，不但能够有效解决充电桩的建设问题，还能够缓和电动汽车充电过于集中的弊端，并且能够在电动汽车规模化以后，在很大程度上缓解其对电网的冲击。针对电动汽车的无线充电，国内外多家汽车厂商以及机构等都在进行研究，加快无线充电技术研发和产品化的进程，取得了较为显著的成果。另外，作为电网的关键构成之一，电动汽车规模化以后亦可以储存电网的电能。采用无线充电，不仅能够极大地增强电动汽车与电网间的互联，同时对智能电网也具有显著的促进作用。在大功率无线充电方面，中兴新能源研发出了具有完全自主知识产权的电动汽车 60kW 大功率无线充电系列产品。德国庞巴迪公司的 200kW 无线充电系统，效率高达 92%，并可组合为 400kW。2016 年 4 月，美国橡树岭国家实验室（ORNL）研究团队宣布在电动汽车无线充电技术方面获得重大进展，一个 20kW 的无线充电系统充电效率达到 90%，充电速度是通常使用的插电式电动汽车设备的三倍，这些突破性研究成果将有助于加快电动汽车的推广使用。目前，电动汽车无线充电有以下两种方式：静止式无线充电、动态无线充电。

（1）静止式无线充电

当电动汽车停靠到指定的区域后，就能进行无线充电。2018 年 6 月份，宝马公司官方发布，全新宝马 530eiPerformance 的消费者可选装感应式无线充电系统，该系统的充电功率为 3.2kW，大概需要充电 3.5h。而奔驰公司计划在新款 S500e 插电混动车型上应用无线充电技术，充电功率 3.6kW。2017 年 7 月在西班牙巴塞罗奥迪峰会上，奥迪公司展示了插电混动版本的 A8e-tronquattro，此车型除支持 7.2kW 的快充外，还支持 3.6kW 无线充电，此车型已于 2019 年投放市场。保时捷公司新推出的 MissionE 采用 TurboCharging 无线充电技术，搭载 800V 的独有车载充电器，15min 可充 80%，续航里程达 400km。丰田、通用和日产等汽车公司先后联手美国 Evatran 公司进行无线充电系统方面的研发，日产 Leaf 和雪佛兰 ChevyVolt 及凯迪拉克 ELR 电动车上就装载了 Evatran 公司 3.3kW PluglessL2 无线充电系统。WiTricity 公司无线充电产品传输功率从 3.6kW 到 11kW，传输效率达 90%~93%。在 2019 国际消费类电子产品展览会（简称 CES）上，本田公司正式发布了 WirelessVehicle-to-Grid 无线充电技术。该技术是基于 WiTricityDRIVE11 无线充电平台和本田的 V2G 技术实现的双向能源管理系统，相比传统的无线充电技术，它除了能给车辆充放电外，还增加了向电网回传电力的功能。在该届 CES 上，现代集团现场演示了一种与自动泊车相结合的无线充电技术，并计划 2025 年投入应用。在国内，中兴新能源从 2014 年与东风汽车公司在湖北襄阳联合打造出中国第一条大功率无线充电公交商用示范线开始，截至到现在，已在全国 30 多个城市开通了无线充电公交线路。国内无线充电的技术应用主要集中在商用客车方面，在乘用车方面还未有量产车型上市。在 2016 年广州国际新能源汽车充电桩博览会上，北汽集团联合中惠创智推出国内首创基于磁耦合谐振技术研发的 6.6kW 级无线充电桩，传输距离达到（20±5）cm，平均传输效率达到 90% 以上。

（2）动态无线充电

在动态无线充电方面，沃尔沃公司提出了一种汽车集电器和公路电缆直连，实现直流充电的动态充电方式，这一充电系统要求车速大于 60km/h，因此更适合在高速公路上推广。Elect Reon Wireless 公司利用自主研发的实时无线电气化系统成功地完成雷诺 Zoe 行驶无线充电测试。测试时采用了多种路况条件，该款无线充电系统的充电传输率达到 87%。重庆大学无线电能传输技术研究所的研究人员将线圈铺在水泥地面以下 10cm 深处，当电动汽车在路面行驶时像手机获取 WiFi 信号一样，自动获取电能，其原理图如图 7-12 所示。该研究成果于 2018 年 10 月亮相于江苏苏州世界首条"三合一"电子公路，该电子公路在国际上首次实现路面光伏发电、动态无线充电以及无人驾驶三项技术的融合应用，其动态无线输出功率 11kW（整条示范道路可达 MW 级），最高效率 90% 以上，适应车速超过 120km/h，是目前世界上综合性能最好的电动车动态无线充电道路。

目前美国汽车工程师协会（SAE）J2954TM 工作组正在推进无线充电技术标准化进程，2014 年即已公布针对 EV 与 PHEV 的国际无线充电标准 J2954 与无线充电通信标准 J2847-6。标准规定频率为 85kHz，频带范围 81.38kHz~90.00kHz；输出功率分三个等级，即输出最低功率等级 WPT1 为 3.7kW，家庭及公共充电场所的 WPT2 为 7.7kW，用于快充的 WPT3 为 11kW 和 22kW。

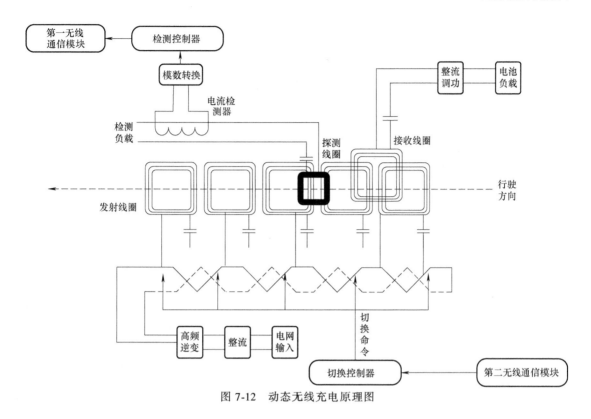

图 7-12　动态无线充电原理图

7.3　微波辐射式无线电能传输技术

7.3.1　原理

工作频率在 0.3G~300GHz 的电磁波可称为微波。微波输电技术是通过自由空间将能量直接从发射端传送到接收端，传输损耗只有大气损耗、雨衰和遮挡物损耗等，在 S 波段（2.45GHz）和 C 波段（5.8GHz）的传输效率一般都在 90% 以上。利用电磁辐射传输能量的基本原理类似于早期使用的矿石收音机的原理（见图 7-13），即：通过微波发生器将直流电转换成微波，从微波发生器出来的微波能量由发射天线聚焦后高效地发射，经自由空间传播，到达接收天线，最后是整流装置将微波能量接收并且转换为直流功率输出，实现电能的无线传输。

该方式需要一条无视觉阻挡的通道，同时发射器需要配备位置跟踪系统，可实现远距离、大容量电能的定向传输，其工作原理如图 7-14 所示。

该系统主要由三部分组成，Ⅰ部分是直流电源经微波功率发生器将直流电变成微波，其 DC-RF（直流-射频）变换器转换效率为 η_g。Ⅱ部分是微波的发射、传播，从微波发生器出来的微波能量由发射天线聚焦后高效地发射，经自由空间传播，到达接收天线，其传递效率为 η_t。Ⅲ部分为接收部分，它将微波能量接收并且转换成直流电或者工业电，给负载供电，其 RF-DC（射频-直流）整流效率为 η_r。因此系统总效率为 $\eta = \eta_g \eta_t \eta_r$。

1. 弗里斯自由空间传输

微波无线电能传输系统中发射天线是高增益的天线阵列，接收系统则是整流二极管级联

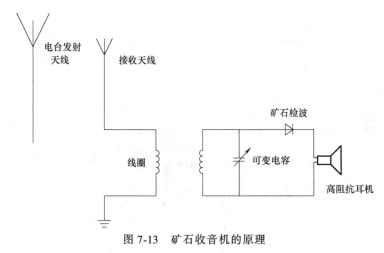

图 7-13　矿石收音机的原理

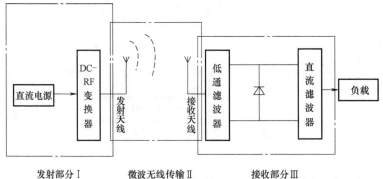

图 7-14　微波辐射式无线电能传输原理图

的天线组。微波能量传输遵从 Friis 自由空间传输公式，如图 7-15 所示，此为典型的微波能量传输系统，接收天线接收的功率为 P_r，发射天线的功率为 P_t，

$$P_t = P_r \left(\frac{\lambda_0}{4\pi d}\right)^2 G_t(\theta_t, \phi_t) G_r(\theta_r, \phi_r) \times |\hat{\rho}_t \cdot \hat{\rho}_r^*|^2 (10^{\frac{L_a(z)}{10}})(10^{\frac{L_{ra}(z)}{10}}) \tag{7.14}$$

式中，λ_0 是工作波长；d 是发射和接受天线阵列之间的距离；G_t、G_r 分别为发射和接受天线在方向 (θ_t, ϕ_t) 和 (θ_r, ϕ_r) 的增益；(θ_t, ϕ_t) 和 (θ_r, ϕ_r) 分别代表发射天线和接受天线之间的偏移角度，显然当 $\theta_t = \theta_r = 0$ 时接受功率最大；$\hat{\rho}_t$ 和 $\hat{\rho}_r$ 分别表示发射和接收天线的极化，$|\hat{\rho}_t \cdot \hat{\rho}_r^*|$ 为两者之间的极化失配系数。

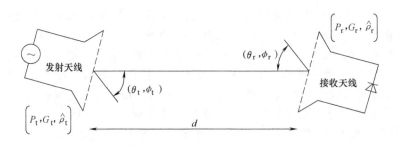

图 7-15　微波能量传递示意图

2. 天线阵间传递

微波功率传输（Microwave Power Transmission，MPT）设计中，另一个重要的考虑因素是大气衰减。这种衰减主要是由氧气和水蒸气引起的。正常平静天气条件下的大气层随着距离地球的垂直距离 z 的增加而减少。海平面附近的氧气和水蒸气浓度较大，导致海平面附近的衰减最大。因此 MPT 系统的工作频率选择部分取决于大气吸收。由于相对于较高频率的衰减较低，并且发射和接收天线的尺寸具有合理的尺寸，过去将 2.45GHz 和 5.8GHz 的（ISM）频段用于 MPT。此外，ISM 频段允许美国联邦通信委员会个人使用。因此，生活中微波炉的设计频率为 2.45GHz，微波源磁控管背后的技术已经十分成熟。

目前，频率为 2.45GHz 的 DC-FR 转换效率可达 80%，而 5.8GHz 的类似源性能仍然需要进一步研究，5.8GHz 是未来 MPT 的首选频率，因为更高的频率将允许更小的天线孔径。另一方面，随着 MPT 频率的升高，由于水蒸气引起的衰减，22GHz 的 MPT 系统将会出现大量损耗，尤其是在海平面附近的潮湿气候中。同样，60GHz 的 MPT 系统会受到氧气的影响而引起传输衰减，在恶劣天气条件下，这种衰减会更严重，其具体表达式如下：

$$L_{ra}(t) = \int_0^{d(t)} a^b [A(z,t)] \, \mathrm{d}z$$

$$a = \begin{cases} 4.21 \times 10^{-5} f^{2.42} & 2.9\mathrm{GHz} \leqslant f \leqslant 54\mathrm{GHz} \\ 4.09 \times 10^{-2} f^{0.699} & 54\mathrm{GHz} \leqslant f \leqslant 180\mathrm{GHz} \end{cases} \tag{7.15}$$

$$b = \begin{cases} 1.41 \times f^{-0.0779} & 8.5\mathrm{GHz} \leqslant f \leqslant 25\mathrm{GHz} \\ 2.63 f^{-0.272} & 25\mathrm{GHz} \leqslant f \leqslant 164\mathrm{GHz} \end{cases}$$

式中，$d(t)$ 是下雨天气下发射天线和接收天线间的距离；$A(z,t)$ 表示在 t 时刻，距离为 z 处的降水量。

微波在大气层中具有很强的穿透效率，基本上是无耗的，但易受气候条件影响，湿度、雨水量越大，传输效率越低，这种差别在 3GHz 以上表现得较为明显。因此，当必须考虑大气层对微波传输的影响时，一般采用较低的微波频段。自由空间传输损耗 L 定义为发射功率和接收功率之比，表示为

$$L = 10\lg\left(\frac{P_t}{P_r}\right) \tag{7.16}$$

进而可表示为

$$L = 10\lg \frac{1}{G_t G_r}\left(\frac{4\lambda R}{\lambda}\right)^2 = L_0 - G_t - G_r \tag{7.17}$$

式中，L_0 是当发射天线和接收天线为理想的各向同性天线时自由空间传输的损失。

此外相关研究证明，传输效率 η_t 与传输距离 D、发射和接收端的有效面积 A_t、A_r 以及微波工作波长 λ 有关，定义传输参数 τ 为

$$\tau = \frac{\sqrt{A_r A_t}}{\lambda D} \tag{7.18}$$

在微波电能传输过程中，η_t 与 τ 成正相关关系，τ 越大，对应的 η_t 也越大。

3. 整流天线

整流天线是微波无线输电系统的接收部件，由接收天线和整流电路组成，整流电路包括LPT（低通滤波器）、整流二极管、直流滤波器和负载。LPT 的主要作用是，让基频及基频

以上的谐波反射回到整流二极管，这一方面提高了输出直流的平稳度，另一方面将反射的 RF 能量再一次整流利用。整流天线 η_r 分为接收天线对微波的接收效率 η_{ra} 和整流电路的整流效率 η_D 两部分，即

$$\eta_r = \eta_{ra}\eta_D \qquad (7.19)$$

式中，η_{ra} 取决于天线的优化设计；η_D 由整流二极管的特性参数、阻抗匹配程度、直流负载以及对高次谐波的抑制能力等因素所决定。

若整流天线负载为 R_L，负载得到电压为 U_D，则整流天线效率为

$$\eta_r = \frac{U_D^2}{P_{RM}R_L L_{pol}} \times 100\% \qquad (7.20)$$

式中，L_{pol} 为接收-发射天线的失配因子。在匹配良好时，如果发射与接收天线均为线极化或旋向相同的圆极化，则 $L_{pol}=1$；如果发射天线是线极化，接收天线是圆极化，或反之，则 $L_{pol}=1/2$。如果二极管得到的功率为 P_{diode}，则二极管整流效率为

$$\eta_D = \frac{U_D^2}{P_{diode}R_L} \times 100\% \qquad (7.21)$$

7.3.2 应用

目前，微波无线电能传输技术主要应用于空间太阳能电站（太空电站），太阳能发电在太空发电的概念最初由 PeterGlaser 于 1968 年提出。太空电站产生的电能可以作为微波信号传输到地球，微波信号可在地面整流天线的帮助下收集，然后转换成电能，其原理图见图 7-16。

随着化石燃料价格上涨和化石燃料导致温室效应的重要性再次引起公众注意，利用可再生能源的可能性，建设空间太阳能电站成为人们关注、讨论的热点。

目前，利用微波输电可以实现较远距离的电能传输，但功率密度较小，功率密度范围大致为几微瓦到几十微瓦。为了增大传输功率，许多学者对此进行了研究，但功率一般不超过 100mW。对于医用植入式体内微机电系统，微波的热效应对人体健康的影响不可忽略。同时，由于微波传播受到介质影响不能高效穿越障碍物，导致该类能量传输必须在空旷的空间范围进行。微波输电一般应用于特殊场合，如低轨道军用卫星、天基定向武器、微波飞机、空间太阳能电站等。

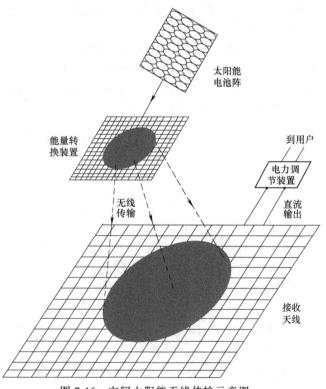

太阳能电池阵

能量转换装置

到用户

电力调节装置

直流输出

无线传输

接收天线

图 7-16 空间太阳能无线传输示意图

第 8 章

常规高压直流输电技术

8.1 常规高压直流输电的基本原理

8.1.1 整流器与逆变器的工作原理及特性

1. 常规高压直流输电的基本结构

高压直流输电系统是由整流器、逆变器、两侧交流系统和直流输电线路组成的，图 8-1 为高压直流输电系统的基本结构。

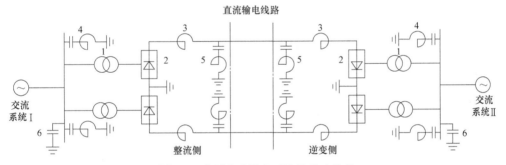

图 8-1 高压直流输电系统的基本结构

1—换流变压器　2—换流器　3—平波电抗器　4—交流滤波器　5—直流滤波器　6—无功补偿装置

在高压直流输电工程中，把整流器称为整流站，把逆变器称为逆变站，整流站和逆变站统一称为换流站。整流站的主要工作是将始端整流侧交流系统的交流电转换为直流电，而逆变站则是将直流输电系统中的直流电转换为受端所需的交流电。由上定义，换流器也可以分为整流器和逆变器两种类型，换流器则是由一个或几个换流桥通过串联或者并联的方式组成，而换流桥是由相关的电力电子器件晶闸管经过特定的结构连接而成的，因此它具有晶闸管的单向导通的性质，而换流器也主要是利用这一性质实现了交直流间转换的功能，该换流桥又称为阀或者阀臂。

图 8-1 所示的 HVDC 结构中，送端交流系统经过直流输电系统和受端交流系统相连接。两端交流系统既可以是大规模的复杂交流系统，也可以只包含一台同步发电机的系统，它属于整个输电系统的电源部分，是确保换流站正常工作的前提。高压直流输电系统的工作原理为：首先由送端输出的交流电经过变压器送到整流器内，接着通过整流器把交流电变为直流电，然后把直流电通过输电线路输送到逆变器内，逆变器再将直流电逆变为交流电，接着经过变压器把交流功率送给受端，这样就完成了长距离和大容量的电能传送。两端直流输电系

统一般有三种类型，它们分别是单极系统（正极或者负极）、双极系统（正负两极）和背靠背直流系统（没有直流输电线路）。

高压直流输电过程中，经过换流站的整流之后，系统中会产生大量的谐波电流和谐波电压，为了减小这些谐波成分，一般情况下可以采用在每极和换流站的连接处串联电抗器（称为平波电抗器）的方式。这不仅能消除谐波，还可以避免系统出现直流电流发生断续的现象。平波电抗器的电感值一般设置为 0.4H 左右，与每极串联，有如下的作用：

1）减少经过整流之后直流电流和直流电压中的谐波分量。

2）减小系统逆变侧发生换相失败的几率。

3）避免直流电流发生不连续的现象。

直流输电控制系统通过换流器及换流变压器实现期望的功率传输和达到直流电压值，控制系统的关键用处就在于能够保证直流输电系统的安全、稳定运行。而整流侧和逆变侧的协调控制是整个控制系统极其关键的一部分。在直流系统出现短时间的瞬时故障时控制系统主要通过调节换流器的触发延迟角来控制电压电流的稳定，可使系统故障后快速恢复正常运行。控制部分是直流输电系统的大脑，保证系统安全可靠运行，是研究高压直流输电系统的重要研究内容。

2. 换流器的工作原理

（1）12 脉动整流器工作原理

图 8-2 为 12 脉动整流桥的具体结构，图中 N 表示中性点，L_s 表示交流侧等效电抗，$VT_{11} \sim VT_{22}$ 为晶闸管编号，u_a、u_b、u_c 表示交流侧电压，u_d、i_d 分别表示直流电压和直流侧电流。T_1、T_2 表示换流变压器。12 脉动换流器依靠连接在整流侧和逆变侧的交流系统的短路电流来完成换相，因此又称为基于电网换相的换流器。

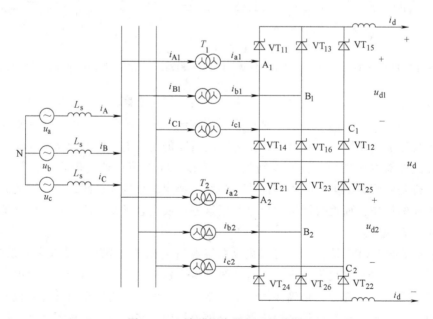

图 8-2　12 脉动换流器原理接线图

根据 12 脉动换流器晶闸管的导通个数，其工作状态可以分为以下几种：

1）"4-5"工况，是 12 脉动换流器的工作情况，也就相当于 6 脉动换流器的"2-3"工况。"2"工况表示换流桥中两个阀组导通，串联于直流线路中形成环流；"3"工况表示换相时换流桥中 3 个阀组同时导通与交流系统形成短路环流，完成换相过程。由此可知，12 脉动的"4-5"工况就是两个换流器的"2"工况和"3"工况交替进行。此时换相角 $\mu \leqslant 30°$。

2）"5-6"工况："5"工况是 12 脉动换流器的两个阀组中只有一个阀组在换相，即一个阀组是三个阀导通，一个阀组是两个阀导通。"6"工况是指两个阀组都处于换相过程，都有三个阀是导通的，此时两个换流桥中共有 6 个阀是导通的。此时换相角为 $30° < \mu < 60°$。$\mu = 60°$ 时，就会一直有 6 个阀同时导通，这种情况是不允许长时间运行的。

一般情况下 $\mu < 30°$，都是运行在"4-5"工况的，$\mu > 30°$ 的情况值出现在换流器负荷过大或有过低的交流电压时。下面只对"4-5"工况的具体导通过程进行理论分析，12 个阀臂的开关顺序如表 8-1 所示。

表 8-1　12 脉动整流器阀组开通顺序表

时间段	4 个阀臂的导通	5 个阀臂的导通
I	VT_{11}、VT_{12}、VT_{21}、VT_{22}	VT_{11}、VT_{12}、VT_{21}、VT_{22}、VT_{13}
II	VT_{12}、VT_{21}、VT_{22}、VT_{13}	VT_{12}、VT_{21}、VT_{22}、VT_{13}、VT_{23}
III	VT_{21}、VT_{22}、VT_{13}、VT_{23}	VT_{21}、VT_{22}、VT_{13}、VT_{23}、VT_{14}
IV	VT_{22}、VT_{13}、VT_{23}、VT_{14}	VT_{22}、VT_{13}、VT_{23}、VT_{14}、VT_{24}
V	VT_{13}、VT_{23}、VT_{14}、VT_{24}	VT_{13}、VT_{23}、VT_{14}、VT_{24}、VT_{15}
VI	VT_{23}、VT_{14}、VT_{24}、VT_{15}	VT_{23}、VT_{14}、VT_{24}、VT_{15}、VT_{25}
VII	VT_{14}、VT_{24}、VT_{15}、VT_{25}	VT_{14}、VT_{24}、VT_{15}、VT_{25}、VT_{16}
VIII	VT_{24}、VT_{15}、VT_{25}、VT_{16}	VT_{24}、VT_{15}、VT_{25}、VT_{16}、VT_{26}
IX	VT_{15}、VT_{25}、VT_{16}、VT_{26}	VT_{15}、VT_{25}、VT_{16}、VT_{26}、VT_{11}
X	VT_{25}、VT_{16}、VT_{26}、VT_{11}	VT_{25}、VT_{16}、VT_{26}、VT_{11}、VT_{21}
XI	VT_{16}、VT_{26}、VT_{11}、VT_{21}	VT_{16}、VT_{26}、VT_{11}、VT_{21}、VT_{12}
XII	VT_{26}、VT_{11}、VT_{21}、VT_{12}	VT_{26}、VT_{11}、VT_{21}、VT_{12}、VT_{22}

（2）12 脉波逆变器的工作原理

逆变器是将直流电转换为交流电的换流设备。目前直流输电工程所用的逆变器大部分为有源逆变器，有源逆变就是逆变器与交流系统相联，交流系统提供给逆变器电压电流用于换相，即受端交流系统必须有交流电源。12 脉动逆变器与整流器是对称的，也是由两个 6 脉动换流器串联，通过换流变压器与交流系统并联而形成。由于双桥逆变器的触发延迟角在 $90° \sim 180°$ 之间，所以有将直流电流变为交流电流的作用。但是其过程与双桥整流器相似，谐波电流也与整流侧一样。

这里我们只说明一下 12 脉动整流器和逆变器不一样的特性。如果要完成逆变，12 脉动逆变器要有以下几点为前提才能工作：①提供换向电压的有源交流系统；②一个反极性的直流电源以提供连续的单相（即通过开关器件从阳极流向阴极）电流；③一个提供触发延迟超过 90° 的全控整流。12 脉动逆变桥输出的直流电压值满足：

$$U_d = 2\left(U_{d0}\cos\beta + \frac{3\omega L_{ri}}{\pi}i_d\right) \tag{8.1}$$

式（8.1）为以 β 表示的直流电压。若以 γ 表示的直流电压，直流电压满足：

$$U_d = 2\left(U_{d0}\cos\gamma - \frac{3\omega L_{ri}}{\pi}i_d\right) \tag{8.2}$$

式（8.1）和式（8.2）中，$U_{d0} = 1.35E$ 是逆变器的理想空载直流电压，E 是与换流器相连的交流电网等值电源线电压有效值，L_{ri} 为逆变器等值换相电感，i_d 为直流电流，$\beta = 180° - \alpha$ 为逆变器的触发超前角，γ 称为熄弧角或关断角。基于以下两个原因，大部分直流输电工程都采用 12 脉动换流器换流：

1）减少直流电压中的谐波，12 脉动换流器中有 $12k$ 次的谐波电压，6 脉动换流器中有 $6(2k+1)$ 次的谐波电压。两种谐波电压可以相互抵消、消除谐波。提高了直流电压的性能。

2）减少交流电中的谐波电流，与 12 脉动换流器相连的交流系统中由于换流器的非线性运行使得交流电流中有 $12k+1$ 次的谐波，与 6 脉动换流器相连的交流电流中有 $2(k-1)\pm1$ 次的谐波，两种谐波相互抵消后剩下的谐波在两个变压器回路间环流，不流进交流电网，所以与 12 脉动直流系统相连的交流系统的交流电流谐波少。

8.1.2 高压直流输电的接线方式

1. 单极系统

单极直流输电系统可以采用正极性或负极性运行模式。换流站出线端对地电位为正的称为正极，为负的称为负极。单极直流架空线路通常多采用负极性，因为正极导线的电晕和电磁干扰要比负极性导线大，且由于雷电大多数为负极性，正极导线雷电闪络的概率比负极导线要高。单极系统接线方式有单极大地（或海水）回线方式（图 8-3a）和单极金属回线方式（图 8-3b）。

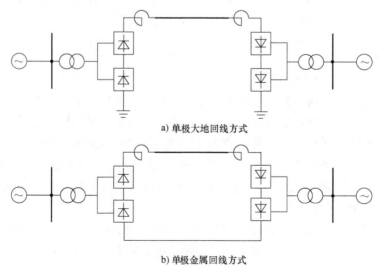

a) 单极大地回线方式

b) 单极金属回线方式

图 8-3 单极系统接线示意图

（1）单极大地回线方式

单极大地回线方式利用一根导线和大地（或海水）构成直流侧单极回路。这种方式下，流经大地（或海水）的电流为直流输电工程的运行电流。由于地下长期有大直流电流流过，因而将引起接地极附近地下金属构件的电化学腐蚀等问题。这种回线方式的优点是结构简单，线路造价低；但运行的可靠性和灵活性较差，对接地极要求较高。

（2）单极金属回线方式

单极金属回线方式是利用两根导线构成直流侧的单极回路。在运行中，地中无电流流过，可以避免由此所产生的电化学腐蚀等问题。为了固定直流侧的对地电压和提高运行的安全性，金属返回线一端需要接地。这种方式通常是在不能利用大地或海水为回线或选择接地极较困难以及输电距离较短的单极直流输电工程中采用。

2. 双极系统

双极系统接线方式是直流输电工程常用的接线方式，可分为双极两端中性点接地方式（图8-4a）、双极一端中性点接地方式（图8-4b）和双极金属中线方式（图8-4c）三种类型。

（1）双极两端中性点接地方式

双极两端中性点接地方式是大多数直流输电工程所采用的正负两极对地，两端换流站的中性点均接地的系统构成方式。正常运行时，直流电流的路径为正负两根极线。实际上它是由两个独立运行的单极大地回线系统构成。正负两极在地回路中的电流方向相反，地中电流为两极电流之差值。双极的电压和电流可以不相等，双极电压和电流均相等时称为双极对称运行方式，不相等时称为电压或电流的不对称运行方式。当输电线路或换流站的一个极发生故障需要退出工作时，可根据具体情况转为三种单极方式运行，即①单极大地回线方式；②单极金属回线方式；③单极双导线并联大地回线方式。

（2）双极一端中性点接地方式

这种接线方式只有一端换流站的中性点接地，其直流侧回路由正负两极导线组成，不能利用大地（或海水）作为备用导线。当一极发生故障需要退出工作时，必须停运整个双极系统，没有单极运行的可能性。因此，这种接线方式的运行可靠性和灵活性均较差。它的优点是保证在运行中无地电流流过。

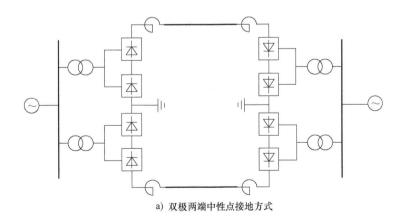

a) 双极两端中性点接地方式

图 8-4 双极系统接线示意图

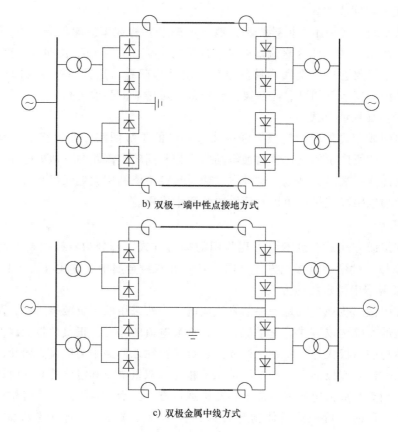

b) 双极一端中性点接地方式

c) 双极金属中线方式

图 8-4　双极系统接线示意图（续）

（3）双极金属中线方式

双极金属中线方式是利用三根导线构成直流侧回路，其中一根为低绝缘的中性线，另外两根为正负两极的极线。这种系统构成相当于两个可独立运行的单极金属回线系统，共用一根低绝缘的金属返回线。当一极发生故障时，可自动转为单极金属回线方式运行；当换流站的一个极发生故障需要退出工作时，可首先自动转为单极金属回线方式，然后还可转为单极双导线并联金属回线方式运行，运行方式可靠灵活。但是该接线方式线路结构复杂，造价较高。

3. 背靠背直流系统

它实际上是无直流线路的直流系统，常用以实现不同频率或相同频率交流系统之间的非同步联系，也叫非同步联络站，见图 8-5。在背靠背换流站内，整流器和逆变器的直流侧通

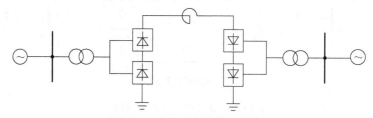

图 8-5　背靠背直流输电系统

过平波电抗器相连，构成直流侧的闭环回路；而其交流侧则分别与各自的被联电网相连，从而形成两个电网的非同步联网。本文所建立的仿真模型的构成方式为双极两端中性点接地方式，模型形式见图8-5。

8.2 常规高压直流输电的控制

8.2.1 常规高压直流输电系统的数学模型

由于在运行过程中不断变换阀的导通状态，换流器是一个典型的时变电路，因此要对其任何工作状态都建立数学模型是不现实的，目前只能在理想条件下对换流器的稳定运行工况进行建模并导出其解析表达式。本小节所描述换流器的数学模型仅针对交流侧的基波分量和直流侧的直流分量，没有包括谐波分量的表达式。直流输电换流器等效计算电路如图8-6所示。

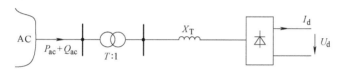

图 8-6　直流输电换流器等效计算电路

稳态数学模型有 3 个输入变量，5 个输出变量，其输入输出关系如图8-7所示。

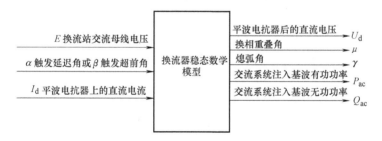

图 8-7　换流器稳态数学模型的输入输出关系

由图8-7可知，实际运行时，换流器的数学稳态模型中有 4 个是角度变量，其中描述运行状态的两个量是换相重叠角 μ 和熄弧角 γ，熄弧角 γ 是判断换流器运行时是否会发生换相失败的唯一特征量。触发延迟角 α 或超前触发角 β 是直流输电控制系统需要控制的两个量。

换流器等效电路如图8-8所示。换流器稳态模型的建立是在以下几个假设条件下进行的：

1）在逆变器和整流器处的交流系统包含对称阻抗后的完全正弦的、频率不变的对称电压源。这就要求滤波器的作用使得换流系统所产生的所有谐波电流和电压不会进入交流系统。

2）换流变压器不饱和。

3）直流电流是平直的，不含纹波电流。

E 为换流站交流母线电压也即换相电压，取换流变压器的漏抗 $X_{\mathrm{T}} = \omega L_{\mathrm{c}}$ 作为换相电抗。

已知输入变量为 E、$\alpha(\beta)$ 和 I_{d}，求 3 组输出变量 a、直流侧变量 U_{d} 已经在上一节介

绍。b 为换向角 μ 和关断角 γ 两个换流器的运行特征变量。c 为基波有功功率和基波无功功率 Q_{ac} 交流侧变量。

换流器运行特征向量的计算公式为

$$\mu = \beta - \arccos\left(\frac{\sqrt{2}I_d X_T T}{E} + \cos\beta\right) \qquad (8.3)$$

$$\gamma = \beta - \mu \qquad (8.4)$$

交流侧变量的计算公式为

$$P_{ac} = \frac{3E^2}{4\pi X_T T^2}\left[\cos 2\alpha - \cos(2\alpha + 2\mu)\right] \qquad (8.5)$$

$$Q_{ac} = \frac{3E^2}{4\pi X_T T^2}\left[2\mu + \sin 2\alpha - \sin(2\alpha + 2\mu)\right] \qquad (8.6)$$

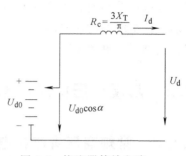

图 8-8 换流器等效电路

整流侧运行时，U_d、P_{ac}、Q_{ac} 为正，逆变运行时，U_d、P_{ac} 为负，Q_{ac} 为正。

8.2.2 常规高压直流输电控制系统的功能

在典型的连接交流系统的直流输电系统中，直流控制的主要功能是：

1）两端之间的潮流控制。

2）保护设备免受由故障产生的过电压过电流。

3）在直流系统的任何运行方式下稳定所连接的交流系统。

直流系统的两端都有其单独的就地控制器。调度中心会向其中的一端发送功率发送指令，这一端就起到"主控制器"的作用，主控制器具有协调整个直流系统控制功能的职责。除了主要功能之外，还希望直流控制具有以下特性：

1）限制最大直流电流。考虑到晶闸管管阀承受过电流的热惯性较小，最大直流电流一般限制在 1.2pu 以下，并持续限定一段时间。

2）输电过程中维持最大直流电压。这样可以降低输电损耗，并使阀的容量和绝缘得到优化。

3）使无功消耗最少。这意味着换流器必须运行在最小触发角下。一般情况下换流器将消耗其额定容量值 50%~60% 的无功功率。这个数量的无功功率占到换流站成本的 15%，并消耗其功率损耗的约 10%。

4）其他特性。如控制孤立系统给出的频率以加强输电系统的稳定特性。

除了上述期望得到的特性之外，直流控制必须能够满足直流系统给出的稳态和动态要求。

8.2.3 常规高压直流输电的基本控制方式及控制特性

1. 基本控制方式

图 8-9 是一个两端直流输电系统，直流线路采用电感 L 和线路电阻 R 来表示，电感 L 的值包含了两端平波电抗器和直流线路上的电感，而 R 包含了两端平波电抗器电阻值和直流线路电阻值。

根据欧姆定律，图中直流系统中的直流电流 I_d 可由下式表示：

$$I_d = (U_{dr} - U_{di})/R \qquad (8.7)$$

根据上一节对换流器数学模型的建立，可以得到整个直流输电系统的等效电路图，如图 8-10 所示。图中下标 r 表示整流侧电气量，下标 i 表示逆变侧电气量。

整流侧：

$$U_{dr} = U_{dor}\cos\alpha + R_{cr}I_d \qquad (8.8)$$

逆变侧：

$$U_{di} = U_{dor}\cos\alpha + R_{ci}I_d \ \ 或 \ \ U_{di} = U_{d0i}\cos\gamma - d_{xi}I_d$$
$$(8.9)$$

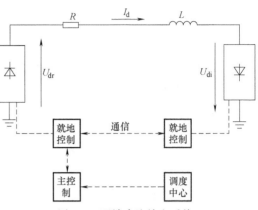

图 8-9　两端直流输电系统

逆变器关断角表达式：

$$\gamma = \arccos\left(\frac{2R_{ci}I_d}{U_{d0}} + \cos\beta\right) = \arccos\left(\frac{\sqrt{2}R_{ci}I_d}{U_{d0}} + \cos\beta\right) \qquad (8.10)$$

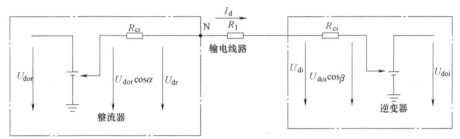

图 8-10　高压直流输电系统等效电路图

由上面几个式子可以得到改变直流电流 I_d 的方法：

1）改变整流器的 α 角。由于是电子型控制，它的速度特别快，可以在半个周波内完成（8~10ms）。

2）调节逆变器的 β 或 γ 角。这也是电子型控制，速度快，可以在半个周期内完成。

3）通过调节换流变压器的分接头来调节整流侧的交流电压。这个过程比较缓慢，通常需要数十秒的时间。

4）通过调节换流变压器的分接头来调节逆变侧的交流电压。这个过程比较缓慢，通常需要数十秒的时间。

控制策略的选择应该保证直流系统能够响应快速且稳定地运行，同时能够使所产生的谐波、所消耗的无功功率以及输电引起的损耗最小。整流器 α 角和逆变器 β 角是通过调节加到换流阀控制级的触发脉冲相位来实现的。直流输电的主要控制方式就是换流器触发角控制和换流变压器分接头控制相互配合。开始时应用换流器角度控制以保证速度，之后用分接头调节将换流器控制角恢复到正常范围。

2. 整流器的控制特性

（1）整流侧的最小 α 角特性

由换流器的数学模型可知

$$U_d = U_{dor}\cos\alpha - R_{cr}I_d \tag{8.11}$$

其中，$R_{cr} = 3\omega L_{cr}/\pi$。在 U_d-I_d 平面上的稳定特性曲线为直线 AB，如图 8-11 所示。AB 曲线的斜率是 $-R_{cr}$，R_{cr} 被定义为等效换向电抗。较小的 R_{cr} 值意味着强交流系统，此时该特性曲线几乎是水平的。当 $I_d = 0$ 时，这条特性曲线在 U_d 轴上的截距等于 $U_{dor}\cos\alpha$。电压 U_d 的上限由 $\alpha = 0°$ 的值决定，此时整流器被当做一个触发角为零的理想二极管换流器。实际上，通常 α 的最小值为 2°~5°，以保证换流阀有一个最小的正向电压能使阀导通。定 α 角控制中对 α_{min} 的限制如图 8-11 所示。

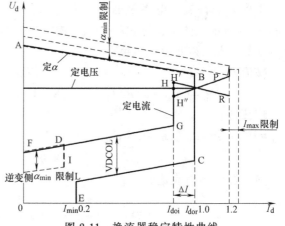

图 8-11　换流器稳定特性曲线

（2）定电流特性

定电流控制，就是为保证直流输电系统稳定工况而保持极限电流为整定值的一种控制方式。依据对电流的整定来协调直流输送功率完成直流功率控制，使交流系统的运行性能良好。当系统出现故障时，电流控制可以在非常短的时间内限制故障电流的激增，保护好换流设备。所以直流输电控制系统控制性能的优良主要看直流电流控制器的稳态和暂态性能。

一般情况下，换流器的电流不能超过 $I_{max} = 1.2pu$，这是由于换流阀的热惯性使得其不能承受超过额定电流太多的大电流。定电流特性在图 8-11 中是直线 BC，图中也给出了其运行区域。

（3）VDCOL 特性

VDCOL 特性是用来修正控制策略以提高系统受扰动时的稳定性。因为某种扰动而使与整流站相联的交流系统电压或直流电压降低到某一限制时，由于交流系统要保持直流系统的输电功率不变，因此需要采用低压限流控制特性。此特性描述了直流电压随着直流电流的变化情况，还有一种特性是在某些情况下描述交流电压和直流电流的曲线关系的。图 8-11 中的 LC 为整流侧的 VDCOL 特性。

（4）最小电流 I_{min} 特性

这个限制特性的典型值为 0.2~0.3pu，用以保证直流电流有一个最小值，如果晶闸管中的电流低于其限定的最小值，可能导致直流电流不连续，此现象在谐波叠加在较小的直流电流上时可能瞬时出现。这种电流中断会引起阀上出现极高的过电压。最小直流电流的限制受所用平波电抗器的大小的影响。

3. 逆变器的控制特性

（1）定熄弧角 γ 运行特性

熄弧角即阀的关断角，如换向过程从 $\omega t = \alpha$（触发延迟角）时开始，到 $\omega t = \alpha + \mu = \gamma$ 时结束，γ 为熄弧角。交流换相电压从负变正过零点就决定了 γ 角的终点。逆变器最常用的一种控制方式就是定熄弧角 γ 控制。γ 角是判断逆变器是否发生换相失败的唯一标准，也是保证逆变器不发生换向失败的控制量。工程上规定 γ 一般为 15°~18°，保证最小熄弧角 γ_{min}。

$$\cos\beta = \cos(\gamma_{min}) - \frac{R_{ci}I_d}{E_i} \tag{8.12}$$

$$\alpha = \pi - \beta \tag{8.13}$$

式（8.14）给出了逆变器的 U_d - I_d 特性，尽管它有两种表达形式，但一般采用定熄弧角特性。如图 8-11 中直线 H'R 定义了这种运行模式。此直线的坡度一般情况下比整流侧的对应特性的坡度大，坡度即斜率的大小，由与逆变侧相联的交流系统的强度大小决定。

$$U_d = U_{do}\cos\gamma - R_{ci}I_d \tag{8.14}$$

其中 $R_{ci} = 3\omega L_{ci}/\pi$。熄弧角在换相动作的结果出来前是不能确定的。通常情况下是把触发角 β 充分加大，尽可能减少换相失败发生的概率。

（2）定电流特性

逆变器的定电流特性可由图 8-11 中直线 HG 表示。交点 P 为整理器与逆变器运行曲线的交点，同时整流器和逆变器的交点只能有一个才能保证直流系统稳定运行。为了达到这样的效果，必须有一个电流裕度 $\Delta I_d = 0.1pu$ 的设定，这个裕度是整流侧和逆变侧电流之间的电流裕度。

当整流侧直流电压跌落的很大或逆变侧直流电压升高很大时，整流侧的最小触发角控制启动，此时逆变侧应该把其定电流特性加入系统中，否则一般情况下不启用定电流控制器。

（3）逆变器的运行时的最小 α 角限制模式

通常逆变器是不允许在整流区域运行的，即使是暂态情况下也不例外。比如因为大意而使得电流裕度正负发生变化造成逆变器进入整流运行状态，这种情况是一定不可以发生的。直线 FG 是逆变器的最小 α 角限制特性曲线。最小 α 角一般在 $100° \sim 110°$，采用最小 α 角限制的目的除了防止逆变器进入到整流器运行模式，此外 $100° \sim 110°$ 这个值还能为逆变器的启动提供一个直流电压，这个直流电压能使逆变器快速启动。

（4）电流偏差区域

逆变侧所要求的电流 I_{di} 通常比整流器所要求的电流 I_{dr} 小一个电流裕度 ΔI，ΔI 通常为 $0.1pu$。如果不设置 ΔI，因为存在谐波电流 HG，整流侧的定电流控制特性和 BC 逆变侧的定电流特性就会相互叠加，因此 ΔI 的设置就是电流裕度的设置，称为电流裕度法。ΔI 在特性曲线上的区域就是电流偏差区域。

当逆变器接与弱交流系统运行时，定关断角（CEA）特性曲线 H'R 倾斜过大，其延长线可能会与整流器的定触发角控制曲线有一个以上交点。为了不发生这种有多个运行点的情形，所以逆变器的 CEA 特性在电流变差区域要么被修正为定 β 角特性 H″P，要么被修正为定电压特性 HP。

（5）低压限流控制

逆变侧的低压限流控制都是为了配合整流侧的低压限流环节的，包括电压定值、电流定值、时间常数上的配置，都是需要和整流侧相配合的。图 8-11 中 LC 为逆变侧的低压限流控制。

（6）最大触发角限制

因为 $\gamma = \beta - \mu$，所以 β 角的大小与逆变器是否发生换向失败也是有关的。β 角过大可能会引起换向失败，对超前触发角 β 进行限制是有必要的，因此要设置其最大变化范围，一般规定为 $150° \sim 160°$ 之间。

4. 控制方式的切换

由以上对控制特性的分析，直流输电系统的主要控制方式有三种，见表 8-2。

表 8-2　直流输电系统的控制方式

控制方式 换流器	CG 方式	AC 方式	AG 方式
整流侧	定电流控制	定电流控制	定触发角控制
逆变侧	定熄弧角或定电压控制	定触发角控制	定熄弧角控制

仿真模型整流、逆变侧的控制配合用等效逻辑来实现，依据对模型的不同要求，可以选择以下三种不同的切换方式：

1）当 $\alpha > \alpha_{\min}$ 时，采用 CG 方式；否则说明，整流侧不再有电流调节的裕度，进入 AC 方式。

2）设电流整定值为 I_{ord}，逆变侧预留整定值裕度为 I_{m}。当直流电流 $I_{\mathrm{d}} > I_{\mathrm{ord}}$ 时，采用 CG 方式；当 $I_{\mathrm{ord}} \geqslant I_{\mathrm{d}} \geqslant I_{\mathrm{ord}} - I_{\mathrm{m}}$ 时，采用 AG 过渡方式；而当 $I_{\mathrm{d}} < I_{\mathrm{ord}} - I_{\mathrm{m}}$ 时，采用 AC 方式。

3）当直流电流 $I_{\mathrm{d}} > I_{\mathrm{ord}}$ 时，采用 CG 方式；当 $I_{\mathrm{ord}} \geqslant I_{\mathrm{d}} \geqslant I_{\mathrm{ord}} - I_{\mathrm{m}}$ 时，采用 AG 过渡方式；当 $I_{\mathrm{d}} < I_{\mathrm{ord}} - I_{\mathrm{m}}$ 时，采用 AC 方式。

8.2.4　常规高压直流输电的分层控制

1. 常规高压直流输电的分层控制

为使高压直流输电系统运行安全、维护方便、操作灵活，进而不危及设备的安全，将其分层控制。分层控制包括换流站和直流线路的所有控制功能，这样可以减小每一个控制层发生故障对另一层产生的影响，避免发生更大的故障。

高压直流输电控制系统通常被分为双极控制级、极控制级、阀组控制级 3 个层次，如图 8-12 所示。双极控制级确定电流指令，并提供协调的电流指令给极控制；极控制级主要的控制对象就是换流桥，从电流控制器到触发角控制的切换、分接头控制和一定的保护序列式都是由极控制来处理的；阀组控制级确定一个换流桥内阀的触发时刻，并确定 $\alpha_{\min}$ 和 $\beta_{\min}$ 极限。

2. 双极控制级控制功能

双极控制级即为主控制级，是控制系统的最高控制等级，也就是控制两个极的控制层次。双极控制层根据从换流

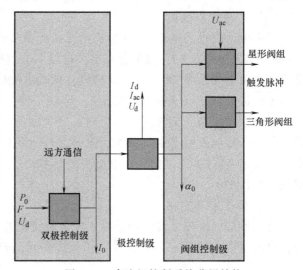

图 8-12　直流级控制系统分层结构

站运行人员那里接收指令的形式来控制双极的运行，包括控制双极的功率定值、传输方向、平衡两极的电流、控制换流站无功功率和电流母线电压等。

图 8-12 所示的双极控制包括以下三个模块：第一个模块接收功率指令（P_{set}），这个指

令是从换流站的现场人员控制中心发出的；第二个模块是调度控制和快速功率变化控制；第三个模块是电流指令计算模块，这个电流指令就是直流电流的期望值，得到的电流指令就是双极控制级的输出，输出到极控制级。

P_{set} 为双极控制级从上一层也就是运行人员那里来的功率指令值，为避免系统在功率期望值突变时受到冲击，要使 P_{set} 先经过一个变化率限制器，然后加入到功率调制和快速功率变化控制环节。得出的值要输入到一个最大值/最小值限制环节。这样得出的值除以 U_d 就得到了极控制级的输入量，即直流电流指令值。

直流功率调制和分配各个直流回路的功率，以使得系统的功率在额定范围内运行，平衡正负极电压并调制无功功率等。如果是交直流并列系统，功率调制能够提高交流系统机电振荡阻尼。如果是用于连接两个非同步电网的背靠背换流站，功率调制参与两个交流系统的调频。

功率升高和功率下降都是快速功率变化模块需要控制的情况，主要用于两端交流系统紧急功率支援。

根据给定的功率指令计算直流电流指令是直流输电双极控制级的一个重要任务，在一般运行情况下，直流电流指令值等于双极功率除以双极电压。其模块框图如图 8-13 虚线框内所示，为了使直流电流指令 I_{des} 平滑变化，需要使得 U_{dcB} 先输入到一个一阶惯性环节，这样 U_{dcB} 就不会随着 I_{des} 突然变化而变化。为了避免交流电压或直流电压为零或过低的情况下除零问题，在惯性环节之后加一个逻辑选择器，当出现电压过低情况时，逻辑选择器就选择双极电压标称值来除功率指令值以得到想要的电流指令值。典型的逻辑选择如下：当 U_{dc} 下降到低于 $0.7U_{dcN}$ 时选择 U_{dcN}，只有当 U_{dc} 上升到高于 $0.85U_{dcN}$ 时才重新选择 U_{dc}，即选择逻辑带有时滞特性。

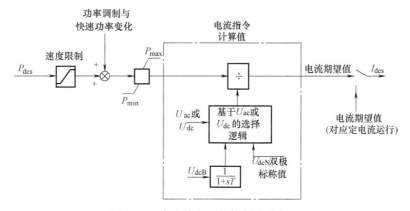

图 8-13　直流输电双极控制功能框图

3. 极控制级控制功能

直流输电系统的控制和调节功能主要通过换流站里的交、直流站控和极控等控制系统来实现，其中极控制级是换流站的控制核心，在整流站和逆变站的集控系统协调控制下，控制直流系统的电流和电压来完成直流系统的调节和控制任务，实现减小直流系统量的扰动；控制直流电流的最大值，预防换流器过载；限制最小直流电流，防止电流的不连续引起的电压过大；尽量避免逆变器发生换向失败；减小换流器无功消耗；维持正常运行时直流电压在额定范围内等目的。极控制级一般由直流功率/电流控制、定电流控制、定电压控制、定熄弧角控制、电流平衡控制、电流裕度补偿控制、极间功率转移控制、过负荷控制、暂态稳定控制（包括功率回降、功率提升、频率限制、双频调制等控制）、变压器分接头控制等十几个环节组成。核心控制器是由定电流控制器、定电压控制器和定熄弧角控制器三个基本控制器组成的，如图 8-14 所示。

在实际运行中，整流站和逆变站的启动控制器不同，虽然两个站的控制器配备是一样的。但是其参数都是不同的，从而可以实现期望的 U_d-I_d 特性。为在任何一种状态下都满足直流系统的运行稳定，还有对触发角幅度的裕度限制，所以最基本的极控系统应该具有下面几个控制器：

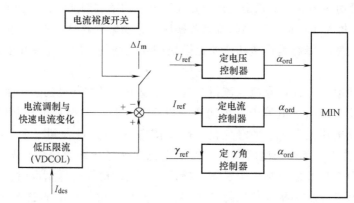

图 8-14　极控制级功能框图

（1）低电压限电流环节（VDCOL）

VDCOL 是某些故障情况下，当直流电压低于某一值时，自动降低直流电流调节器的电流整定值，待直流电压恢复后，又自动恢复电流整定值的控制功能。VDCOL 有交流电压启动和直流电压启动两种方式。如果只想减小无功的消耗，可以用交流电压启动的 VDCOL 特性，但很有可能在直流故障时不启动。但是运行时需要在交流电压跌落和直流故障时 VDCOL 特性都能启动，此时能有效限制电流指令值。因此由直流电压启动的 VDCOL 特性（如图 8-15 所示）在长距离直流输电工程中应用更广泛。

低压限流控制主要有以下作用：

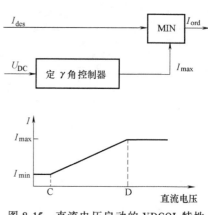

图 8-15　直流电压启动的 VDCOL 特性

1）减小换向失败发生的可能性。当逆变侧的交流系统发生故障时，交流电压会大幅度地下降，此时没有达到晶闸管的开断条件，如果没有 VDCOL 控制器逆变器将会发生换向失败并且不会自行消除。加入 VDCOL 特性是为了改进整流器和逆变器的控制特性，使其在电压过低时限制电力的大小，晶闸管能够正常导通，就不会发生换向失败。

2）降低直流功率同时减少对交流系统无功的需求。如果换流器的电压下降幅度过大，甚至超过 30%，远距离换流器的无功需求将增加，这对交流系统是没有好处的。远端的 α 或 β 必须更高，以控制电流，因而引起无功功率的增加。交流电压的降低将显著地减小滤波器和电容器所提供的无功功率，无功功率很多都是由滤波器和电容器提供给换流器的。因此，直流输电系统中加入 VDCOL 控制能够减少换流器对无功的需求。

3）VDCOL 控制帮助交流系统恢复电压的稳定。在交流系统发生不大的波动或波动去除后 VDCOL 控制使系统恢复稳定。在发生故障后，VDCOL 控制准备好使直流系统快速恢复正常运行的有利条件。这里有一点说明，针对弱的交流系统，必须要等交流电压恢复到额定值后其输送功率才能恢复，否则换流器对于无功的需求太大，影响交流电压的恢复。

VDCOL 控制器的使用都需要设定不同的时间常数以使得电流指令值能够平稳的变化。一般情况下，VDCOL 启动的时间常数都比退出时的时间常数小。典型值对于整流器启动的时间常数是 10ms，退出为 40ms；逆变侧加入时间是 10ms，退出为 70ms。在图 8-16 中，根据直流电压时上升还是下降，T 取不同的值。VDCOL 启动电压是线路上哪一点的电压，是由 R_V 即复合电阻决定的。

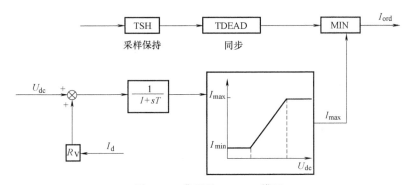

图 8-16　典型的 VDCOL 模型

通过分析系统在扰动或故障条件下的运行特性，可以确定低压限流控制特性曲线上的各个拐点的坐标，及其启动和退出的时间。由以上分析可知，低电压限电流特性能有效改善因为交流系统的故障而引起的直流系统运行不正常的情况，使电压的恢复特性良好。

（2）电流偏差控制

为了使系统在发生扰动或故障时，逆变侧的熄弧角控制和定电流控制可以稳定转换，需要在控制系统中加入电流偏差控制器，控制器结构如图 8-17 所示。

在逆变侧的换相电抗大于整流侧的换相电抗系统中，此时若发生整流逆变两侧都失去对 I_d 的控制，就会使得直流电流无稳定运行点。在系统中加入电流偏差控制器就可以避免发生这种情况，即当实际电流小于整流侧电流整定值时，通过提高关断角的整定值进而减小逆变侧的电流，最终达到预期的稳定运行点。这就是电流偏差控制器的基本原理。

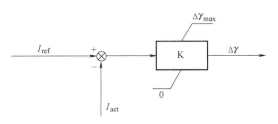

图 8-17　电流偏差控制器结构

理。一般情况下，1A 的电流偏差值需提高 0.01°~0.1°的关断角。

（3）定电流控制器

定电流控制器在极控制系统中广泛应用。基本原理是将直流电流互感器测得的实际直流电流与整定值进行比较，当出现偏差时，就改变触发角，以减少或消除电流偏差。定电流控制的主要任务是控制换流器的触发角，维持直流电流为恒定值。

在整流侧，将定电流控制器的实际输入电流与电流参考值的偏差输入到 PI 调节器中，其输出就是触发角信号，通常该输出就直接作为触发延迟角的指令值 α_{ord}。在逆变侧，定电流控制器的整定值通常比整流侧小一个电流裕度，正常情况下，实际电流要大于逆变侧的电流参考值，所以逆变侧的定电流控制器会调节直流电流使其减小，所以 α 角通常限制到最大值，从而定电流控制器的输出一直被排除在外。

图 8-18 中，KI 的典型值为 $-1° \sim 10°/A \cdot s$，KP 的典型值为 $-0.01° \sim 0.04°/A$，绝大多数高压直流工程所采用的电流裕度都是 0.1pu，对这个值的要求是选择得不能太小，这样可以避免调节方式的经常转换，但也不能太大，太大可能造成功率损失过大，超出交流系统的承受范围。

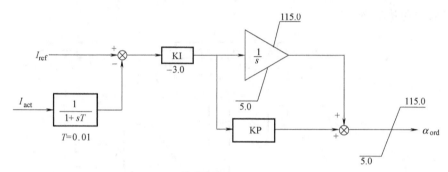

图 8-18　定电流控制器及其典型参数

（4）定关断角控制器

定关断角控制即限定熄弧角小于一个值 γ_{min}，这个值主要确保能够在此时间段内使晶闸管关断，还要留有一定的裕度。定关断角控制逆变侧的主要控制方式可以使换向失败发生的次数变少，确保逆变器稳定运行。熄弧角值的设定不能太大，这样可以提高逆变器的功率因数。要想使系统运行在定熄弧角运行特性上，就要将熄弧角控制器装设于逆变侧。

控制熄弧角的方式按原理可分为预测控制和实测控制两类。实测型定熄弧角控制与定电流控制相似，是采用负反馈控制来实现的。将熄弧角的实测值 γ 与整定值 γ_0 进行比较，把误差经放大处理后送到相位控制电路，使触发角改变以减小或消除偏差，原理如图 8-19 所示，其中 KI 的典型值为 $-10° \sim -20°/Deg \cdot s$，KP 的典型值为 $0.01° \sim 0.04°/s$。

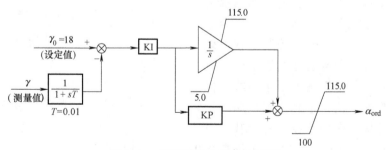

图 8-19　实测型定关断角控制器

按照公式

$$\Delta U_d = \frac{1}{2} U_{d0}(\cos\alpha + \cos\gamma) = \frac{3X_T}{\pi} I_d = R_{ci} I_d \tag{8.15}$$

得到预测型熄弧角的原理有

$$\cos\alpha = \frac{6X_{\mathrm{T}}}{\pi}\frac{I_{\mathrm{d}}}{U_{\mathrm{d0}}} - \cos\gamma \qquad (8.16)$$

这种控制因为能考虑系统运行情况的变化实时确定正确的 α 角，而不是在 γ 出现偏差后才进行调节，所以称为预测型控制方式。通常在式（8.16）中加入一个修正量 KdI_{d}/dt，已考虑触发脉冲发出后和换相过程中系统可能的变化情况，最终得到预测型定 γ 角控制器的原理如图 8-20 所示。

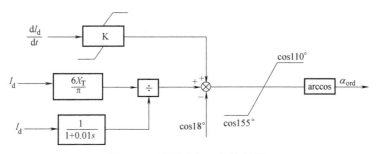

图 8-20 预测型定 γ 角控制器

（5）定电压控制器

定电压控制器与定电流控制器的唯一不同是输入信号不同，定电压控制器输入的是电压信号，其主要任务就是稳定直流电压，其控制特性为一水平线。

整流侧的定电压控制器是一种动态限值控制。在额定运行状态下，电压控制器不启动。但是一些特别的情况时，比如因为直流线路断开使得直流电压升高太多，整流侧的定电压控制器就要启动加入调节控制，通过控制器输出的控制信号增大触发角，从而避免电压过大。定电压控制器的整定值一般为 1.05p.u~1.1p.u，略高于额定直流电压值，如图 8-21 所示。

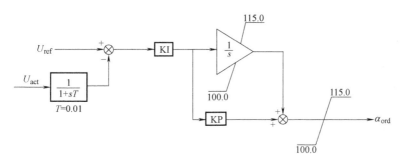

图 8-21 定电压控制器

4. 换流阀控制级

换流阀控制，即阀和晶闸管单元的控制。此控制层的输入信号是一个触发脉冲，来自于上级控制层即极控制层，这个脉冲控制换流桥中晶闸管的开断，也就是决定换流器中晶闸管的触发时刻。这一控制级还有监视、测量和控制换流阀基本单元即晶闸管的工作情况，若有异常，会发出图像或声音报警信号等。阀组控制是控制系统分层结构中最低一级的控制层，它的响应速度是最快的。

阀组控制的控制器结构包括变压器分接头控制和换向失败控制，这两个控制器都是独立的，互相不产生影响。换流变压器控制对电压的调节没有触发角控制对电压的调节快，响应时间达数百毫秒。因为本身调节变压器分接头就是一个很慢的动作。这个控制器通过对变压器分接头的调节来控制电压，从而可以使触发角 α 限制在规定范围内。α 角度保持规范，换流器消耗的无功就不会大，所以换流变压器分接头控制是阀组控制系统的重要一环。通过监测交直流电流，换相电压可以知道换流器是否会发生换相失败，换向失败控制器就是具有这种功能的一种控制器。除了监测以上三个量之外，换向失败控制器还可以跟踪触发角 α 的变化，有助于发生换向失败后系统的快速恢复。

8.3 常规高压直流输电的故障分析及保护

8.3.1 直流系统的主要故障类型

1. 直流线路故障

直流线路故障一般是由污秽、树木等环境因素导致线路杆塔绝缘水平降低而发生的对地闪络。当线路发生故障瞬间，在整流站测得的直流电压降低、直流电流升高，在逆变站测得的直流电压、电流都降低。很大一部分的接地故障都是极对地故障，若某极发生接地故障将闭锁该极功率传输，而另一极基本不受影响。

1）对地闪络故障：绝缘损坏导致电压的突然剧变引起线路放电，并且对直流系统两侧发出暂态电压、电流行波。利用线路两侧换流站的测量装置对其进行采样，得到架空线路的波阻抗，就能计算其行波值。并且利用行波的折、反射理论还能对故障位置进行测距。

2）高阻抗接地故障：直流架空线路发生树枝触线等高阻抗接地故障时，由于线路分布电容的损耗衰减所致，直流电压、电流的变化率和幅值都一定程度地减小，因此，测量装置难以检测，保护算法也有可能存在运算分析的偏差。因为部分线路电流接地短路，两侧的直流电流存在差值，所以可以利用此特点实现直流线路的纵差动保护。当直流线路发生接地故障时，直流电压的变化斜率由高逐步降低，电压幅值水平也会下降，因此需要有较高的微分整定值和较低的欠电压水平才可能使保护动作，为了避免误动，还要考虑适当的延时。为区别直流线路故障和整流站内故障，要同时检测电压、电流微分，若有比较大的正电流微分，则故障发生在直流线路电流互感器线路侧，若有较大的负微分，则表明是整流站内故障。

2. 换流站交流侧故障

在换流站两端交流侧发生故障时，交流电压下降的斜率、相位和幅值的变化通过加在换流器上的换相电压对系统造成影响，但由于直流系统桥阀控制极的控制作用，直流线路不会通过换流阀向交流侧馈送附加电流，所以和交流互联的系统比较，接地故障的严重程度将大为降低。

3. 整流器侧交流系统故障

1）整流侧交流系统三相故障。故障点离整流侧越近，换相电压下降也越大，一直持续到换相电压为零。在换相电压下降的影响下，先是直流电压下降后引起电流下降，定电流控制从整流侧移至逆变侧，所以造成输送功率减小。

2）整流侧交流系统单相故障。由于受不平衡换相电压的影响，在高压直流输电系统将产生二次谐波，此外，和三相故障相同，直流电压、电流都相对减少，仅是直流输送功率下降比三相故障小。故障被消除以后，输送功率迅速恢复。

4. 逆变器的交流系统故障

1）逆变侧交流系统三相故障。该故障导致逆变侧交流母线电压下降或消失，致使逆变器的反电动势下降、直流电流增大，从而使换相 γ 角增大。当在整流器采用定电流控制的时候，虽然可以减小直流电流增大的速度，但不能阻止其短时间增大。另外，交流系统的强弱和故障点与逆变站的位置距离将对交流电压降低的斜率及峰值起到影响。

2）逆变侧交流系统单相故障。在换相电压为零的极端情况下，由于发生的是不对称短路，所以将引起线电压过零点的变化，导致应该开通的阀没有开通条件，应该关断的阀没有足够的关断角。如果逆变器触发角被立即减小，就能够保证有足够裕度的关断角，使换流阀在极短时间内恢复正常的换相。

逆变侧交流系统三相故障及单相故障均可以造成逆变器的换相失败，但是由于交流系统的强弱以及故障点与逆变站的位置距离的影响，离逆变站的距离较远的交流线路发生短路故障（简称为远方故障）交流电压降低斜率要小很多，所以发生换相失败的概率要比在逆变站附近发生短路故障时的概率要大。

5. 换相失败

LCC-HVDC 的核心功能是通过晶闸管换流器进行换相，实现电能在交流和直流之间的转化。在换流器中，若退出导通的换流阀在反向电压作用的一段时间内未能恢复阻断能力，或者在反向电压期间换相过程未进行完毕，则在阀电压变为正向时，被换相的阀将向原来预定退出导通的阀倒换相，则认为发生了换相失败现象。

在换相过程中，换流母线电压波形至关重要，平稳且标准的正弦波形是换相正常进行的必要条件之一。从波形的角度进行换相失败机理的分析时，一般考虑下面两个主要因素——电压幅值降低和过零点位移，这两种情况下的电压波形变化如图 8-22 所示。

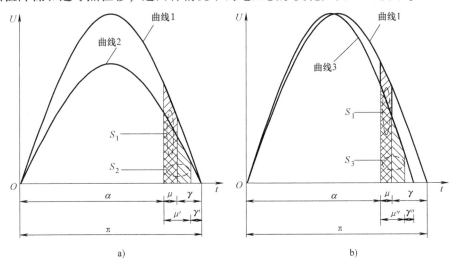

图 8-22　电压幅值降低和过零点位移的电压波形

图 8-22 中 α 为触发角，μ 为换相角，γ 为关断角，并且它们之间有 $\alpha+\mu+\gamma=\pi$ 的关系（曲线 3 除外）。阴影区域为电压-时间换相面积，表征着换相过程；对于同一个换流器而言，换相面积通常为一个常数，即 $S_1=S_2=S_3$。对于图 8-22 所示的因素的具体分析如下：

1）电压幅值降低：由图 8-22a 可以看出，曲线 1 为正常运行时换相母线电压波形，其对应的阴影区域 S_1 代表着正常换相时的换相面积；曲线 2 为当故障发生后，电压幅值降低后的电压波形，其对应的阴影区域 S_2 为故障后的换相面积。S_1 和 S_2 具有一部分重合面积。因此，在换相面积不变（$S_1=S_2$）、晶闸管触发时刻不变（α 不变）的情况下，换相角将会从 μ 延长至 μ'，关断角 γ 将会缩短至 γ'。一旦电压幅值降低过多，使得关断时间小于晶闸管本身去游离恢复时间（$\gamma'<\gamma_{min}$），晶闸管就会发生换相失败现象。

2）电压过零点位移：由图 8-22b 可以看出，曲线 3 为当故障发生后电压过零点提前的电压波形，其对应的阴影区域 S_3 为故障后的换相面积。电压过零点的提前将会使换相之前的电压降低，半周期时间也会小于 π。与电压幅值降低同理，电压过零点位移后的换相角将会从 μ 延长至 μ''。因为换相角 μ 的延长，以及电压过零点提前的双重原因，此时关断角 γ'' 缩减幅度将会更加严重。一旦电压过零点提前过多，晶闸管也会因此发生换相失败现象。

关于换相失败的判据，综合理论研究及实际应用来看有以下三种：

1）交流母线压降推测法：研究普遍认为，换流站母线电压降落可以判断换相失败。但这种方法普适性不高，在一些系统中，即使电压降落到 0.7p.u. 以下，换流站仍然可以继续工作，没有发生换相失败现象。并且该方法会忽略电压畸变、谐波等因素的影响，假设条件过于理想，因此在实际中对于换相失败判别的准确性较差。

2）变压器电流波形判别法：对实际直流工程来说，换流阀上是没有测量元件的，而且工程中关断角一般都为计算值而不是实测值，所以无法实时监测阀电流和阀电压，因此以上方法缺少实际应用的条件。基于此，可以通过分析换流变压器阀侧电流波形来判别换相失败，在实际工程中该方法十分简便可行。

3）换流阀侧数据判别法：当阀关断角小于既定的最小关断角 γ_{min}，或监测到阀电流和阀电压连续为零时，则可判断系统已发生换相失败，反之则没有发生换相失败。该方法从换相失败的本质入手，比压降法直接准确，在电磁暂态仿真中应用较多。

8.3.2　直流系统的主要保护配置

1. 配置原则

为了提高运行的可靠性，直流保护的配置原则和策略根据直流输电的特点而确定。目前直流保护的冗余方案有两种：3 取 2 逻辑（3 取 2 方案）和主备通道快速切换（双通道方案）。对于主备通道快速切换的直流保护，在主通道发出跳闸命令之前，只要切换延时能够接受便进行一次通道切换。当备用通道也同时检测出故障时，则保护发出跳闸命令。3 取 2 方案为 3 个通道中至少 2 个通道检测出故障就发跳闸命令。换流变压器保护采用双重化配置原则，任意一重保护检测到故障时就发跳闸命令。此外，为提高安全性，每个系统均有各自的自检系统。当检测到控制保护硬件故障时，如果备用通道完好，则将要求通道切换。3 取 2 方案则闭锁该保护系统出口，其余系统按照"或"逻辑出口。直流系统保护策略的设计应满足下列要求：①能检测到设备的故障和异常情况，并从系统中切除影响运行的故障设备；②保护系统应至少双重化配置；③故障换流器对健全换流器的影响应达到最小；④各保护区应有重叠。通常每套保护均有一套后备保护。主保护速度快但保护区小，后备保护速度较慢、灵敏度较低，但保护区大一些。若有可能，后备保护应尽可能使用不同的测量原理；⑤保护动作应尽量避免双极停运；⑥通道1和通道2保护的电源应为独立电源；⑦断路器跳闸回路使用双回路；⑧保护配置应满足保护试验和维护时不影响换流器运行的原则。

双极保护配置的原则是在任何情况下避免不必要的双极停运。双极保护主要检测下述故障：①影响双极的交流系统故障；②与双极设备有关的公共设备故障，如双极中性母线故障、站接地故障、金属回线设备故障、接地极引线故障和转换开关故障等；③由单极故障引起的双极故障，一个换流器故障时引起另一换流器保护动作。根据以上原则，极设备的保护应当按极独立设置，并配置独立的测量设备；双极的公用设备采用双极保护，每一个极均有一套采用独立测量回路的双极保护；每个极的极保护和双极保护均不允许跳开另一极；双极故障时，单个保护动作不应导致双极停运。只有在双极临时接地方式运行时，任何一个极发生故障都应停运双极，这样做是为了避免故障电流流入站接地网。

2. 功能配置

一般高压直流输电工程中，直流保护配置的功能包括换流阀保护、极保护、双极保护以及换流变压器保护。直流保护功能按照四个部分配置，四个部分的第一套保护配置在保护主机1中，第二套保护配置在主机2中。

第一部分：换流阀保护。

第1套保护配置包括阀短路保护、换相失败预测、换相失败保护、电压应力保护、点火不正常保护、晶闸管阀监视、直流过电流保护、大角度监视。第2套保护配置包括阀短路保护、换相失败保护、直流过电电压保护、后备的直流过电流保护、阀直流差动保护。

第二部分：极保护。

极保护包括高压极母线、中性母线、直流滤波器、平波电抗器以及直流线路保护。第1套保护配置包括直流极母线差动保护、直流极差动保护、接地极引线开路保护、直流滤波器电容器不平衡保护、直流滤波器差动保护、直流线路保护、中性母线开关保护、直流线路纵差保护、开路线路试验监视、直流滤波器失谐监视以及平波电抗器本体保护。第2套保护配置包括直流谐波保护、直流中性母线差动保护、接地极引线开路保护、直流滤波器过负荷保护、直流欠电压保护、潮流反转保护、后备中性母线开关保护。

第三部分：双极保护。

双极保护包括双极中性母线保护和接地极引线保护。第1套保护配置包括双极中性母线差动保护、转换开关保护（NBGS、GRTS、MRTB）、金属回线纵差保护、接地极引线过负荷保护。第2套保护配置包括站接地过电流保护、后备转换开关保护（NBGS、GRTS、MRTB）、金属回线横差保护、金属回线接地故障保护、接地极引线不平衡监视。

第四部分：换流引线和换流变压器保护。

换流引线和换流变压器保护包括换流引线差动保护、换流引线和换流变压器过电流保护、换流引线和换流变压器差动保护、换流变压器差动保护、换流变压器过电流保护、换流变压器热过负荷保护、换流变压器绕组差动保护、换流引线过电压保护、换流变压器中性点偏移保护、换流变压器零序电流保护、换流变压器过励磁保护、换流变压器直流偏磁保护、换流变压器零差保护，单断路器保护以及换流变压器本体保护。上述配置的基本原则是每极的保护采用双重冗余系统。在每重系统（或称通道）中，对同类故障尽量采用不同原理的两种保护分置于不同主机；对于重要的故障且不能采用不同原理的两种保护时，在不同主机中使用同原理的两套保护。

3. 直流系统的保护动作的执行方式

直流保护动作的执行与直流控制有着密切的关联，在很多情况下会首先启动控制功能，达到保护设备和保证直流安全运行的目的。如通过控制系统切换清除控制系统本身的故障（如测量故障引起的过电压，控制系统故障引起的脉冲丢失等），通过功率回降避免设备过负荷，通过调节分接头防止控制系统失效引起设备过应力，通过极间的电流平衡防止接地网过电流，通过再起动逻辑使故障线路充分去游离，重新正常运行等。不同程度的故障下，保护动作的执行方式有所不同。对于严重的并需要快速闭锁脉冲或无法正确选择旁通对的故障，应立即闭锁点火脉冲，断开交流断路器（如整流侧桥臂短路或丢失脉冲故障）；对于较为严重的故障，应立即移相，以抑制故障电流的发展，之后闭锁换流器，跳闸，这类故障包括连续的换相失败、直流侧接地故障以及其他原因引起的直流过电流等；对于轻微故障（例如单次换相失败、直流谐波略高以及晶闸管损坏，数量没有超过冗余值），系统只给出报警。此外，保护策略还根据故障的发展程度采用相应的措施，如逆变侧发生换相失败，保护一旦检测到故障，先发出冗余控制系统切换，如果换相失败是由于控制系统故障引起的，则在系统切换后故障消失。对于直流线路接地故障，直流系统首先会移相去游离，如果故障是临时的，则直流线路可以再起动或跳闸，故障极停运。

基于电网换相的直流输电工程中用于清除直流故障和直流断路器/开关故障可能的保护执行动作包括：

1）冗余控制系统切换。一重控制保护系统（或称主通道）工作，另一通道处在热备用状态，当检测到工作通道故障时，将自动切换到备用通道，此时备用通道则作为工作通道，原故障通道转为非备用通道，即必须手动操作才能将其转为热备用状态。运行过程中，热备用状态的控制保护系统将受到连续的监视。一旦热备用通道检测到故障，则解除热备用状态，以免在主通道检测到故障时而自动切换到已经故障的通道上。

2）移相和换流器闭锁。发出移相指令后，系统延迟发出下一个控制脉冲。整流侧的点火角增加，直到运行至逆变状态。整流侧电压极性改变，从而熄灭直流电流。闭锁换流阀的控制脉冲，在电流过零点，换流阀停止导通。若换流器闭锁后，需要给直流回路提供一个电流通路，则采用旁通对。旁通对是6脉动桥中与交流系统同一相相联且同时触发的两个阀。旁通对通常在检测到永久接地故障时投入。直流输电工程采用的换流器闭锁方式包括 X、Y 和 Z 三种形式。X 闭锁为整流侧不带旁通对闭锁，逆变侧在交流开关跳闸后闭锁，并投旁通对；Z 闭锁指带旁通对闭锁；Y 闭锁有整流侧闭锁不投旁通对，而逆变侧闭锁投旁通对的条件限制。换流器闭锁指令和发送至换流器闭锁顺序的信号通道都是冗余的。

3）移相去游离。整流器在移相后，换流器的触发角一直在最大值运行。在发出恢复整流状态指令后，换流器点火角逐渐减小，并最终达到正常运行值。此项保护动作顺序用在清除线路干扰的情况，再起动的次数由运行人员预先设置。

4）交流断路器跳闸。切断交流电源，以免故障电流流到阀上和阀承受过电压。任何跳闸命令都给两个不同电源供电的跳闸回路的跳闸绕组励磁。换流器极的严重故障均需采用这一措施。

5）起动断路器失灵保护。与跳闸指令同时发出，如果断路器拒动，断路器失灵保护将跳下一个断路器。

6）交流断路器锁定继电器。与跳闸指令同时发送给交流断路器，防止断路器在运行人员检查故障前闭合。锁定继电器需要运行人员手动复位。

7）减功率。通常在换流阀或接地极引线过负荷时采用。其目的是尽快把输送功率降低到设置的水平，以保持输电系统的运行。

8）极线隔离。将直流母线与直流线路断开，将中性母线与接地极引线断开。用于正常的手动停运或需要切断极线的保护动作。

9）极电流平衡。在正常运行时双极电流是平衡的。但在一些运行人员控制的运行方式下，接地极可能会出现较大的电流。此时可采用手动方式或通过保护达到电流平衡。电流平衡命令与减功率性质相同。功率命令由两个极中电流较小的一极确定。该命令在双极运行方式下检测到接地极电流过高时发出。

10）转换开关重合闸。当中性母线开关不能把电流切换到接地极引线时，为了保护极设备和站接地网，中性母线开关失灵保护等将启动转换开关的重合程序。

11）中性母线接地开关合闸。为了减少中性母线上的过电压，接地极引线开路保护将启动中性母线接地开关的合闸程序。

第9章

柔性直流输电技术

9.1 柔性直流输电的特点和工作原理

9.1.1 柔性直流输电的特点

1. 柔性直流输电的发展

直流输电与交流输电之争可追溯到 20 世纪初。变压器的快速发展，使交流输电电压转换很方便；交流断路器的引入，使交流输电可在自然过零点切断故障电流；交流感应电机得到广泛应用——得益于交流一次设备的发展，特斯拉（Nikola Tesla）与西屋公司（Westinghouse）所推崇的交流电系统打败了爱迪生（Thomas Edison）与 GE 电气所拥护的直流电系统，如今世界上绝大部分电网均采用交流输电。由于直流输电线路造价损耗小及运行费用较为经济，无同步问题，适合独立的交流系统互联，易实现地下及海底输电，在高压远距离输电方面优势明显，直流输电技术又再度发展起来。

直流输电技术的发展与换流技术的发展息息相关，其主要经历了 3 次技术上的重大革新。第一代直流输电技术采用的是制造工艺复杂、可靠性低但造价昂贵的可控汞弧换流器。1954 年，瑞典本土至哥特兰岛的 20MW、100kV 海底直流电缆系统作为世界上首个直流输电工程投入运行，截至 1977 年，共有 12 项基于可控汞弧换流器的直流输电工程投入运行。到了 20 世纪 70 年代，高压大功率晶闸管开始应用于直流输电系统，这标志着第二代直流输电技术的诞生。由于晶闸管换流阀不会产生逆弧现象，相对汞弧换流阀来说具有明显的优势。1972 年，加拿大的伊尔河背靠背直流工程作为世界上首个采用晶闸管换流器的直流输电工程投入运行，直流输电技术进入了基于晶闸管换流器的黄金发展期。由于我国一次能源呈现东西分布不均的特点，有远距离大容量输送电能的需求，建设了大量直流工程，如西电东送中部通道向家坝—上海±800kV 高压直流输电工程，南部通道天广线、贵广线、云广线，北部通道宁东—山东 660kV 直流输电示范工程。由于晶闸管通流耐压能力强，传统直流系统容量可以很大（向家坝—上海工程，换流容量为 6400MW，直流电流为 4kA），传统直流在高压直流输电领域得到长足发展。然而，由于晶闸管换流器没有自关断电流的能力，如果受端电网不能提供足够的换相电压，受端的逆变器就容易发生换相失败，从而导致直流功率输送中断。因此，基于晶闸管换流器的直流输电也称为线路换相换流器高压直流输电（LCC-HVDC）。

随着电力电子器件的高速发展，基于全控型器件绝缘栅双极晶体管（Insulated Gate Bipolar Transistor，IGBT）的第三代直流输电技术诞生。有别于常规直流所采用的基于半控晶闸管器件的电流源型换流器，1990 年加拿大 McGill 大学 Boon-Tech Ooi 等人提出基于全控电力电子器件的电压源型换流器的新技术，学术界称为"基于电压源换流器的高压直流（VSC-HVDC）输电技术"，ABB 公司称之为"轻型直流（HVDC Light）输电技术"，西门子公司称之为"新型直流（HVDC Plus）输电技术"，我国根据其功率可灵活控制的特点，称之为"柔性直流（HVDC Flexible）输电技术"。1997 年 ABB 公司建设的 Hallsjon 工程成功投运，标志着电压源型换流器高压直流输电技术（以下统称柔性直流输电）完成从理论到工程实践的转变。柔性直流（VSC-HVDC）输电技术，其发展也可以分为两个阶段，第一个阶段是采用两电平或三电平的电压源型换流器，换流阀由 IGBT 器件直接串联构成，开关频率高、损耗大且制造难度较大，其基本原理是脉冲宽度调制技术（PWM）；第二个阶段是采用模块化多电平换流器（Modular Multilevel Converter，MMC），换流阀由子模块级联构成，不需要 IGBT 器件串联，开关频率低、损耗低且制造难度较小，其基本原理是采用阶梯波逼近。MMC 换流器有显著优势：其一，MMC 子模块多，交流侧谐波尤其是低频谐波含量很少，无须大型滤波器，节省空间；其二，载波频率相对较低，降低了开关损耗，采用最新一代器件和优化控制算法的 MMC 换流器损耗能降低到接近常规直流输电水平；其三，避免了器件直接串联，单个子模块故障时，可通过设置冗余使系统继续正常运行一段时间。新型的压接式 IGBT 在失效后仍能运行一段时间。

2. 柔性直流输电基本特点

基于 MMC 或两电平或三电平 VSC 的柔性直流输电技术相比于传统直流输电技术，其共同的优点是采用电压源换流器，其在运行性能上大大超越了传统直流输电技术，可弥补传统直流输电多方面的缺陷。主要表现在如下方面：

1）没有无功补偿问题：传统直流输电由于存在换流器的触发角 α（一般为 $10° \sim 15°$）和关断角 γ（一般为 $15°$或更大一些）以及波形的非正弦，需要吸收大量无功功率，其数值约为换流站所通过的直流功率的 $40\% \sim 60\%$。因而需要大量的无功补偿及滤波设备，而且在用负荷时会出现无功过剩，容易导致过电压。而柔性直流输电的换流器不仅不需要交流系统提供无功功率，而且本身能够起到静止同步补偿器（STATCOM）的作用，动态补偿交流系统无功功率，稳定交流母线电压。这意味着交流系统故障时如果 VSC 容量允许，那么柔性直流输电系统既可向交流系统提供有功功率的紧急支援，还可提供无功功率的紧急支援，从而能提高所连接系统的功角稳定性和电压稳定性。

2）没有换相失败问题：传统直流输电受端换流器（逆变器）在受端交流系统发生故障时很容易发生换相失败，导致输送功率中断。通常只要逆变站交流母线电压因交流系统故障导致瞬间跌落 10% 以上幅度，就会引起逆变器换相失败，而在换相失败恢复前传统直流系统无法输送功率。而柔性直流输电的 VSC 采用的是可关断器件，不存在换相失败问题，即使受端交流系统发生严重故障，只要换流站交流母线仍然有电压，就能输送一定的功率，其大小取决于 VSC 的电流容量。由于柔性直流输电不存在换相失败问题，因而在受端电网中的直流落点个数不受限制，任意多的柔性直流输电线路可以直达负荷中心。

3）可以为无源系统供电：传统直流输电需要交流电网提供换相电流，这个电流实际上是相间短路电流，因此要保证换相的可靠，受端交流系统必须具有足够的容量，即必须有足够的短路比（SCR），当受端交流电网比较弱时便容易发生换相失败。而柔性直流输电的 VSC 能够自换相，可以工作在无源逆变方式，不需要外加的换相电压，受端系统可以是无源网络，克服了传统 HVDC 受端必须是有源网络的根本缺陷，使利用 HVDC 为孤立负荷送电成为可能，同时能够用于海上风电场的送出。

4）可同时独立调节有功功率和无功功率：传统直流输电的换流器只有一个控制自由度，不能同时独立调节有功功率和无功功率。而柔性直流输电的电压源换流器具有两个控制自由度，可以同时独立调节有功功率和无功功率。

5）谐波水平低：传统直流输电换流器会产生特征谐波和非特征谐波，必须配置相当容量的交流侧滤波器和直流侧滤波器，才能满足将谐波限定在换流站内的要求。柔性直流输电的两电平或三电平 VSC 采用 PWM 技术，开关频率相对较高，谐波落在较高的频段，可以采用较小容量的滤波器解决谐波问题；对于采用 MMC 的柔性直流输电系统，通常电平数较高，不需要采用滤波器已能满足谐波要求。

6）适合构成多端直流系统：传统直流输电电流只能单向流动，潮流反转时电压极性反转而电流方向不动，因此在构成并联型多端直流系统时，单端潮流难以反转，控制很不灵活。而柔性直流输电的 VSC 电流可以双向流动，直流电压极性不能改变，因此构成并联型多端直流系统时，在保持多端直流系统电压恒定的前提下，通过改变单端电流的方向，单端潮流可以在正、反两个方向调节，更能体现出多端直流系统的优势。

7）占地面积小：柔性直流输电换流站没有大量的无功补偿和谐波装置，交流场设备很少，因此比传统直流输电占地少得多，约为传统直流输电的 20%。

当然，柔性直流输电相对于传统直流输电也存在不足，主要表现在如下方面：

1）损耗较大：传统直流输电的单站损耗已低于 0.8%，两电平和三电平 VSC 的单站损耗在 2% 左右，MMC 的单站损耗可以低于 1.5%。柔性直流输电损耗下降的前景包括两个方面：①现有技术的进一步提高；②采用新的可关断器件。柔性直流输电单站损耗降低到与传统直流输电相当是可以预期的。

2）设备成本较高：就目前的技术水平，柔性直流输电单位容量的设备投资成本高于传统直流输电。同样，柔性直流输电的设备投资成本降低到与传统直流输电相当也是可以预期的。

3）容量相对较小：由于目前可关断器件的电压、电流额定值都比晶闸管低，若不采用多个可关断器件并联，MMC 的电流额定值就比 LCC 低，因此相同直流电压下 MMC 基本单元的容量比 LCC 基本单元（单个 6 脉动换流器）低。但是，若采用 MMC 基本单元的串、并联组合技术，柔性直流输电达到传统直流输电的容量水平是没有问题的，技术上并不存在根本性的困难。目前在建的张北柔性直流电网直流电压达到 ±500kV，总换流容量达 9GW，在建的昆柳龙特高压多端混合直流工程直流电压达到 ±800kV，两个柔性直流换流站换流容量达 8GW。

4）不太适合长距离架空线路输电：目前柔性直流输电采用的两电平和三电平 VSC 或多电平 MMC，在直流侧发生短路时，即使 IGBT 全部闭锁，换流站通过与 IGBT 反并联的二极管，仍然会向故障点馈入电流，从而无法像传统直流输电那样通过换流器自身的控制来清除直流侧的故障。所以，目前的柔性直流输电技术在直流侧发生故障时，清除故障的手段是跳换流站交流侧开关。这样，故障清除和直流系统再恢复的时间就比较长。当直流线路采用电缆时，由于电缆故障率低，且如果发生故障，通常是永久性故障，本来就应该停电检修，因此跳交流侧开关并不影响整个系统的可用率。而当直流线路采用长距离架空线时，因架空线路发生暂时性短路故障的概率很高，如果每次暂时性故障都跳交流侧开关，停电时间就会太长，影响了柔性直流输电的可用率。因此，目前的柔性直流输电技术并不完全适合用于长距离架空线路输电。针对上述缺陷，目前柔性直流输电技术的一个重要研究方向就是开发具有直流侧故障自清除能力的电压源换流器和直流断路器。

3. 柔性直流输电的应用

近年来实际工程应用的增加进一步证实了柔性直流输电在技术上的可行性和优越性。在全球绿色能源大力发展的大环境下，从最初的两端系统，到多端柔性直流系统，再到直流网络的发展愿景，柔性直流输电将有广泛的应用前景，主要领域有：

1）风电、光伏发电等分布式可再生能源发电并网。柔性直流输电可独立控制有功和无功、可黑启动、适合联接多端系统的特点可有效控制潮流波动、电压波动、频率不稳定等问题，使其在分散性小规模的可再生能源接入方面有显著优势。我国在建的南澳三端柔性直流输电工程、舟山五端柔直输电工程、张北柔性直流电网工程都是柔直应用于可再生能源并网的典型代表。

2）城市供配电，如美国旧金山 Transbay 工程。柔直工程可为相联地区提供一个电力传输与分配的手段，满足不同负荷区不同时期供电需求。更重要的是，城市供电能够切断相连交流系统的联系，独立调节送端和受端的有功和无功，并提供一定的电压支撑，对提高系统稳定性，提高供电质量有重要意义。在配电网络方面，城市负荷的快速增加要求配电网络输送容量不断增加，需要在有限的配电网走廊上输送更大的容量。在用电密集的城市电网中采用柔性直流技术，将可以占用更少的输电走廊，并可利用它的快速可控性等特点，解决城市供电中存在的供电困难、成本高以及潮流难以控制等问题，维持城市电网的安全、可靠、经济运行。通过直流配网的方式，还可以减少储能系统和新能源发电系统接入电网的中间环节，降低接入成本、提高功率转换效率和电能质量。柔性直流输电技术也已被研究应用于城市直流配电网网络中，提升输送容量，减少输电走廊；隔离交流故障，提高供电可靠性，提供优质电力；减少交流和直流中间变换环节，降低用电成本，减少损耗。且直流线路只有静态电场，电磁辐射小，不改变社区环境，公众反对意见小。

3）电网互联。背靠背直流工程为不同频率、不同步的跨国跨地区交流电网互联、电力市场交易提供了良好的解决方案。电网互联可实现功率双向交换，相连地区共享发电容量，互相提供紧急功率支撑，增加各电力市场供应商数量，能大大加强系统稳定性。柔性直流输电相对常规直流输电的重要优势是不需要提供换相容量，从而使弱电网互联成为可能。我国现有鲁西背靠背柔性直流工程就是典型代表。

4）孤岛供电，如挪威的 Valhall 工程。海上钻井平台、远距离孤岛等无源或弱电网小负荷系统，若采用交流输电，则海底电缆充电容量大，不经济且容易造成空载高压；且无源系统无法采用常规直流输电。而采用可黑启动（指大面积停电后系统能够自恢复）、灵活控制功率输送的柔性直流输电是最佳选择。

9.1.2　柔性直流输电的工作原理

由于 MMC 相较于两电平和三电平 VSC 在换流损耗、可靠性等各方面有较明显优势，目前已成为柔性直流输电系统换流器的首选。因此本章后面以 MMC 为代表，介绍柔性直流输电系统。

由于柔性直流系统输出的交流和直流电能质量都很好，且不需要大量吸收无功，因此不需要滤波器和无功补偿设备，其基本结构相较于高压直流输电系统更加简单。图 9-1 为直流输电模型的基本结构。

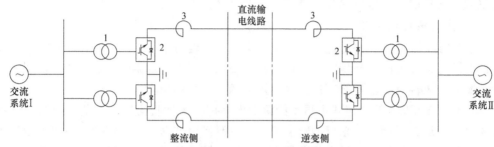

图 9-1　高压直流输电系统的基本结构
1—换流变压器　2—换流器　3—平波电抗器

换流变压器的作用主要有三个方面，第一是实现电网电压与 MMC 直流电压之间的匹配；第二是实现电网与 MMC 之间的电气隔离，特别是隔离零序电流的流通；第三是起到连接电抗器的作用，用以平滑波形和抑制故障电流。换流变压器的参数选择包括确定换流变压器的容量、绕组联结组标号、网侧额定电压和阀侧空载额定电压、分接头档距和档数、短路阻抗等。

换流变压器的容量通常按 MMC 与电网之间交换功率的大小确定，考虑变压器自身消耗的无功后，换流变压器的容量通常为 MMC 容量的 1.1~1.2 倍。换流变压器的绕组联结方式一般是网侧星形接地、阀侧星形不接地或三角形联结；对于网侧不直接接地的电力系统，也有采用网侧三角形联结、阀侧星形接地的联结方式。联接变压器的分接头档距和档数主要决定于网侧电压在实际运行过程中的变化幅度，确定档距和档数的基本准则是保持换流变压器阀侧空载电压在网侧电压变化时基本维持恒定。换流变压器的短路阻抗根据变压器制造时的经济合理条件取较小的值。

平波电抗器串联在换流站直流母线和直流线路之间，对于内端都是 MMC 的柔性直流输电系统，平波电抗器的作用有 3 个：一是抑制直流线路故障时的故障电流上升率；二是在直流线路故障时，使 MMC 闭锁前的直流侧故障电流小于 MMC 闭锁后的直流侧故障电流；三是阻挡雷电波直接侵入换流站。其中第一个作用可以由桥臂电抗器分担，第三个作用只对直流架空线路有意义。对于一端由 LCC、另一端由 MMC 构成的混合型柔性直流输电系统，平波电抗器还有第四个作用，即阻塞谐波电流流通并改变直流回路的谐振频率，这种情况下要求直流回路的谐振频率离基波频率和二次谐波频率有一定的距离。

1. MMC 的基本原理

换流器的结构如图 9-2a 所示。一个换流器有三相六桥臂。一般将两个 IGBT、两个续流二极管、一个电容组成的结构称为功率模块（Sub-Module），而将由子模块、驱动单元、自取电单元、阀冷设备及其他辅助设备共同组成的模块称为阀层，若干个阀层串联组成阀段换流器模块（Converter Module），若干个阀段组成独立的支撑结构阀塔，若干个阀塔和桥臂电抗组成一个桥臂（Converter Arm），每相上下桥臂组成相单元（Phase Unit），三个相单元组成换流器（Converter），如图 9-2b 所示。

子模块的核心是上下两个全控器件 IGBT、续流二极管及子模块电容。子模块入口有二

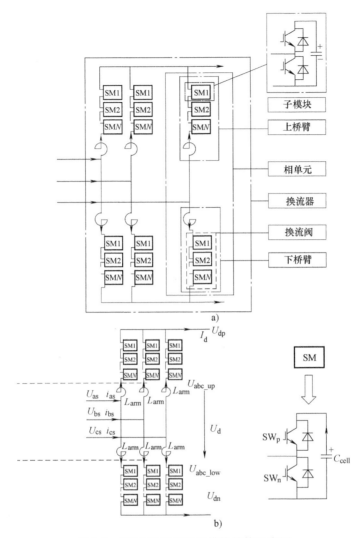

图 9-2　MMC 换流器及子模块结构示意图

极管和开关装置以保护子模块，子模块电容上并联放电电阻，以便在故障状态放电检修，电容上还有自取电装置实现电容电压自取电测量。

　　子模块采用半桥结构，输出电压为 0 或子模块电容电压 U_{sm}。桥臂电压等效为可控电压源，对于一个各桥臂均有 N 个子模块的换流阀，控制子模块导通个数可使桥臂电压输出有 $(0~N)U_{sm}$ 一共 $N+1$ 种情况，且这 $N+1$ 种电压大小呈阶梯电平状，所以称为 $(N+1)$ 电平换流器。上下桥臂经过桥臂电抗 L_{arm} 的作用，得到平滑的交流电压电流 U_{abc} 和 I_{abc}。图 9-3 为某 201 电平系统 ABC 三相上桥臂导通个数 (N) 与桥臂电压 (U_{mmc})（调制波生成采用最近电平逼近方法），可见桥臂电压正弦度较好，经桥臂电抗滤波后，馈入交流电网电压谐波很小，无须铺设大量无功补偿和滤波装置，无须使用专用变压器。

　　根据上下全控器件及续流二极管的通断，可分成如下 6 种子模块运行模式，如图 9-4 所示（假设图中所示电流方向为正）。

　　模式 1 中，上下桥臂均关断，电流经上二极管和模块电容续流，模块输出电压 U_{sm}，此

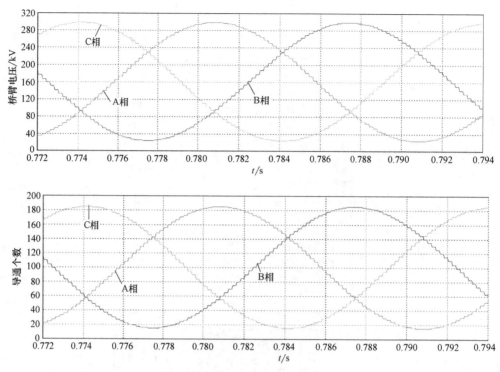

图 9-3 桥臂电压与子模块导通个数

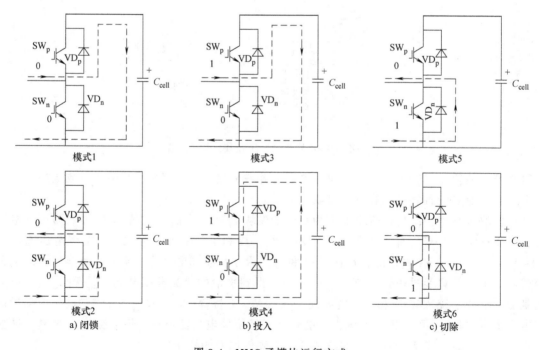

图 9-4 MMC 子模块运行方式

方式可能是不控整流阶段交流侧往下桥臂充电，或是一站先建立好直流电压通过直流线路给另一站上桥臂充电。

模式 2 中，上下桥臂均关断，电流经过下二极管续流，上下两个 IGBT 均被旁路，模块输出电压为 0。此方式可能是不控整流阶段电流从交流母线经过换流阀上桥臂向直流正极流动的情况，或将子模块电容器 C_{cen} 旁路。模式 1 和模式 2 中，由于二极管的作用，子模块电容只可能处于充电状态，不可能处于放电状态，如果两二极管均关断，则处于"闭锁"状态。

模式 3 中，上管导通、下管关断，电流从直流正极方向经上二极管和电容流入交流母线，模块输出电压为 U_{sm}，子模块充电。

模式 4 中，上管导通、下管关断，电流从交流母线流向直流正极子模块，输出电压为 U_{sm}，子模块放电。模式 3、4 中，子模块输出电压均为 U_{sm}，电容总被接入主电路中，根据电流方向可实现充电或放电，处于"工作"状态。

模式 5 中，上管关断、下管导通，电流经下二极管续流，上二极管承受子模块电压反压而关断，输出电压为 0。

模式 6 中，上管关断、下管导通，电流经 IGBT 从直流正极流向交流母线，输出电压为 0。模式 5、6 中，输出电压均为 0，而子模块电容电压忽略放电电阻作用可认为维持恒定。模式 5、6 中，模块均被旁路，但电流可以双向流动，子模块处于"切除"状态，即冗余状态。由于在冗余状态中，总是下二极管和 IGBT 导通，对整体子模块寿命产生重大影响，现有的全控器件不能长期流过大电流，实际处于旁路的子模块往往在下管 IGBT 上并联晶闸管分流。由上可知，只要控制上下 IGBT 导通和关断，就能实现投切子模块，进而控制换流器工作状态。

2. MMC 的数学模型

如图 9-2 所示，设直流侧电压为 U_{dp}，U_{dn}（或 $\pm U_d/2$），直流电流为 $\pm I_d$。

由于上下桥臂拓扑地位相同，功率对称，而 ABC 三相地位相同，对于稳定的系统，直流电流应平分到三相，交流电流应平分到上下桥臂。不考虑换流器内部环流，对于 A 相，有

$$i_{ap} = \frac{I_d}{3} + \frac{i_{as}}{2}, i_{an} = \frac{I_d}{3} - \frac{i_{as}}{2} \tag{9.1}$$

桥臂电抗电阻很小，可忽略其对压降的影响，且直流电流在电抗上不产生压降，可得

$$\dot{U}_{abc} - \dot{U}_{abcup} = j\omega L_s \cdot \frac{i_{as}}{2} \tag{9.2}$$

$$\dot{U}_{abcdown} - \dot{U}_{abc} = -j\omega L_{arm} \cdot \frac{i_{as}}{2} \tag{9.3}$$

由式（9.2）和式（9.3）可知

$$\dot{U}_{abcdown} = \dot{U}_{abcup} \tag{9.4}$$

于是将同电位两点连接，简化换流器示意图如图 9-5 所示，阀抗等效为 $(R_s + j\omega L_{arm})/2$，网侧电压及电流为 U_{abcs}、I_{abcs}，阀侧电压及电流为 U_{abc}、I_{abc}。

进一步地，将变压器漏抗加入考虑，设等效后阻抗为 $R + jX$，则

$$X = \omega \frac{L_S}{2} + X_T \quad R = \frac{R_s}{2} \tag{9.5}$$

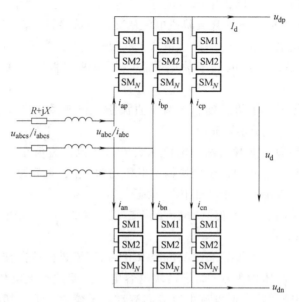

图 9-5　MMC-HVDC 等效示意图

从阀侧到网侧，稳态下显然有

$$\dot{U}_{\mathrm{abcs}} - \dot{U}_{\mathrm{abc}} = \dot{I}_{\mathrm{abc}}(R + \mathrm{j}\omega L) \tag{9.6}$$

假设该站各桥臂含有 N 个级联的子模块（建模中不考虑冗余，实际工程中有 10% 左右冗余模块），S_{M} 为子模块开关状态（开通为 1，关断为 0），则每一个子模块输出电压为

$$u = S_{\mathrm{M}} U_{\mathrm{sm}} \tag{9.7}$$

设 S_{xy}（x＝a，b，c；y＝n，p，下同）为各相上下桥臂开通子模块的个数，为保证三相输出直流电压稳定性，任意时刻每相投入的模块数 n_{s} 恒定且相等：

$$n_{\mathrm{sa}} = n_{\mathrm{sb}} = n_{\mathrm{sc}} = n_{\mathrm{s}} = \mathrm{const} \tag{9.8}$$

即上下桥臂开关状态为

$$S_{\mathrm{ap}} + S_{\mathrm{an}} = S_{\mathrm{bp}} + S_{\mathrm{bn}} = S_{\mathrm{cp}} + S_{\mathrm{cn}} = n_{\mathrm{s}} \tag{9.9}$$

任意时刻直流输出电压为

$$U_{\mathrm{d}} = n_{\mathrm{sa}} U_{\mathrm{sm}} = n_{\mathrm{sb}} U_{\mathrm{sm}} = n_{\mathrm{sc}} U_{\mathrm{sm}} \tag{9.10}$$

以下阐述任意时刻每相上下桥臂投入模块数 n_{s} 和每桥臂子模块个数 N 的关系，对于三相六桥臂，交流侧电压可表示为（x＝a，b，c）

$$u_{\mathrm{x}} = \frac{U_{\mathrm{d}}}{2} - S_{\mathrm{xp}} U_{\mathrm{sm}} \tag{9.11}$$

$$u_{\mathrm{x}} = \frac{U_{\mathrm{d}}}{2} + S_{\mathrm{xn}} U_{\mathrm{sm}} \tag{9.12}$$

由式（9.11）和式（9.12）可得

$$u_{\mathrm{x}} = \frac{(S_{\mathrm{xn}} - S_{\mathrm{xp}})}{2} U_{\mathrm{sm}} \tag{9.13}$$

由式（9.8）和式（9.13）可知

$$\begin{cases} S_{xp} = \dfrac{n_s}{2} - \dfrac{u_x}{U_{sm}} \\[3mm] S_{xn} = \dfrac{n_s}{2} + \dfrac{u_x}{U_{sm}} \end{cases} \tag{9.14}$$

显然，桥臂子模块数大于下桥臂开通子模块数，因此对于已经确定交流侧电压 U（线电压有效值），直流电压 U_d 和子模块额定工作电压 U_{sm} 的系统，有

$$N \geqslant \frac{n_s}{2} + \frac{\sqrt{2}\,U}{\sqrt{3}\,U_{sm}} \tag{9.15}$$

$$-\left(N - \frac{n_s}{2}\right) U_{sm} \leqslant u_x \leqslant \left(N - \frac{n_s}{2}\right) U_{sm} \tag{9.16}$$

极限情况，n_s 全部来自上桥臂，即每桥臂最多需要提供 n_s 个模块，可知

$$\frac{n_s}{2} + \frac{\sqrt{2}\,U}{\sqrt{3}\,U_{sm}} \leqslant N \leqslant n_s \tag{9.17}$$

9.2 柔性直流输电的控制

9.2.1 分层控制

国内现有的几大工程控制上均采用模块化、分层分布式结构，控制保护按功能可划分为：系统级、换流站级、换流器级、换流阀级和功率模块级。图 9-6 所示为某工程控制保护系统分层结构图，各层功能分别介绍如下。

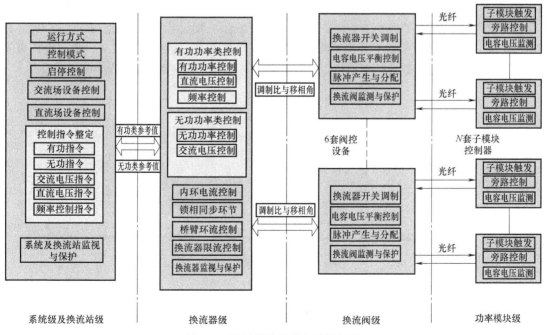

图 9-6 控制保护系统分层结构图

系统级及换流站级控制：给出系统运行方式指令，如交直流并列运行、孤岛运行等；给出系统控制模式，如系统级控制或各站独自控制，各站独自控制常出现于换流站间通信故障的情况下；根据运行方式给出各换流站控制指令值，如有功、无功、频率、直流电压、交流电压等；监测换流站直流场和交流场设备状况；系统及换流级保护等。所有控制量均直接传递给换流器级控制，所有的保护出口直接传递给直流保护。

换流器级控制（PCP）：接收站级控制指令，采集网侧阀侧电气量，将控制量转化为六路参考波，参考波的相位和幅值即为有功和无功控制的体现。参考波传递给换流阀级控制，相关保护出口直接传递给直流保护。

换流阀级控制（VBC）：主要任务是根据参考值，决定桥臂每个控制步长应该导通的子模块个数，并通过子模块电容电压监控排序，决定哪些子模块导通，以实现电容均压。换流阀级控制的保护只要有桥臂过电流保护及过电压保护，保护信号就直接传递给直流保护。

功率模块级控制：换流阀级控制将开关信号用光纤传递给子模块，每个子模块的控制系统可实现子模块驱动导通、电容电压监控、模块冗余等控制。由于站级控制主要涉及指令下发限幅，并根据具体的工程实际功能有不同的设计，如暂态调压、稳态调压等，这里主要阐述换流器级控制和换流阀级控制相关原理，站级控制仅介绍启停控制。

9.2.2 阀级控制

由于拓扑不同，MMC 换流器与其他电压源型换流器的区别主要在于阀级控制。MMC 模块的增多易于容量增多和电压水平的提升，降低了开关应力和开关频率，减小了输出谐波，但子模块的增多要求阀控数据处理量大大增加，分布式储能方式对电容均压控制要求很高。

1. 调制

常用的阀级控制有载波移相脉宽调制（CPS-SPWM 方式）和最低电平逼近（阶梯波调制，NLM 方式）两种方法。在电平较高的场合，载波移相方式实现复杂，开关频率高，损耗大，因此常用最低电平逼近方法。在电平较低的场合，最低电平逼近无法逼近一个良好的调制波，常用载波移相方法。实际工程中由于电压等级需求，通常电平较高，常用最低电平逼近方法，以下仅阐述最低电平逼近方法。两种方法输出效果如图 9-7 及图 9-8 所示。

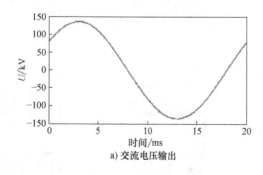
a) 交流电压输出

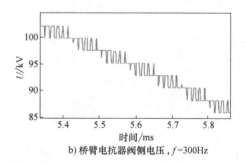
b) 桥臂电抗器阀侧电压，$f=300\text{Hz}$

图 9-7 载波移相脉宽调制

设每一个相单元任一时刻上下桥臂投入的子模块总数为 n_s，则换流器为 $n_{\text{s}+1}$ 电平。桥臂电抗阀侧电压为 u_abc，$\text{round}(x)$ 取最接近 x 的整数，U_sm 为子模块电容电压平均值。则上下桥臂投入的子模块个数为

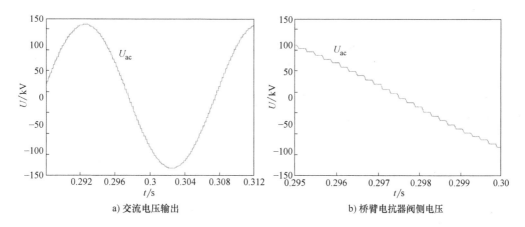

a) 交流电压输出   b) 桥臂电抗器阀侧电压

图 9-8   最低电平逼近调制

$$\begin{cases} n_{up} = \dfrac{n_s}{2} + \text{round}\left(\dfrac{u_{abc}}{U_{sm}}\right) \\[3mm] n_{down} = \dfrac{n_s}{2} - \text{round}\left(\dfrac{u_{abc}}{U_{sm}}\right) \end{cases} \qquad (9.18)$$

不考虑冗余，且上下桥臂子模块数目均为 N 时，有

$$U_{sm} = \dfrac{U_d}{N} \qquad (9.19)$$

注意，上下桥臂子模块个数 N 和上下桥臂总导通个数 n_s 不一定相等。显然，最低电平逼近调制可将输出电压之差控制在 $\pm U_{sm}/2$。NLM 的工作区间为 $0 \leqslant n_{up} \leqslant N$，$0 \leqslant n_{down} \leqslant N$。超出此区间，$n_{up}$ 和 n_{down} 应取边界值，NLM 工作在过调制区。

2. 电容均压控制

MMC 变流器中子模块开关器件动作会引起模块电容的充放电过程。由于同一桥臂内每个模块的开关导通时间长度，以及导通时间点存在差异，因此在桥臂内会出现模块电容电压不平衡的情况。换流器的调制信号可以通过计算得出任意时刻一个桥臂投入的总模块数，但是桥臂中各个模块的投切状态是不确定的。就是说，MMC 变流器每个桥臂的任意一种开关状态可以存在多种模块开关方式组合。利用这种冗余开关模式组合，以 MMC 变流器各桥臂为单位，可以实现模块电容电压的平衡控制。为不失一般性，以 A 相上桥臂为例说明电容电压平衡步骤。

一般来说，当子模块电容电压达到一定的值（如 0.25pu）以上，其自取电系统开始工作，可以接收外来光纤信号、采集电容电压，并传递给阀级控制。如图 9-9 所示，阀级控制根据桥臂电流方向判断 MMC 处于哪种工作状态，判断子模块处于充电状态还是放电状态。充电状态时，子模块电容电压按照从小到大排列成 1~N 号模块，优先导通电容电压小的模块；放电状态反之，以此达到子模块电容电压平衡的目的。

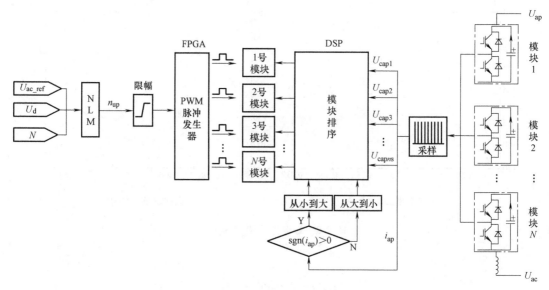

图 9-9　阀级控制框图

9.2.3　MMC 换流器级控制

换流器控制一般有直接电流控制和间接电流控制两种方法，直接电流控制是大功率电力电子常用的控制方法，也称为"矢量控制"，其通常由电压外环和电流内环两个环组成，因具有快速电流响应特性，故广泛应用于柔性直流输电。本书所述的 MMC-HVDC，也采用直接电流控制法，以下结合 MMC 特点对控制原理进行分析。

1. 内环电流控制

式（9.6）在时域内时，可改写为

$$L\frac{\mathrm{d}\dot{I}_{\mathrm{abc}}(t)}{\mathrm{d}t}+R\dot{I}_{\mathrm{abc}}(t)=\dot{U}_{\mathrm{abcs}}(t)-\dot{U}_{\mathrm{abc}}(t) \tag{9.20}$$

现仅考虑正序分量，对式（9.20）做 d-q 变换，取变换矩阵为 $\boldsymbol{T}(\theta)$，可得

$$\boldsymbol{T}(\theta)=\begin{pmatrix} \cos\theta & \sin\theta \\ \cos\left(\theta-\frac{2}{3}\pi\right) & \sin\left(\theta-\frac{2}{3}\pi\right) \\ \cos\left(\theta+\frac{2}{3}\pi\right) & \sin\left(\theta+\frac{2}{3}\pi\right) \end{pmatrix} \tag{9.21}$$

$$f_{\mathrm{abc}}(t)=\boldsymbol{T}(\theta)f_{\mathrm{dq}}(t) \tag{9.22}$$

$$L\begin{pmatrix} \dfrac{\mathrm{d}i_{\mathrm{d}}(t)}{\mathrm{d}t} \\ \dfrac{\mathrm{d}i_{\mathrm{q}}(t)}{\mathrm{d}t} \end{pmatrix}=-\begin{pmatrix} R & wL \\ -wL & R \end{pmatrix}\begin{pmatrix} i_{\mathrm{d}} \\ i_{\mathrm{q}} \end{pmatrix}+\begin{pmatrix} u_{\mathrm{sd}} \\ u_{\mathrm{sq}} \end{pmatrix}-\begin{pmatrix} u_{\mathrm{d}} \\ u_{\mathrm{q}} \end{pmatrix} \tag{9.23}$$

对式（9.23）作拉普拉斯变换，得

$$(R+sL)\begin{pmatrix}i_{\mathrm{d}}(s)\\i_{\mathrm{q}}(s)\end{pmatrix}=\begin{pmatrix}u_{\mathrm{sd}}(s)\\u_{\mathrm{sq}}(s)\end{pmatrix}-\begin{pmatrix}u_{\mathrm{d}}(s)\\u_{\mathrm{q}}(s)\end{pmatrix}+wL\begin{pmatrix}i_{\mathrm{q}}(s)\\-i_{\mathrm{d}}(s)\end{pmatrix} \qquad (9.24)$$

于是可获得 MMC-HVDC 在 d-q 坐标下的频域数学模型：

$$\begin{cases}u_{\mathrm{d}}=u_{\mathrm{sd}}-u_{\mathrm{d}}'+\Delta u_{\mathrm{q}}\\u_{\mathrm{q}}=u_{\mathrm{sq}}-u_{\mathrm{q}}'+\Delta u_{\mathrm{d}}\end{cases} \qquad (9.25)$$

其中

$$\begin{cases}u_{\mathrm{d}}'=L\dfrac{\mathrm{d}i_{\mathrm{sd}}}{\mathrm{d}t}+Ri_{\mathrm{sd}}\\[2mm]u_{\mathrm{q}}'=L\dfrac{\mathrm{d}i_{\mathrm{sq}}}{\mathrm{d}t}+Ri_{\mathrm{sq}}\end{cases},\quad\begin{cases}\Delta u_{\mathrm{q}}=wLi_{\mathrm{sq}}\\\Delta u_{\mathrm{d}}=wLi_{\mathrm{sd}}\end{cases} \qquad (9.26)$$

其中电流参考值 i_{sdref}、i_{sqref} 为外环控制器获得，根据控制方式的不同各控制量统一转化为电流参考值。于是，式（9.23）可表示为图 9-10a 所示：

$$\begin{cases}u_{\mathrm{d}}'=K_{\mathrm{P1}}(i_{\mathrm{sdref}}-i_{\mathrm{sd}})+K_{\mathrm{I1}}\displaystyle\int(i_{\mathrm{sdref}}-i_{\mathrm{sd}})\,\mathrm{d}t\\[2mm]u_{\mathrm{q}}'=K_{\mathrm{P2}}(i_{\mathrm{sqref}}-i_{\mathrm{sd}})+K_{\mathrm{I2}}\displaystyle\int(i_{\mathrm{sqref}}-i_{\mathrm{sd}})\,\mathrm{d}t\end{cases} \qquad (9.27)$$

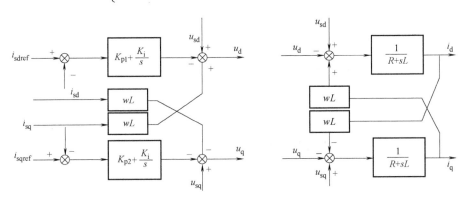

a) 一般框图

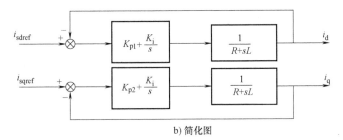

b) 简化图

图 9-10　内环电流控制器框图

图 9-10a 可转化为图 9-10b。

由上可见，d-q 轴实现了解耦，解耦后其开环传递函数与闭环传递函数分别为 $G(s)$、$H(s)$：

$$G(s)=\left(K_{\mathrm{p}}+\frac{K_{\mathrm{i}}}{s}\right)\frac{1}{R+sL} \qquad (9.28)$$

$$H(s) = \frac{s^2 + s\dfrac{R}{L}}{s^2 + s\dfrac{R+K_p}{L} + \dfrac{K_i}{L}} \tag{9.29}$$

式（9.29）可根据控制量动态响应特性要求，选择合适的 PI 调节参数。

2. 外环电压控制

以下分析电压外环控制器中，如何从各类目标控制量转化为内环电流参考量 i_{sdref} 和 i_{sqref}。

由瞬时无功理论可得在 abc 和 d-q 坐标下有功及无功的表达式如下：

$$p_s = u_{sa}i_{sa} + u_{sb}i_{sb} + u_{sc}i_{sc} \tag{9.30}$$

$$q_s = \frac{1}{\sqrt{3}}\left[(u_{sa}-u_{sb})i_c + (u_{sb}-u_{sc})i_a + (u_{sc}-u_{sa})i_b \right] \tag{9.31}$$

$$p_s = \frac{3}{2}(u_{sd}i_d + u_{sq}i_q) \tag{9.32}$$

$$q_s = \frac{3}{2}(u_{sq}i_d - u_{sd}i_q) \tag{9.33}$$

取 d 轴与 U_{sd} 同方向，则 $U_{sd}=0$，假设电网电压平衡，负序分量为 0，式（9.32）和式（9.33）可表示为：

$$p_s = \frac{3}{2}u_{sd}i_d \tag{9.34}$$

$$q_s = -\frac{3}{2}u_{sd}i_q \tag{9.35}$$

各换流站控制方式可分为两大类：有功控制类和无功控制类，由式（9.35）可知，每个站有功量和无功量可独立控制。

有功控制类：与有功直接或间接相关的物理量的控制，包括直流电压控制、直流电流控制、交流频率控制、有功功率控制。一般来说，无论是两端柔性直流系统还是多端系统，均需要唯一一个站控制直流电压，此站在电力系统的角度兼有平衡节点和 PV 节点的功能，一般是容量较大的换流站。其他站若为电网互联能量交换作用，则一般控制有功功率；若为孤岛送电作用或风电送出作用，则功率一般是由负荷或风机控制，换流站一般控制频率。

无功控制类：与无功直接或间接相关的物理量的控制，包括交流电压控制、无功功率控制。一般来说，孤岛送电或风电送出作用的换流站需要建立交流电压，其他用途的换流站主要控制无功功率，如换流站有 STATCOM 功能可独立调节无功，在系统电压水平下降时暂态或稳态调压。

（1）锁相控制

锁相环的输入是在联接变压器的阀侧母线处测得的三相交流电压，其输出是基于时间的相位值，在稳态时等于系统交流电压的相位角。

其原理如下：三相电网电压瞬时值 U_{abc} 经 clack 变换为 U_α、U_β，通过相位乘法器分别与压控振荡环节输出相位的正弦值（sin）和余弦值（cos）相乘，二者乘积之和为 U_q，U_q 经 PI 调节与比例系数 k_V 相乘得到角频率误差 $\Delta\omega$，$\Delta\omega$ 与中心角频率 $\omega_0(100\pi)$ 相加后得到

角频率 ω，最后再经过积分环节得到相位测量值 θ。

$$\begin{cases} U_\alpha = \dfrac{1}{3}\left[\,2U_a - (U_b + U_c)\,\right] \\[2mm] U_\beta = \dfrac{1}{\sqrt{3}}(U_b - U_c) \end{cases} \tag{9.36}$$

$$\theta_k = \theta_{k-1} + (\Delta\omega + 100\pi)t_s \tag{9.37}$$

式中，t_s 为计算采样时间。

$$\Delta\omega = (U_\beta\cos\theta - U_\alpha\sin\theta)\left(K_p + \dfrac{1}{T_i s}\right) \tag{9.38}$$

式中，θ 为 PLL 输出的相角。

图 9-11 为锁相环原理图，图中 $1/(Ts+1)$ 为低通滤波，f 为计算得到的电网频率，PI 参数根据测试过程中的输出结果进行调整确定。

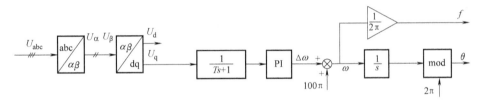

图 9-11　锁相环原理图

（2）有功控制

由式（9.34）、式（9.35）可知，定有功和无功功率控制时，有功无功目标值经过一个比例限幅环节即可得到参考电流 i_{dref}、i_{qref}，且可引入 PI 调节来消除稳态误差。

在交直流并联运行模式下，控制系统根据有功功率参考值控制换流器与交流系统交换的有功功率。通常在送端换流站的有功环采用此控制方式。

换流器接到上级传来的定有功功率控制方式和功率给定值 P_{ref} 后，将其与反馈值进行比较，将误差经 PI 调节器计算，经限幅后作为有功轴电流给定值。为防止阶跃给定对系统造成的冲击，及防止因上位机故障传递错误指令，给定信号经斜坡函数处理限幅后作为有功功率最终给定值。调节器积分环节设置积分限幅 $[I_{p\_min\_i},\ I_{p\_max\_i}]$；比例积分环节总输出值设置限幅 $[I_{p\_min},\ I_{p\_max}]$。其中 $I_{p\_max} \geqslant I_{p\_max\_i}$，$I_{p\_min} \leqslant I_{p\_min\_i}$。功率控制环输出为电流内环有功轴给定值。具体如图 9-12 所示。

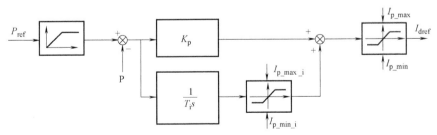

图 9-12　有功电压外环示意图

图 9-12 中，K_p、T_i 值根据功率阶跃响应要求整定。

（3）直流电压控制

柔性直流输电系统需要一个换流站通过控制直流电压达到平衡各节点功率，稳定整个系统。换流站收到上级传来的直流电压控制方式，以及直流电压给定值 U_{dc_ref} 后，将其与反馈值进行比较，将误差经 PI 调节器计算，经限幅后作为有功轴电流给定值。为防止阶跃给定对系统造成的冲击，给定信号经斜坡函数处理后作为有功功率最终给定值。调节器积分环节设置积分限幅 $[I_{dc\_min\_i}, I_{dc\_max\_i}]$；比例积分环节总输出值设置限幅 $[I_{dc\_min}, I_{dc\_max}]$，其中 $I_{dc\_max} \geqslant I_{dc\_max\_i}$，$I_{dc\_min} \leqslant I_{dc\_min\_i}$。功率控制环输出为电流内环有功轴给定值。具体如图 9-13 所示。

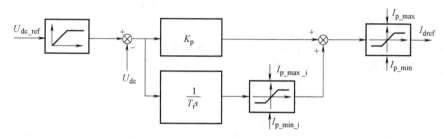

图 9-13　直流电压控制电压外环

（4）无功功率控制

根据系统运行情况，在保证有功功率传输跟踪给定的前提下，换流器可提供一定容量的无功功率，换流器收到上级传来的直流电压指令信号 Q_{ref}，反馈值进行比较，将误差经 PI 调节器计算，经限幅后作为无功轴电流给定值。为防止阶跃给定对系统造成的冲击，给定信号经斜坡函数处理后作为有功功率最终给定值。调节器积分环节设置积分限幅 $[I_{q\_min\_i}, I_{q\_max\_i}]$；比例积分环节总输出值设置限幅 $[I_{q\_min}, I_{q\_max}]$。其中 $I_{q\_max} > I_{q\_max\_i}$，$I_{q\_min} < I_{q\_min\_i}$。功率控制环输出为电流内环无功轴给定值。为优先满足有功功率需求，无功给定值做限幅，限幅值上下限为 $\pm\sqrt{S^2-P^2}$。其中 S 为额定容量，P 为实际有功功率，具体如图 9-14 所示。

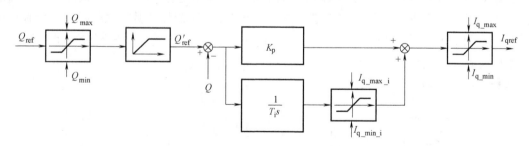

图 9-14　无功外环控制框图

（5）交流电压控制

孤岛电压频率控制模式下，换流器接收上级电压幅值（U_{ref}）和频率（f_{ref}）指令信号，以定 U/f 模式控制换流器运行。以原有电网电压幅值和相位为初始值，对换流器进行开环控制，将指令信号转换为换流器电压相位和幅值的指令信号，经极坐标到三相静止坐标变换，得到换流器三相参考信号，具体如图 9-15 所示。

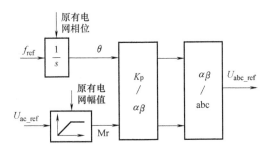

图 9-15 交流电压频率控制电压外环

结合以上分析,由上述 (1) ~ (4) 的分析可知,MMC-HVDC 采用直接电流控制算法基本原理如图 9-16 所示。

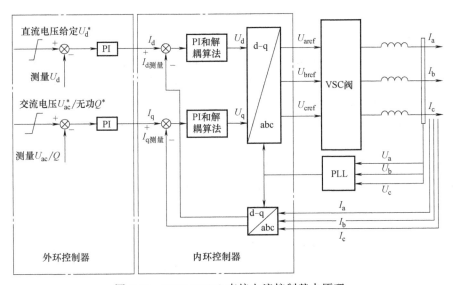

图 9-16 MMC-HVDC 直接电流控制基本原理

9.2.4 柔性直流换流站启停控制

1. 启动及预充电控制

由于 MMC 各相桥臂的子模块中包含大量的储能电容,换流器在进入稳态工作方式前,必须用合适的启动控制来对这些子模块储能电容进行预充电。因此,在 MMC-HVDC 系统的启动过程中,必须采取适当的启动控制和限流措施。另外,在向无源网络供电的 MMC-HVDC 系统中,逆变站侧的交流系统是一个无源网络,它不能直接进入定交流电压控制方式。因此,向无源网络供电的 MMC-HVDC 系统也必须要有单独的启动控制策略。

事实上,启动控制的目标是通过控制方式和辅助措施使 MMC-HVDC 系统的直流电压快速上升到接近正常工作时的电压,但又不产生过大的充电电流。通常,在中低压应用领域中,电压源型换流装置可以考虑采用辅助充电电源的他励启动方式来实现。显然,这种方式在 MMC-HVDC 系统中既不现实也不经济。因此在实际的 MMC-HVDC 工程中,一般多采用自励启动方式。其中一种可行方案是启动时在充电回路中串接限流电阻,如图 9-17 所示,启动结束时退出限流电阻以减少损耗。

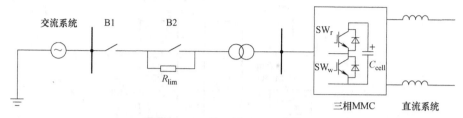

图 9-17　MMC-HVDC 基本回路

对于 MMC 换流器，为了限制子模块电容器的充电电流，限流电阻的安装位置一般有以下两种选择：①安装在联接变压器网侧；②安装在联接变压器阀侧。如果没有特殊要求，一般情况下限流电阻安装在联接变压器网侧，这样可以借用交流侧断路器中的合闸电阻作为限流电阻。

从时间尺度看，MMC 自励预充电过程分为两个阶段：不控充电阶段（此时换流器闭锁）和可控充电阶段（此时换流器已解锁）。在不控充电阶段，换流器启动之前各子模块电压为零，由于子模块触发电路通常是通过电容分压取能的，故此阶段 IGBT 因缺乏足够的触发能量而闭锁，此时交流系统只能通过子模块内与 IGBT 反并联的二极管对电容进行充电。在可控充电阶段，子模块电容电压已达到一定的值，子模块 IGBT 已具有可控性，换流器基于特定的控制策略继续充电，直到电容电压达到预设水平。

从空间维度看，MMC 自励预充电启动策略可以分为两种：交流侧预充电启动和直流侧预充电启动。第一种是柔性直流系统各换流站分别通过交流侧完成对本地 MMC 三相桥臂子模块电容的充电，之后切换到正常运行模式；第二种是只通过一端换流站（为主导站）同时向本地和远方的 MMC 子模块电容充电，当所有子模块电容电压达到设定值后切换到正常运行模式。前者对各站通信要求较低，独立性较强；而后者在无源网络供电、黑启动等场合中是必需的，因为此时无源侧和待恢复交流系统可能没有电源向电容器提供充电。根据以上特点，这两种启动方式也可称为本地预充电启动和远方预充电启动。

2. 系统停运控制

MMC 的停运有两种情况：正常停运和紧急停运。正常停运指的是为了定期对 MMC 进行维护与检修而要求其退出运行状态。由于正常运行的 MMC 子模块电容电压远远超过人身安全电压，因此必须考虑将电容电压放电至安全电压以下进行检修。紧急停运是指当系统发生短路故障等情况时需要 MMC 系统快速退出运行，此时各子模块电容不需要进行放电，这可以通过闭锁换流器的触发信号来实现。对于正常停运而言，为了尽量减少对 MMC 系统自身和对电网的冲击，需要设计合理的停运流程来完成大量桥臂子模块电容的放电过程。

MMC 正常停运控制一般分为三个阶段。第一个阶段是能量反馈阶段，通过改变 MMC 的调制比，使子模块电容电压尽量降低；第二个阶段是可控放电阶段，通过直流线路放电将子模块电容电压降低到接近其可被触发控制的最低阈值；第三个阶段是不控放电阶段，子模块电容通过子模块内电阻彻底放电。

（1）能量反馈阶段

MMC 在正常运行时，为了保证功率调节的裕度，电压调制比 m 一般运行在 $0.8 \sim 0.95$ 范围。因此，在交流侧电压确定的情况下，通过提高电压调制比到 1，就意味着直流电压的下降，从而意味着子模块电容电压的下降。根据电压调制比 m 的定义：

$$m = \frac{U_{\text{diffm}}}{U_{\text{dc}}} \times 2 \tag{9.39}$$

MMC 正常停运是可以认为不再与交流侧有功功率交换，这样 U_{diffm} 就等于变压器阀侧空载相电压。

（2）可控放电阶段

可控放电阶段的主要目标是通过直流线路将子模块电容电压降低到一个事先指定的值，这个值通常接近子模块可控触发所要求的最低电压值，一般为子模块电容电压额定值的30%左右。可控放电阶段还可进一步分为两个小阶段。第一个小阶段是直流线路可控放电阶段，第二个小阶段是子模块电容可控放电阶段。

1）直流线路可控放电阶段。能量反馈阶段后，尽管直流侧电流几乎等于零，但直流侧电压仍然很高。不管是直流电缆还是直流架空线，直流线路中还有相当大的电容储能，必须在子模块电容放电之前先放电。直流线路放电控制的基本步骤如下：

步骤 1：在 MMC 的三个相单元中选择一个相单元，比如 A 相，用于直流线路放电。闭锁其他两相中的所有子模块，投入相单元 A 中的部分子模块，旁路相单元 A 中的其余子模块。

步骤 2：逐步减少相单元 A 中投入的子模块数目直到零为止。这样，直流线路就通过 MMC 的一个相单元放电，线路上的电压逐渐下降到零，如图 9-18 所示；同时，线路电流也对子模块电容充电，考虑到直流线路电阻和子模块内电阻消耗的能量，实际上子模块电容电压不会升高很多。

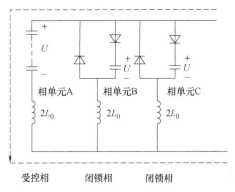

图 9-18　直流线路可控放电示意图

步骤 3：如果在减少相单元 A 中投入的子模块数目直到零的过程中，子模块电容电压没有超过其额定电压的，那么直流线路放电过程结束；否则，需增加相单元 A 中投入的子模块数目，重新回到步骤 2。在直流线路放电阶段结束时，相单元 A 上的所有子模块都处于旁路状态，直流线路上已没有电压，而相单元 B 和相单元 C 上的子模块还处于闭锁状态。

2）子模块电容可控放电阶段。此阶段从 MMC-HVDC 系统层面看，采用的控制策略是两侧 MMC 相继放电控制策略；从进入放电的 MMC 本身看，采用的控制策略是按相单元分别放电控制策略。系统层面的控制策略如图 9-19 所示。设进入可控放电阶段的是 MMC1，

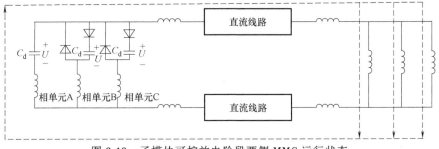

图 9-19　子模块可控放电阶段两侧 MMC 运行状态

则 MMC2 的三个相单元全部处于旁路状态，为 MMC1 的放电提供通路。

换流器层面的可控放电控制策略如图 9-20 所示。采用的控制策略是按相单元分别放电控制策略。对于进入放电的相单元，比如图 9-20 中的相单元 A，采用子模块分组放电的控制策略，以控制放电电流不超过功率器件的限值；不在放电分组中的其余子模块，采用旁路的控制方式。对于未进入放电的相单元，比如图 9-20 中的相单元 B 和相单元 C，采用闭锁所有子模块的控制策略。子模块电容可控放电阶段结束时，两侧 MMC 中所有子模块的电容电压已接近子模块可控触发所要求的最低电压值。

（3）不控放电阶段

可控放电阶段结束后，直流线路与所连接的 MMC 断开。后面的过程就是不控放电阶段，子模块电容只通过子模块内部电阻器放电，其等效电路如图 9-21 所示。由于二极管 VD 承受反向电压截止，子模块电容放电是一个简单的 RC 电路，并且各子模块的放电回路完全是独立的。尽管此 RC 电路的时间常数一般为数十秒，比前两个阶段要长得多，但数分钟后子模块电容电压可以可靠地下降到安全电压以下。

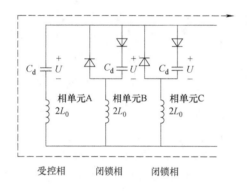

图 9-20　MMC 按相单元分别放电策略

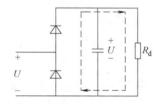

图 9-21　子模块不控放电

9.3　柔性直流输电的故障分析及保护

9.3.1　故障电流特征及计算方法

在发生直流线路故障时，基于半桥子模块 MMC 的柔性直流系统无法采用闭锁换流器的方法来限制短路电流。为了确保故障前后柔性直流输电网的稳定运行和电网中关键设备的安全，必须在很短时间内通过其他方法切除故障线路来限制短路电流的大小，因此有必要研究柔性直流输电的故障电流计算。本节基于短路电流的发展过程，介绍用于计算直流侧短路电流的数学模型，并研究影响短路电流大小的关键因素。

1. 单端故障电流的特征及计算

为了提高柔性直流输电网的电压等级和输电容量，通常采用类似传统直流输电系统的双极结构，也即换流站的一极必须至少由一个完整的换流器构成。图 9-22 给出了某个换流站的示意图。换流站的一极由一个 MMC 和一个平波电抗器 L_{dc} 串联而成；正负极之间通过接地极可靠接地。对于双极系统，直流侧故障一般包括直流线路单极接地故障以及极间短路故障。考虑到发生单极接地故障的概率远高于极间短路的概率，因此本节只讨论单极接地故障，极间短路故障可以等效为正负极各自发生接地故障的叠加。

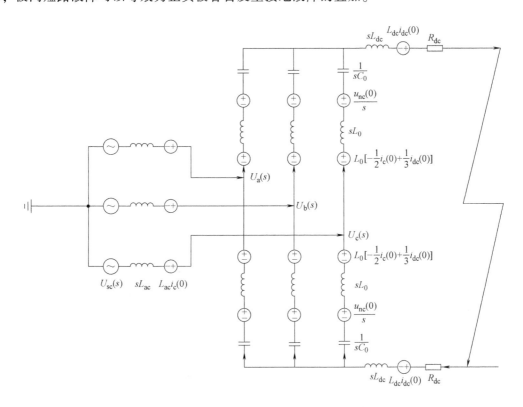

图 9-22   MMC 直流侧故障复频域电路运算模型

首先分析图 9-22 所示电路。这里我们主要关注流过直流线路的电流，对于图 9-22 所示电路，交流电网部分只有一个运算阻抗，不存在激励源，因此可以认为交流电网部分只起到分流的作用。但由于流入交流电网的三相电流之和必然为零，即从 A 相流入的电流必然会从 B 相和 C 相流出，也就是交流电网从相单元 A 分流的电流必然会补充给相单元 B 和 C。又由于直流线路电流等于三个相单元电流之和，从而可以推理出流入交流电网的电流大小对直流线路电流不起作用。因此在分析直流线路电流时，可以不考虑交流电网部分的作用，即将交流电网部分开路。

这样图 9-22 的电路可以进一步简化。简化过程中，有两点需要特别说明：第一，当略去交流电网部分后，图 9-22 的主体部分是 3 个相单元的并联；而对于每一个相单元，投入的子模块个数一直保持为 N，因此相单元中的电容电压之和就等于直流电压 U_{dc}，是保持不变的；另外，尽管投入的子模块数一直是 N，但由于子模块是按照电压均衡控制轮换投入的，因此相单元等效电容的计算应该按储能相等原则进行。第二，相单元的上述等效原则在 MMC 闭锁前都是成立的；即图 9-23 不仅在短路发生后 MMC 中投入和旁路的子模块没有变化的极短时间段内成立，而且在具体投入和旁路的子模块发生变化的情况下也成立；因为对于相单元来说，具体哪个子模块投入与哪个子模块旁路对相单元的总体特性没有影响，即对图 9-23 的计算电路没有影响；这样，图 9-23 的分析结果在 MMC 闭锁前都是成立的。另外，

图 9-23 中，桥臂电阻 R_{eq} 用来近似表示开关器件和桥臂电抗器的损耗。

将图 9-23 变化回时域后就可得图 9-24。

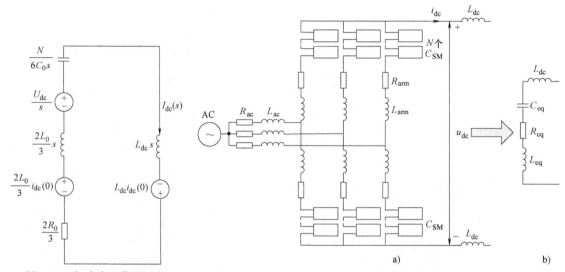

图 9-23 忽略交流作用后的
频域电路运算模型

图 9-24 未闭锁的 MMC 简化等效电路

图中，C_{SM}、L_{arm}、R_{arm}、L_{dc} 分别为子模块电容、桥臂电抗、桥臂等效电阻和平波电抗器，C_{eq}、L_{eq}、R_{eq} 分别为简化后的 MMC 等效电容、等效电感和等效电阻，其值为

$$C_{eq} = 6C_{SM}/N, L_{eq} = 2L_{arm}/3, R_{eq} = 2R_{arm}/3 \qquad (9.40)$$

由图 9-24b 可列写微分方程组

$$\begin{cases} (L_{eq}+L_{dc})\dfrac{di_{dc}}{dt} = u_{dc} - i_{dc}R_{eq} \\[2mm] \dfrac{du_{dc}}{dt} = -\dfrac{i_{dc}}{C_{eq}} \end{cases} \qquad (9.41)$$

进而解方程组（9.41）可得 MMC 正负极端口短路的故障电流为

$$i_{dc}(t) = -\frac{1}{\sin\theta_{dc}}i_{dc}(0)e^{-\frac{t}{\tau_{dc}}}\sin(\omega_{dc}t-\theta_{dc}) + \frac{U_{dc}}{R_{dc}}e^{-\frac{t}{\tau_{dc}}}\sin(\omega_{dc}t) \qquad (9.42)$$

式中：

$$\begin{cases} \tau_{dc} = (2L_{arm}+3L_{dc})/R_{arm} \\[2mm] \omega_{dc} = \sqrt{\dfrac{N(2L_{arm}+3L_{dc})-2C_{SM}R_{arm}^2}{2C_{SM}(2L_{arm}+3L_{dc})^2}} \\[3mm] \theta_{dc} = \arctan(\tau_{dc}\omega_{dc}) \\[2mm] R_{dc} = \sqrt{\dfrac{N(2L_{arm}+3L_{dc})-2C_{SM}R_{arm}^2}{18C_{SM}}} \end{cases} \qquad (9.43)$$

若换流器闭锁，则 MMC 将可以等价为一个 6 脉波不控整流器，其故障电流计算受闭锁前交流电流相位、直流故障电流大小影响，计算较为复杂。但一般情况下闭锁换流器可以降

低故障电流的上升速度和峰值。

为了验证等效模型及假设的正确性，选取单端 MMC 详细模型与等效模型进行故障电流对比。在 $t = 1\text{s}$ 时设置双极短路故障，故障电流结果如图 9-25 所示。

图 9-25 中 i_1 表示忽略交流馈入后的详细模型故障电流，i_2 为考虑交流馈入时的电流，i_3 表示由 RLC 等效电路得到的故障电流。i_1 和 i_2 是 PSCAD 仿真结果，i_3 是 RLC 等效模型数值计算结果。由于 RLC 电路模拟的是振荡电路的暂态过程，故波形在 1.01s 后出现了振荡现象，但是在故障后的几个毫秒内仿真具有较高的精

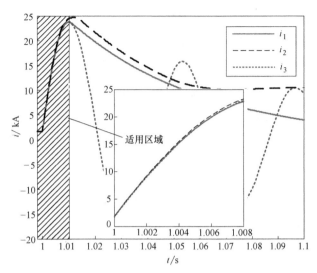

图 9-25 MMC 详细模型与等效模型双极短路故障电流结果

度。从三个故障电流对比结果可以看出，在故障后 8ms 内交流侧故障电流馈入可以忽略，且 RLC 等效模型具有较高的精度，可以用于模拟 MMC 直流侧严重故障后几个毫秒内的暂态特性。

2. 多端/直流电网的故障电流特征及计算

对于直流系统，由于换流站是高度非线性的系统，因此无法求得故障后暂态过程的精确解析解，只能通过在故障后的一段时间范围内对换流站进行线性化的近似以降低问题的复杂程度。但是即便如此，对直流系统尤其是直流电网的故障电流分析仍具有一定困难。交流系统的分析中，电容往往可以忽略，整个系统可简化为由电阻和电感组成的网络，其故障电流为稳态交流和衰减直流的叠加。但对于柔性直流系统而言，换流站模型中包含大电容，所以电容不能忽略，因此在线性化近似后整个系统的阶次较高，仍难以写出其解析解。因此，现有的相关研究往往只针对双端直流系统进行分析和计算，同时认为故障点两侧的系统在故障点处解耦，即故障点另一侧的系统对故障点这一侧的故障电流计算没有任何贡献。然而，这一假设只适用于金属性故障，对于经过一定的过渡电阻的故障将不再适用。

将换流站简化为一个 RLC 串联电路后，整个系统将变为一个线性系统，因此可以通过叠加原理来对系统进行分析。直流线路发生故障时，故障的电压可以看作是故障前的电压 U_F 与一个附加电源 U_F 的叠加，进而可以根据叠加原理，将整个系统看作是没有故障附加源的正常运行网络与只有故障附加源作用的故障附加网络的叠加，故障电流的分析可以只在故障附加网络中进行，求得的电压、电流量均为故障分量，它们与各自对应的正常运行分量相加，即得到故障后的全量。

如果线路模型采用集中参数模型，则整个故障附加网络将变成一个由电阻、电感、电容及直流电源组成的电路，可以利用电路理论进行求解。但是由于系统中有大量的储能元件，系统阶次较高，因此难以写出时域解析解，一般通过 MATLAB 等工具求解时域微分方程组获得数值解。直流电网故障电流时域微分方程组的列写方法较为复杂，本书不详细介绍，如有兴趣可参考华北电力大学李承昱博士的毕业论文"柔性直流电网故障传播与保护机理研究"。

9.3.2 故障保护原理

1. 直流电网保护的要求

（1）速动性

柔性直流电网阻尼小，对功率扰动的响应速度快，因此直流线路发生短路故障时，故障电流上升速度快、幅值大。若不及时地清除故障电流，将导致功率半导体器件被烧毁，危害系统安全运行。以张北工程为例，故障清除时间要求在 6ms 以内，而混合式 DCCB 的动作时间为 3ms 左右，这意味着保护出口时间要小于 3ms。

为实现速动性这一技术要求，应具备以下几个条件。首先，在检测环节应尽可能使用单端测量量，避免纵联保护的通信延时；其次，在数据处理环节所涉及的算法不应过于复杂，否则会加重硬件处理器的计算负担、延长计算时间，例如用内存为 4GB 的 Intel I5 处理器去分别计算短时傅里叶变换与 4 尺度下的小波变换，每个采样点所用的计算时间依次为 24.27μs 与 41.25μs，故应选择简单可行的保护算法来减少时间；最后，在构造判据环节应减小数据时间窗的大小，数据时间窗越长，越有利于提取特征量，相应地会牺牲速动性。

（2）选择性

选择性是指继电保护动作时，应在可能最小的范围内将故障元器件从电力系统中切除，尽量缩小停电范围，最大限度保证系统非故障部分正常运行。如图 9-26 所示，记保护 CB12 和 CB21 为线路 OHL12 的主保护，当发生 F12 故障时，保护 CB12 和 CB21 应快速动作，并断开相应的断路器。同理 F1、F2、F14 等故障为区外故障，保护不应动作。通过保护选择性动作，可以实现故障区域的隔离与非故障部分正常运行，从而提高供电可靠性与运行安全性。大多数保护算法能够在低阻故障下满足选择性的要求。这些方法通过整定值来躲区外故障，然而降低了对高阻故障的灵敏性。纵联保护可弥补高阻故障选择性不足的缺点，但需采集对侧的数据，增加了保护延时，故常用作后备保护。方向元件可以识别反方向故障，但不

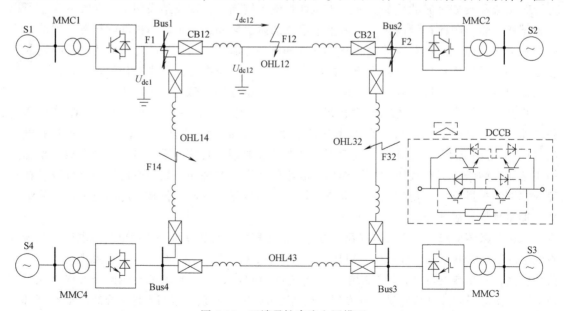

图 9-26 四端柔性直流电网模型

能保证正方向故障的选择性。

（3）灵敏性

灵敏性强调保护方案对区内故障的反应能力，其受短路类型和故障电阻的影响。为提高保护方法对不同短路类型的适用性，常常增加故障选极判据，即先划分故障类型，再进行故障识别。特别地，针对双极运行系统，发生单极故障时，故障极退出运行后，健全极仍可正常工作。因此，故障选极不仅能够提高对故障类型的灵敏性，还可以提高供电可靠性。

对高阻故障的反应能力是评价一个保护方法性能优劣的重要指标。基于时域变化量、变化率的保护方法，对高阻故障灵敏性差。尤其当输电线路较长时，线路的衰减作用明显，此时区内远距离高阻故障的特征量与区外金属性故障的特征量接近，保护会拒动。以云广特高压输电工程为例，其保护方案采用西门子公司的行波保护，当接地电阻大于 100Ω 时，该保护会拒动。基于频域的保护方法，耐受过渡电阻的能力有所提高。究其本质，故障的频域特性受故障电阻影响小。电压与电流作为保护算法中最常见的两类测量电气量。与电压测量量相比，电流测量量的幅值受故障电阻影响大。采样频率是影响灵敏性的另一因素。采样频率越高，数据量越大，故障信息越丰富。在一定时间窗口内，为满足灵敏性的要求，需要使用较高的采样频率。随着性能优异的模数转换器和数字信号处理器的不断开发，目前故障测距系统的最小采样步长可达 $1\mu s$，这间接证明了小步长采样应用于故障检测的可行性。

（4）可靠性

可靠性要求保护在区外故障时不误动、在区内故障时不拒动。影响可靠性的主要因素有：噪声干扰与雷击干扰。噪声干扰是设备或系统内部产生的一种干扰。

2. 柔性直流电网的保护配置

（1）主保护

实际投入运行的直流输电线路主保护主要有行波保护和微分欠电压保护两种，最先是应用于常规高压直流输电系统，而柔性直流输电线路的保护则直接借鉴了这两种保护。其中行波保护主要采用 ABB 和西门子两家公司的单端量行波保护原理。两家公司的保护都利用极波（即反向电压行波）来构成保护判据。ABB 公司的行波保护根据极波的变化量大小来判断故障。当极波的变化量大于保护定值时，即认为线路发生了故障，保护不经过延时就可以出口，保护的动作时间与故障后极波的变化率密切相关，一般情况下动作时间为几个 ms。西门子公司的行波保护则引入电压的微分来构成保护的启动判据，同时使用保护启动后极波的变化量在 10ms 内的积分值构成保护判据。这样可以在一定程度上降低各种干扰对保护的影响，提高保护的可靠性，但牺牲了保护的动作速度。

上述两种保护方案本质上只是一种简单的突变量保护，由于它们的采样率都只有 10kHz，实际利用的信号频带范围只有 0~4kHz，因此仅利用了故障行波信号中的低频信息，噪声、雷击及其他干扰所引起的暂态突变，有可能导致保护的误动，保护的可靠性不高。此外，区外故障时极波的变化量也有较大的数值，为保证保护的选择性，保护的定值不得不设置为较大的数值，这就导致区内线路末端故障或者故障过渡电阻较大的情况下可能拒动，保护的灵敏度不足。有研究表明，ABB 公司的行波保护方案只能耐受 1% 以下的噪声，西门子公司的行波保护方案由于引入了极波的积分，因此能耐受 3% 以下的噪声。两种保护方案都只能耐受几十 Ω 的过渡电阻。在现有的直流工程中，微分欠电压保护往往与行波保护一同构成直流线路的主保护。当电压的微分大于一个定值且电压值在一定的时间窗内小于定值，则判断为线路故障。微分欠电压保护的整定较为困难，缺乏理论分析和计算的方法，往往只能通过仿真来整定，且同样存在着经大过渡电阻接地故障时灵敏度不足的问题。现有工程中的直流输电线路主保护存在理论不严密、缺乏整定依据、动作速度较慢、易受噪声干扰、可靠性不高及灵敏度不足等问题，不能满足柔性直流电网对线路主保护的实际需求，需研究适用于柔性直流电网的直流线路快速保护技术。

在图 9-27 所示的 4 端直流电网中，图中共有 4 个双极半桥型 MMC 结构的换流站，由 4 条直流输电线路 L1~L4 相连构成直流环网，其长度分别为 184、80、128 和 100km，每条直流线路都是以单线图的形式表示正、负双极线路。图中 M、N、P、Q 为直流母线；R1~R8 为线路末端的电压电流测量点，也是线路保护和直流断路器的安装处；LS1~LS8 为线路末端安装的平波电抗器。当线路 L1 上发生故障 F1 时，必须开断 L1 两端 R1 和 R2 处的直流断路器，才能保证系统的其他部分继续正常运行，并充分发挥直流电网的供电可靠性。在 F1 处发生故障时，故障行波传播到直流线路边界的平波电抗器时，其高频分量将受到阻隔，因此故障行波的高频分量将被限制在 L1 线路上而不会透射到系统的其他部分，根据这一特性可以明显地区分区内和区外故障。图 9-28 给出了装有平波电抗器时，F1 处发生双极故障后 R1 处和 R8 处的正极电压、正极电流、反向电压行波和正向电压行波波头的波形图，其中平波电抗器取为典型值 200mH，图中电压电流均为标幺值，电压基值为线路电压额定值 500kV，电流基值为电压基值除以线路波阻抗。反向电压行波和正向电压行波可以由电压、电流和波阻抗通过计算得到，其中下标 r 表示反向行波，下标 f 表示正向行波。对于 R1 处的保护来说，故障 F1 为区内故障；对于 R8 处的保护来说，故障 F1 则为区外故障。从图中可以看出，区内故障的电压、反向电压行波和正向电压行波都具有较为陡峭的波头，而由于平波电抗器对高频分量的阻隔作用，区外故障下的行波波头都极为平缓，与区内故障下的波形有较大的区分度，尤其是反向电压行波的特征区别最为明显。并且反向电压行波是来自于区内故障点的行波，物理意义较为明确，因此可以通过反向电压行波波头的陡峭程度来区分区内和区外故障。

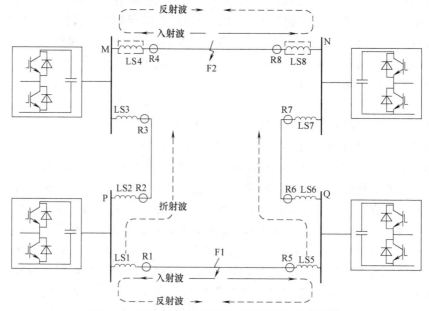

图 9-27 平波电抗器对故障行波高频分量的阻隔

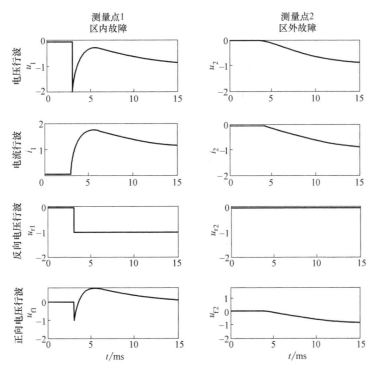

图 9-28　平波电抗器对故障行波波头高频分量的阻隔作用

（2）后备保护

现有的直流输电系统的线路后备保护往往采用纵联电流差动保护。但由于线路故障后暂态过程较为严重，有非常大的暂态分布电容电流，因此为了躲过暂态过程的影响，电流差动保护往往引入较大的延时。其后备纵联电流差动保护的典型动作时间为 500～800ms。对于柔性直流电网来说，上述动作时间显然太长了，交流侧的保护将有可能先于直流线路后备保护动作，造成换流站退出运行，极大地扩大了故障隔离和切除的范围。

柔性直流电网线路的后备保护应当采用纵联保护原理，以具有较好的选择性和足够的灵敏性，能够在线路经大过渡电阻接地故障、线路主保护由于灵敏度不足拒动时可靠地动作，作为线路超高速主保护的补充和配合。同时其动作时间应少于 20～30ms，以保证在直流侧发生故障时直流线路后备保护能够先于交流侧保护动作，进而在时序上更好地配合超高速的直流线路主保护和交流侧的保护。

1）纵联差动保护

纵联电流差动保护具有良好的性能，是柔性直流电网线路后备保护的选择之一。然而，柔性直流电网线路的后备保护同样应当具有较快的动作速度，现有的通过引入一定的延时躲开暂态过程影响的方法是不可行的。考虑到直流线路故障后的剧烈的暂态过程，尤其是暂态分布电容电流的影响，行波差动保护是解决这一问题的有效方法之一。行波差动保护的基本原理如式（9.44）所示，其中下标 m 和 n 分别表示线路两端的量；反向电流行波和正向电流行波分别等于反向电压行波除以负的波阻抗和正向电压行波除以波阻抗；i_F 为区内故障点的故障电流，区外故障下为零；τ 为行波从线路一端传播到另一端所需的时间，τ_m 和 τ_n 分别为行波从故障点传播到线路 m 端和 n 端所需的时间。

$$\begin{cases} i_{mr}(t) + i_{nr}(t-\tau) = i_F(t-\tau_m) \\ i_{nf}(t) + i_{mf}(t-\tau) = i_F(t-\tau_n) \end{cases} \tag{9.44}$$

从式（9.44）可以看出，用反向电流行波或者正向电流行波构造的差动电流能够更为真实准确地反映故障点处的故障电流。行波差动保护基于行波原理和线路分布参数模型，已经将线路的分布电容考虑在内，因此其在原理上就不受暂态分布电容电流的影响，同时还不受直流控制系统的影响，具有非常优越的性能。然而行波差动保护需要较高的采样率以较为精确地计算差动电流，在高采样率下数据通信量较大，对保护的速度会有一定的影响，如何高效而又较为精确地实现行波差动保护仍然是需要解决的问题。

2）纵联方向保护

纵联方向保护不需要大量的数据传输，虽然还没有实际应用于直流输电系统，但研究直流电网中故障方向的判别方法并构成纵联方向保护不失为柔性直流电网线路后备保护的一个研究思路。一些文献提出的基于无功能量的纵联方向保护虽然是以常规直流输电系统为背景进行描述的，但其原理却对柔性直流输电系统同样适用。由于线路具有分布电容和分布电感，因此在直流线路发生故障时，线路上将有暂态无功功率的流动，该保护通过暂态无功功率的流动方向来判断故障方向，即区内故障时，线路两端的暂态无功功率流动方向相同；区外故障时，线路两端的暂态无功功率流动方向相反。可以进一步研究这一原理对柔性直流电网的适应性，尤其是柔性直流电网的控制系统响应更快，需要研究控制系统对线路后备保护的影响。

3. 直流电网保护的特殊性

（1）与交流系统的比较

交流系统的惯性常数较大，故障响应速度慢。同时交流设备承受过电流能力大于功率半导体器件，因此直流电网在短路故障时面临更严峻的系统安全问题。基于以上考虑，交流系统的保护动作时间较长。以三段式过电流保护为例，限时过电流保护（即过电流保护的Ⅱ段）可以保护线路全长，其动作时间大于0.5s，该值远大于柔直电网保护的动作时间。因此基于工频周期分量的交流保护，如三段式过电流保护和距离保护不能适用于柔直电网。当交流系统发生不对称故障时，电流和电压会产生不对称分量，分别为正序、负序和零序分量。而直流电网发生不对称故障，如单极接地故障时，会产生零模和线模分量。故基于不对称分量的保护思路可以借鉴到柔直电网保护当中。考虑到直流线路不存在线路换位、分支等因素的影响，某一线路上的波过程受其他线路影响较小，健全极与故障极之间的差异性更为明显。交流系统受故障发生时刻影响大。按照行波理论，故障点会产生一电压行波，并向线路两侧传播。若故障时刻正处于电网电压过零时刻，行波检测将比较困难。直流线路的行波过程不需要考虑初始相位的影响，即行波波头的幅值与故障发生时刻无关，所以行波信号不再具有不确定性。另一方面，由于直流线路电气量不受相位的影响，故障电流无自然过零点，这使得电流熄弧困难，给高压直流断路器带来了技术难题。

（2）与常规直流输电的比较

常规直流系统和柔直系统分别依靠半控型的晶闸管和全控型的IGBT来进行功率变换。对于晶闸管而言，其通流能力大于IGBT。以ABB公司开发的系列产品为例，其所研发的5STP 45N2800型号晶闸管通流能力为7970A，5SNA3000K452300压接型IGBT通流能力仅为3000A。由此可见，常规直流系统能够容忍较大的故障电流，这使得常规直流系统对保护的速动性要求较低。以云广特高压直流输电工程为例,主保护采用行波保护,其动作时间为16~20ms。同时,常规直流系统可以通过增大整流侧晶闸管的触发角来降低直流电压,进一步降低故障电流,从而不依赖高压直流断路器来开断故障电流。直流故障的初始瞬态过程发展很快,而控制系统具有惯性环节与延时,因此故障初始瞬态阶段不受双闭环矢量控制系统的影响。经过故障初始瞬态阶段后,常规直流的控制系统开始起作用。故障后初始瞬态阶段,行波保护不受控制系统的影响;而行波保护的后备保护,即低压保护由于受到控制系统的影响,更易启动。

(3)与两端柔性直流输电系统的比较

与两端柔直系统相比,直流电网的故障保护更为复杂。直流电网是由多换流站构成的网状结构,在直流电网中,多个换流站会通过网状线路给故障点馈入故障电流,因此故障电流发展将进一步增快。如图 9-29 所示,当线路 OHL12 中点发生一短路故障 F12 时,交流电源 S1、S2、S3 和 S4 均向故障点馈入电路电流,因此故障电流的幅值更大。柔直电网的保护不仅要躲交流故障,还要躲母线故障和相邻线路的区外故障,如 F1、F2、F14 和 F32,这对保护的选择性和整定值的计算提出了更高的要求。故两端系统的保护方案不一定适用于柔直电网。

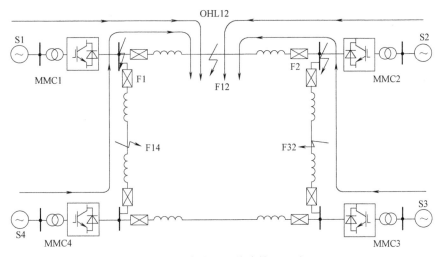

图 9-29　直流电网故障馈入回路

9.3.3　直流故障保护方案

1. 基于交流断路器的直流故障保护方案

(1)交流断路器

目前工程实际中直流故障隔离一般是通过跳开交流断路器来实现的。这种方法的思路非常简单:柔性直流系统中,当直流侧发生故障以后,一旦直流保护检测到故障的发生,为了保护直流系统设备及换流器,直流保护向所有交流侧断路器发出跳闸信号,从而阻止交流侧向故障点供给短路电流;当直流侧线路故障电流衰减到零以后,再利用直流开关切除故障线路,从而实现对直流故障的隔离。这种方法虽然简单方便,工程实践中易于实现,但是却存在较为明显的缺点,主要包括以下几点:

1）由于直流系统阻尼远小于交流系统，因此直流故障时故障电流上升速度很快，过电流值也很大。一般在故障发生后几毫秒之内就会到达一个很大的过电流水平，严重危及直流系统相关设备的安全、可靠运行。因此，为了严格防止直流故障给直流系统和换流器造成损害，理论上要求直流保护能够在几毫秒之内完成全套动作（包括故障检测、断路器跳闸）。然而，交流断路器的跳闸动作时间一般在 2~3 个周波，因此即使不考虑故障检测所需花费的时间，基于交流断路器跳闸的直流故障隔离方法也是无法满足动作时间要求的。

2）直流线路发生故障时，整个直流系统所有线路都会出现急剧过电流现象，因此，基于交流断路器的故障隔离方法需要整个系统的所有交流断路器跳闸，也就是说整个直流系统都将停止运行，这无法保证直流电网的供电可靠性和抗干扰能力，因此成为限制直流电网工程应用的关键因素之一。

虽然基于交流断路器跳闸的故障隔离方法在目前的工程实际中得到了广泛的应用，但是该方法只是由于目前尚无其他理想的隔离方法才采取的权宜之计。柔性直流电网的发展，仍离不开对直流故障隔离技术的深入研究探索。

（2）交流断路器+增加辅助电路

加辅助电路的旁路或限流措施是在故障期间利用可控器件创造出分流或限流回路，以减小故障电流对换流器和系统各部分的影响，为交流断路器断开争取时间。根据旁路位置的不同，旁路可以分为交流侧旁路、直流侧旁路、桥臂旁路和双晶闸管旁路等。它们的结构和故障电流流通路径如图 9-30 所示。

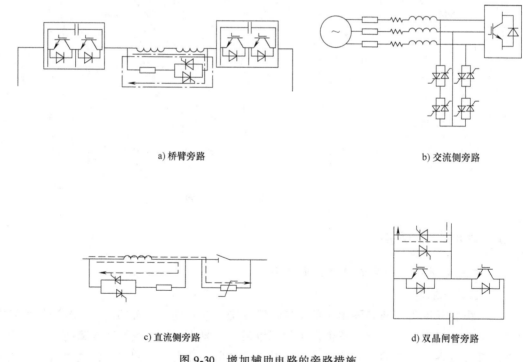

a) 桥臂旁路　　　　　　　　　　　　　　　　　b) 交流侧旁路

c) 直流侧旁路　　　　　　　　　　　　　　　　d) 双晶闸管旁路

图 9-30　增加辅助电路的旁路措施

其中，交流侧旁路措施直接隔断了 MMC 交、直流侧的连接，交流侧无法向直流侧馈流，减小了直流侧故障的清除难度；直流侧旁路措施增加了直流故障电流的消耗回路并利用

MOA 限制故障电流；桥臂旁路措施可以为桥臂电流提供额外的电流衰减通道，从而减小故障电流的冲击；双晶闸管旁路措施是在子模块原有的保护晶闸管上再反并联一个晶闸管，利用导通后的反并联双晶闸管将直流侧和交流侧分解成两个独立回路，从而实现故障电流的清除。以上措施都是把故障电流进行转移，实际上没有真正切除故障电流，对系统和设备的安全仍造成一定威胁，因此，当线路发生永久性故障时，仍需通过断开交流侧的断路器来清除故障。

与旁路措施类似，限流措施是通过增加故障回路的阻尼成分来加快故障电流的衰减速度，从而减轻直流侧故障的清除难度。同时，根据限流方式的不同，限流也可以分为桥臂阻尼电阻限流、增强桥臂电感限流和桥臂超导限流等。它们的结构和故障电流流通路径如图 9-31 所示。

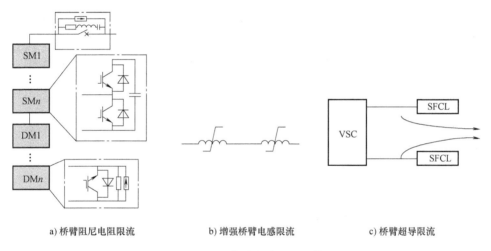

a) 桥臂阻尼电阻限流   b) 增强桥臂电感限流   c) 桥臂超导限流

图 9-31 基于辅助电路的限流措施

其中，桥臂阻尼限流是在 MMC 原有子模块的基础上串联阻尼模块，增强桥臂电感限流和桥臂超导限流是通过在直流回路中增加电感和串入超导来限制直流侧的故障电流。虽然限流措施在一定程度上减轻了故障电流对系统的危害，但是系统的故障特征仍然存在，无法做到故障清除。

（3）仿真验证

首先以两端的柔性直流输电系统为例（见图 9-32，系统参数见表 9-1），分析验证直流侧的故障保护方案。图 9-32 中箭头方向代表正常运行时的潮流方向。MMC1 为受端，采用

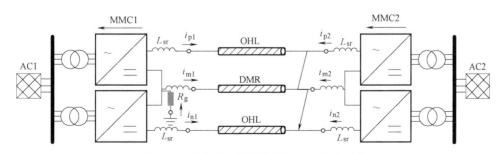

图 9-32 带金属中性线的柔性直流输电系统

定电压控制，中性点处通过 15Ω 电阻接地；MMC2 为送端，采用定功率控制，中性点不接地。正负极传输线路为架空线（Overhead lines，OHL）。L_{dc} 为平波电抗器。i_{p1}、i_{m1}、i_{n1} 分别为受端正极、中性线、负极电流，以母线流向线路方向为正。i_{p2}、i_{m2}、i_{n2} 分别为送端正极、中性线、负极电流，以母线流向线路方向为正。R_g 为受端中性点接地电阻。

表 9-1　两端柔性直流输电系统参数

参数	具体数值	参数	具体数值
L_{sr}/mH	150	L_m/mH	75
R_{f1}/Ω	10	R_{f2}/Ω	10
$C_{sm}/\mu F$	15	N	233
R_g/Ω	15	R_L/Ω	5
i_{dc0}/kA	2	U_{dc0}/kV	500
x	0.7		

　　为考虑最恶劣的情况，假定在柔性直流换流站 MMC2 出口处发生双极金属性短路故障。图 9-33a 为仅依靠换流器闭锁和断开交流断路器隔离故障条件下 MMC2 的故障电流，可见故障电流峰值上升到接近 15kA。且由于故障回路的电阻较小，交流断路器断开后故障电流下降缓慢，影响暂时性短路故障的去游离，故障隔离及恢复时间都很长。

　　图 9-33b 为增加了辅助电路的故障电流仿真结果，可见故障电流峰值得到较好的抑制，而交流断路器断开后故障电流在数百微秒内下降到 0，若故障为暂时性的，则系统可以在较短时间内重启。

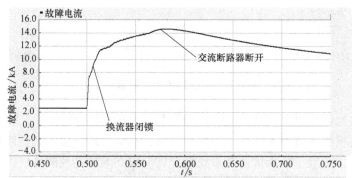

a）换流器闭锁交流断路器隔离故障条件下

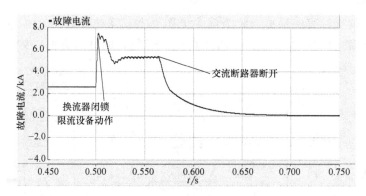

b）换流器断开交流断路器隔离故障条件下

图 9-33　依靠换流器闭锁和断开交流断路器隔离故障条件下 MMC2 的故障电流

2. 基于换流器自清除的直流故障保护方案

虽然传统的半桥子模块（halfbridgesub-module，HBSM）型 MMC 也并不具备隔离直流故障的能力，但是可以通过对换流器拓扑的改进以及与控制策略的配合实现直流故障的清除。全桥子模块（full-bridge sub-module，FBSM）是一种具有直流故障清除能力的 MMC 子模块，其拓扑结构如图 9-34 所示。全桥子模块的直流故障隔离原理为：直流故障发生后，一旦检测到故障的发生就立即关断换流器内的所有 IGBT，此时故障电流在桥臂子模块中的流通路径如图 9-34 所示。（一般情况下，直流故障发生后，在关断 IGBT 之前存在子模块电容的放电过程。根据子模块电容的电压极性可知，故障后的桥臂电流方向一般如图中所示。当然，在相反的桥臂电流方向下，也可进行同样的分析）。由图 9-34 可知：此时子模块电容电压被反极性地接入到故障电流流通路径中，因此故障电流向电容充电并且快速衰减到零，而一旦故障电流衰减到零，二极管的单向导通性就能保证其无法在过零后负向增长，而是一直钳位在 0，从而实现对故障电流的清除，即实现直流故障的隔离。

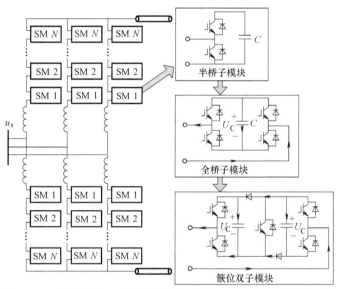

图 9-34　半桥子模块、全桥子模块、箝位双子模块拓扑结构对比

然而，由表 9-2 所示的投资对比可知，利用全桥子模块构成 MMC 时，投资成本将提高为原来的两倍左右，同时，由于开关器件数量大大增加，换流器的开关损耗也将大幅度增加。鉴于全桥子模块经济效益较差，MMC 发明者 R. Marquardt 于 2010 年提出了箝位双子模块（clamp double sub-module，CDSM），其拓扑结构如图 9-34 所示。与全桥子模块相比，该子模块同样具有清除直流故障电流的能力，且其故障清除原理与全桥子模块类似。然而，由表 9-2 可知，箝位双子模块的投资成本得到了较大的控制。

表 9-2　半桥式、箝位式、全桥式 MMC 投资成本比较

MMC	半桥式	箝位式	全桥式
子模块/每桥臂	$2N$	N	$2N$
IGBT/每桥臂	$4N$	$5N$	$8N$
二极管/每桥臂	$4N$	$7N$	$8N$
储能电容/每桥臂	$2N$	$2N$	$2N$

但与使用交流断路器隔离故障的方案相同,基于换流器自清除的直流故障保护方案需要直流系统中全部 MMC 都闭锁才能够清除故障电流,也就是说整个直流系统都将停止运行。

由于无论使用 FBSM 或 CDSM 均会增大 MMC 的投资成本和换流损耗,因此由 HBSM 和故障清除子模块混合构成 MMC 以降低投资和损耗的方法被提出来了。HBSM 和 FBSM 构成混合 MMC 拓扑电路如图 9-35 所示,一相桥臂由一定数量配比的两种子模块拓扑构成,通过子模块投切输出交直流电压,实现交直流能量转换,理论上 FBSM 的比例超过 50% 就可以保证 MMC 拥有故障电流自清除能力。

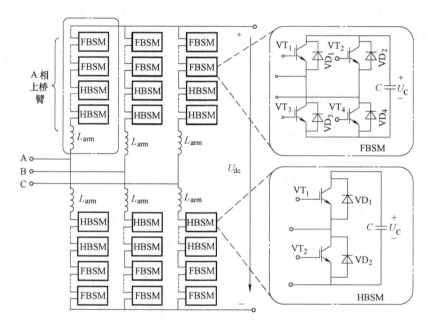

图 9-35　混合型 MMC 及子模块拓扑电路

将图 9-35 中 MMC 子模块改为全桥子模块,当出现同样的出口双极金属性短路故障时故障电流如图 9-36 所示。可见全桥换流器闭锁后,故障电流快速下降,3ms 内实现了故障电流清除。

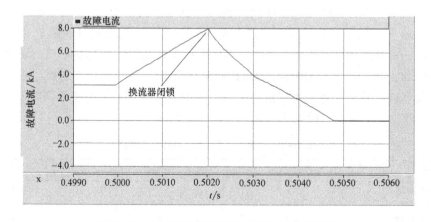

图 9-36　全桥换流器闭锁后故障电流变化情况

3. 基于直流断路器的直流故障保护方案

（1）直流断路器

半桥式 MMC 无法通过换流器自身的动作实现直流故障自清除，而通过交流断路器跳闸隔离直流故障又存在诸多缺点，因此直流断路器（DC circuit breaker，DCCB）将是直流电网中实现直流故障隔离最为理想的选择。然而，由于直流故障时故障电流无自然过零点，导致直流断路器隔离故障时存在熄弧困难的问题，具有快速分断较大故障电流能力的高压直流断路器尚处于研究试验阶段。从技术角度出发，目前直流断路器主要可以分为三种：机械式断路器、固态断路器和混合式断路器。

机械式断路器通过由电感、电容构成的辅助振荡电路人为形成电流过零点，再利用交流断路器切断电弧。这种方法虽然能有效分断直流故障电流，但是其故障电流分断能力有限，而且动作速度无法满足直流电网的要求。固态断路器由电力电子器件构成，其故障电流分断能力及动作速度较机械式断路器均大大提高，但是其通态损耗、投资成本却大为增加。混合式断路器结合了机械式断路器与固态断路器的优点，利用机械开关导通正常负荷电流，电力电子开关分断故障电流，在保证分断容量、动作速度的前提下大大降低了断路器的通态损耗，因此具有良好的研究、应用前景。2012 年，ABB 公司研制出世界上第一台混合式高压直流断路器，能够在 5ms 之内快速分断 9kA 的故障电流。此外，阿尔斯通、西门子等国际电器设备公司亦针对混合式高压直流断路器技术进行了大量的研究、试验工作。然而，就目前技术而言，混合式高压直流断路器尚处于研发、试验阶段，其投资成本、动作可靠性、实际运行效果等方面有待进一步提高。图 9-37 所示为国产 500kV 混合式直流断路器的拓扑电路及样机。

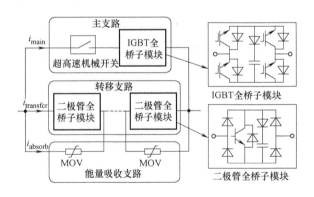

a）混合式直流断路器拓扑电路   b）混合式直流断路器样机

图 9-37　国产 500kV 混合式直流断路器

（2）故障限流器

故障限流器（fault current limiter，FCL）在直流故障隔离中可以发挥重要作用，其主要的意义在于：直流故障发生以后，限制故障电流的大幅度上升，使故障电流保持在系统可以接受的范围以内，从而降低对直流断路器切除故障动作时间、切除容量等方面的要求。

在回路中增加限流阻抗可以有效抑制故障电流的快速上升，但同时也会影响换流站响应特性，导致直流电网不稳定或增大能量传输损耗。因此限流阻抗在非故障时期，应处于被旁路的状态；故障时期则被串入故障回路，起到故障限流的作用。现有文献中提到的 FCL 其拓扑结构、控制方式及限流阻抗各不相同，但其均遵循非故障时期旁路，故障时期串入的使用原则。因此 FCL 均可等效为如图 9-38a 所示的理想 FCL 拓扑。

理想 FCL 分为故障电流转移支路和限流阻抗支路。其中为满足电流双向流动，承受故障时期远高于非故障时期的电流，并能够在任意时刻关断，将故障电流转移至限流支路的要求，故障电流转移支路由大量反串联的 IGBT 串并联组成。

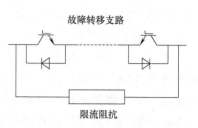

图 9-38　理想 FCL 拓扑

液氮冷却技术、超导涂层导线技术的突破性进展使得超导故障限流器（superconducting fault current limiter，SFCL）的实用化成为现实。根据限流阻抗特性，超导限流器可以分为电阻型超导故障限流器（resistive type SFCL，RSFCL）和电感型超导故障限流器（reactance type SFCL）两类。图 9-39 是电阻型和电抗型超导限流器的典型结构示意图，以及其在直流系统中的连接方式。如图中所示，电阻型超导限流器一般直接由超导带材绕制而成。其主要运行特性为：正常运行时，流过超导材料的电流小于其临界值，因此超导材料处于超导态而不体现电阻值；直流故障发生以后，故障电流上升超过超导材料的临界值，因此超导材料快速过渡并进入失超态，体现出大电阻，从而实现对故障电流的快速限制。

电抗型超导限流器根据实现技术的不同，可以分为磁屏蔽型、电桥型、饱和铁心型等。图 9-39 中所示是一种主动式饱和铁心型超导电抗限流器，其运行特性主要体现为：正常运行时，线路电流较小，直流电源一直处于投入状态，使铁心因处于饱和状态而具有极小的磁导率，从而体现出很小的电感值；而在故障发生以后，一旦检测到线路电流增大，就利用高速开关快速切除直流电源，使铁心退出饱和区。此时铁心具有很大的磁导率，从而体现出很大的电感值，限制故障电流的上升。

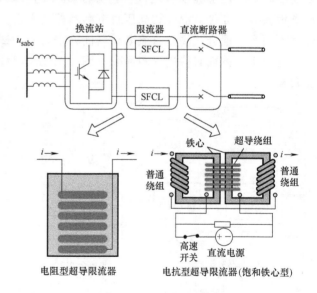

图 9-39　电阻型和电抗型超导限流器的典型结构示意图

尽管不同超导限流器的限流机理有所不同，但其基本特征总体来说包括：①电网正常运行时表现为低阻抗，不产生附加功率损耗；②电网发生短路故障时迅速转为高阻抗并有效限制短路电流；③限流后能够自动、及时恢复到低阻抗状态。超导故障限流器在直流系统中的应用受到了较大的关注。然而与交流系统相比，SFCL 在直流系统中的适用性存在较大的差异，主要表现为：电抗型 SFCL 在直流系统中的限流效果较差，直流系统更适合利用电阻型 SFCL 实现故障限流，这主要是由直流系统的故障暂态特性决定的。下面以双极短路故障为例，进行分析说明（为了分析方便，一般假设 IGBT 在故障发生后立即关断）。

（3）仿真分析

在图 9-40 中正负极均增加 DCCB 和 FCL 后，当出现同样的出口双极金属性短路故障时故障电流如图 9-40a 所示。可见 FCL 可以有效抑制故障电流快速上升，而当机械开关断开，故障电流被转移到吸能支路后，故障电流快速下降，数毫秒内可以完成故障电流清除。故障电流在 DCCB 中的变化如图 9-40b 所示，可见故障电流在 DCCB 三个支路中被逐步转移，最后依靠吸能支路实现故障能量耗散，从而实现故障电流清除。

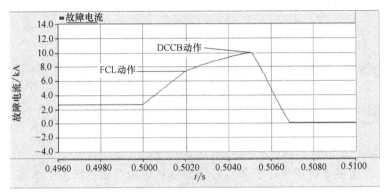

a) FCL与DCCB协调配合时的故障电流

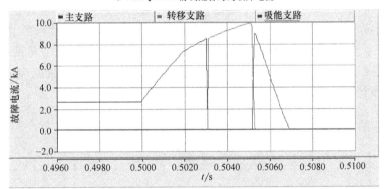

b) DCCB内部电流变化

图 9-40　FCL 与 DCCB 配合清除故障电流仿真分析

第10章

直流输电系统的组网技术

10.1 多馈入直流输电系统

10.1.1 多馈入直流输电系统的类型及特性

1. 多馈入 LCC-HVDC（晶闸管换相高压直流输电）的结构

与单馈入直流输电系统相比，多馈入直流输电系统能有效实现多个送端系统对一个受端系统的电力输送，有效提高输电容量的同时，独立调节每个直流系统也具有更加优秀的控制灵活性。但是，对受端交流网络而言，各条直流线路之间落点电气距离很近，馈入点电气耦合紧密，多个直流输电系统之间可能会相互影响。传统双馈入直流输电系统结构如图 10-1 所示。由图可知，多馈入 LCC-HVDC 是在传统 LCC-HVDC 的基础上，将两个或多个 LCC-HVDC 通过一条交流线路连接后，以并联的形式建立起传统的多馈入直流输电系统，即传统 MIDC（多馈入直流输电）。

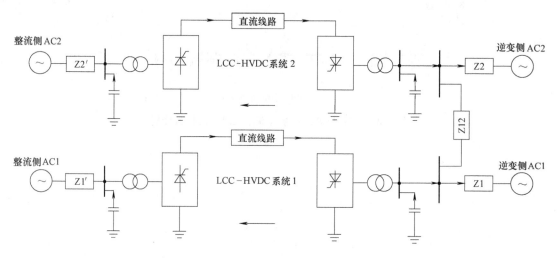

图 10-1　传统双馈入直流输电系统结构

2. 混合多馈入直流输电系统的结构

随着模块化多电平换流器技术的发展，越来越多相关的柔性直流工程将会被投入到电网中，很有可能与原来传统直流输电系统形成并联馈入，共同组成混合多馈入直流输电系统，即混合 MIDC，如图 10-2 所示。相比传统的 MIDC，混合 MIDC 具有以下特点：

1）混合 MIDC 中 VSC-HVDC 的存在可以提高 LCC-HVDC 系统的稳态运行性能。在稳定运行时，利用 VSC-HVDC 子系统可以有效地调节受端交流母线电压，提高其电压的稳定性和视在短路容量，并提高 LCC-HVDC 的最大输电能力，降低 LCC-HVDC 对受端交流系统的依赖程度。

2）混合 MIDC 中 VSC-HVDC 的存在可以提高 LCC-HVDC 系统的暂态运行性能。在并联混合多馈入直流输电系统中，VSC-HVDC 可以为 LCC-HVDC 提供动态电压支撑，提高 LCC-HVDC 对换相失败的免疫能力，降低换相失败的概率，且 LCC-HVDC 暂态性能的改善效果取决于 VSC-HVDC 的容量大小，及两子系统换流站间的电气距离。

3）混合 MIDC 可参与电网大停电后的恢复过程，提高电网的恢复速度。故障恢复初期，受端系统还是处于无源网络之时，LCC-HVDC 本身是不能单独运行的，但利用 VSC-HVDC 的特性，为 LCC-HVDC 提供换相支撑，就可以帮助 LCC-HVDC 启动并给相关恢复电源的厂用电供电，使之参与到电源和网架的恢复之中。通过两个子系统的协调控制，可以大大提高负荷的恢复速度。

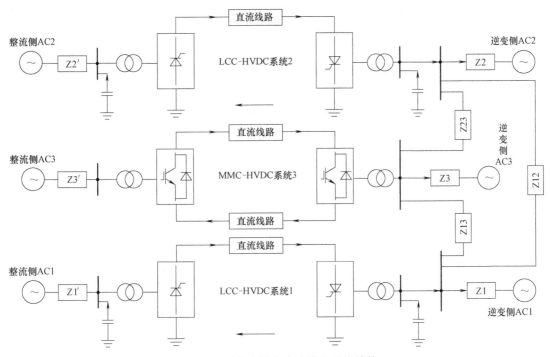

图 10-2　混合多馈入直流输电系统结构

3. 两种多馈入直流输电系统的特性对比

（1）故障恢复特性对比

多馈入 LCC-HVDC 交流侧发生接地故障后，若过渡电阻很小，其所传输的有功功率以及交流侧母线电压将发生较大程度跌落，直流侧电压也将产生较大波动，最终导致测量关断角跌落至 7°以下，使多馈入 LCC-HVDC 发生换相失败。混合多馈入直流输电系统中的 MMC-HVDC 在 LCC-HVDC 发生交流故障后，可对交流电压起一定支撑作用，从而改善传统多馈入系统的故障恢复特性，并抑制换相失败。通过一个具体的算例可看到效果。子系统间联络线每千米阻抗值为 0.41Ω，阻抗比 $X/R=6$，线路长度设为 10km。MMC-HVDC 逆变侧采用定有功功率和定交流电压的控制策略，有功功率设定值为 0.5pu。

3.1s 时，在上述两种 MIDC 系统的子系统 2 交流侧设置过渡电阻为 70Ω 的单相接地故障，并在 0.1s 后切除故障，两种 MIDC 系统的故障恢复特性如图 10-3 所示，以下电气量皆是在额定有功功率为 1000MW 的子系统 2 处所测得。从仿真结果可知，带有 MMC-HVDC 的混合 MIDC 系统比仅有 LCC-HVDC 的传统 MIDC 系统具有更快故障恢复速度，如图 10-3a 所示，混合 MIDC 中的子系统 2 恢复到稳态值的 90% 用时 3.23s，而作为对照的传统 MIDC 系统则需要 3.27s 才能恢复到稳态值的 90%。除了故障恢复速度上的改善，在 MMC-HVDC 作用下，电压的跌落也更小，故障后的直流电压的波动也明显改善。最重要的是，从测量关断角的跌落程度来看，在传统 MIDC 中，此次故障已经引起 LCC-HVDC 的换相失败现象的发生。但在混合 MIDC 中，凭借 MMC-HVDC 对交流母线电压的调节和动态无功的输出，稳定了 LCC-HVDC 故障后的扰动程度，为 LCC-HVDC 的成功换相提供支持，因此在混合 MIDC 中测量关断角虽有波动，但一直稳定在 7° 之上，没有发生换相失败现象。LCC-HVDC 的测试参数见表 10-1，MMC-HVDC 的测试参数见表 10-2。

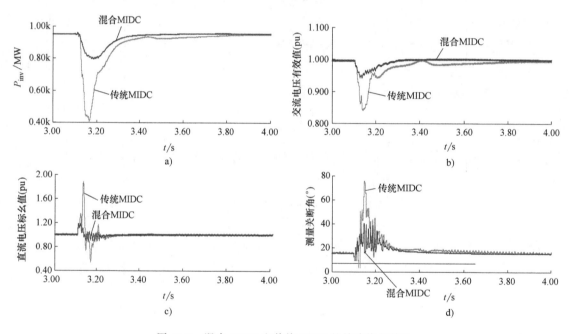

图 10-3　混合 MIDC 和传统 MIDC 的故障恢复特性

表 10-1　LCC-HVDC 测试系统具体参数

LCC-HVDC 系统参数	整流侧	逆变侧
交流系统电压等级	382.87kV	215.05kV
交流系统等值阻抗	$47.655\angle84°\Omega$	$21.2\angle75°\Omega$
无功补偿容量	626Mvar	626Mvar
变压器容量	603.7MV·A	591.8MV·A
变压器漏抗	0.18pu	0.18pu
变压器电压比	345/213.5kV	230/209.2kV

表 10-2　MMC-HVDC 测试系统具体参数

MMC-HVDC 系统参数	整流侧	逆变侧
交流系统电压等级	240kV	230kV
交流系统等值阻抗	$10.58\angle 87.1°\Omega$	$10.58\angle 87.1°\Omega$
变压器额定容量	1000MV·A	1000MW
变压器短路阻抗	0.15pu	0.15pu
变压器电压比	370/230	370/230
桥臂子模块数	200	200
子模块电容值	10mF	10mF
桥臂电抗值	29mH	29mH

（2）临界过渡电阻对比

临界过渡电阻是判断直流系统稳定性的一个指标，临界过渡电阻越小，说明系统抵抗换相失败的能力越强，系统也就越稳定。定义某一时刻 t_0 时发生接地故障，则 t_0 时刻下恰好不发生换相失败现象的过渡电阻阻值为瞬时临界过渡电阻。本节将以临界过渡电阻作为比较指标，对比分析传统 MIDC 和混合 MIDC 的临界过渡电阻，以此证明 MMC 对于 LCC 换相失败抵御能力的改善程度。

利用 PSCAD 中 Multiple Run（多重运行）模块，分别对于两个 MIDC 系统进行一个周期内不同时刻、不同过渡电阻大小的故障仿真，找到恰好不发生换相失败的瞬时临界过渡电阻阻值，并将得到后的结果绘于空间直角坐标系中，所得曲线如图 10-4 所示。

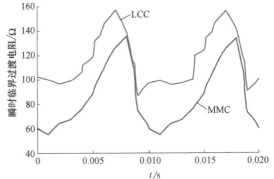

图 10-4　子系统采用 MMC 和 LCC
的瞬时临界过渡电阻对比

从仿真结果中可以看出，当一回子系统为 MMC-HVDC 时，一个周期内的大部分故障发生时刻对应的瞬时临界换相电阻都有了明显的下降，这证明采用 MMC-HVDC 的混合 MIDC 系统对于换相失败的抵御能力在大部分时间里都是有改善作用的，在此之间整个系统的稳定也有所提高，此结果也证明了 MMC-HVDC 系统优秀的交流电压调节能力。

10.1.2　多馈入直流输电系统的换相失败特性及影响因素

1. 多馈入 LCC-HVDC 的并行换相失败现象

多馈入系统中的换相失败现象更加特殊，其影响因素也更加复杂。子系统间联络线长度是衡量两个馈入点之间电气耦合紧密的关键因素。本节所建立的多馈入系统之间的联络线阻抗比为 $X/R=20$，每千米阻抗值为 0.41Ω，设其长度为 L_{12}。为了进一步分析传统多馈入系统的交流侧接地故障所引起的换相失败现象的影响因素，本节将在所建立的传统多馈入系统仿真模型的基础上，通过在子系统 2 的逆变侧母线设置单相阻性接地故障（故障发生时刻 3.1s，过渡阻抗为 150Ω），分析不同联络线长度（L_{12}）下，两个子系统的故障后的电气量变化波形。

为保证两个子系统之间的一致性，把两个子系统 1 和逆变侧换流器关断角指令值设置为

0.2618（15°），其余参数与前述参数完全一致，仿真结果如图 10-5 和图 10-6 所示。

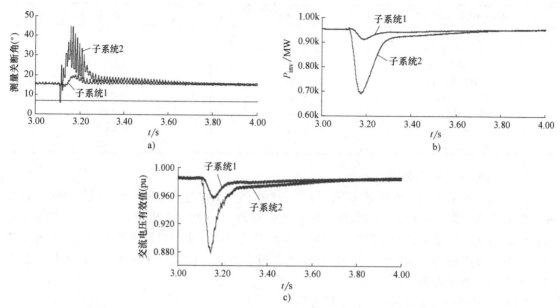

图 10-5　$L_{min}=500$km 时子系统 2 发生单相接地故障后逆变侧电气量变化波形

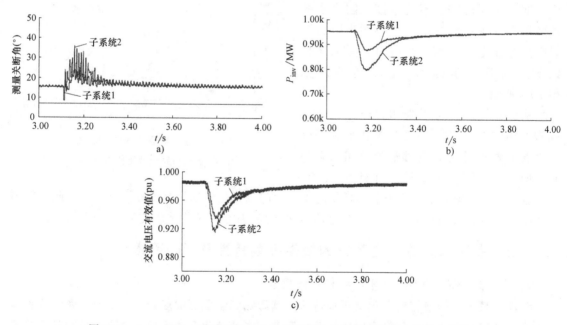

图 10-6　$L_{min}=100$km 时子系统 2 发生单相接地故障后逆变侧电气量变化波形

　　从图 10-5 和图 10-6 的仿真结果中可以看出，当两个子系统之间的联络线越短，电气耦合越紧密，那么两个子系统的暂态特性和换相特性就会越相近。从图 10-5a 中不难看出，子系统 2 的测量关断角在故障发生后跌落到 7°以下，发生了换相失败现象，而子系统 1 只是受到了一定的扰动，测量关断角依然全程保持 7°之上，即没有发生换相失败现象，这种情况被称为本地换相失败现象。假如继续减少接地故障的过渡电阻，接地故障将会越来越严重，子系统 1 的母线电压幅值将会越来越低，直到子系统 1 也发生换相失败，这种现象被称为并行换相失败现象。

本节依然利用 PSCAD 中多重运行模块使过渡电阻等间距增大，从两个子系统皆换相失败仿真到两个子系统皆换相成功，同时考虑故障发生时刻的影响，使故障时刻点由 0s 等间距增加到 0.02s，联络线长度固定为 100km，记录下不同因素共同影响下的换相失败情况，并将结果绘制于空间直角坐标系中，仿真结果如图 10-7 所示。

由仿真结果可知，比起单馈入系统的换相失败现象，多馈入并行换相失败现象对时间的敏感度也较高，对于大多数的故障时刻点，随着单相接地故障过渡阻抗的减少，会先出现子系统 2 的换相失败现象，而后出现子系统 1 的换相失败现象（并行失败现象）。但对于一些比较特殊的故障时刻点（0.01s 或 0.00s），对换相失败

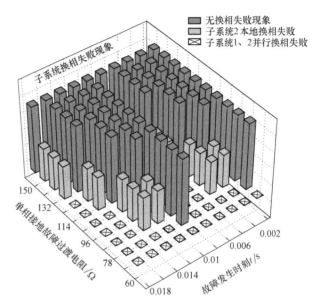

图 10-7　传统多馈入系统中的并行换相失败现象

的抵御性较强，但是一旦发生高故障容量（$R_c = 60\Omega$，$f_{FL} = 88\%$）的接地故障，就会发生最严重的并行换相失败现象，同时影响两个区域的电能传输。其中的原因是此时故障容量较高，一旦子系统 2 抵御不住此次的接地故障而发生换相失败，将会伴随着母线电压的迅速下降，并波及到临近子系统 1 的交流母线，较大程度地降低子系统 2 的换相裕度，使之也发生换相失败现象，对于整个系统而言即发生了并行换相失败现象。

2. 多馈入直流输电系统换相失败的影响因素

利用 PSCAD 中 Multiple Run（多重运行）模块，测量一个周期（20ms）内不同时刻发生 150Ω 单相接地故障后的关断角波动下的最小值，时间间隔取 0.5ms，仿真结果如图 10-8a 所示。

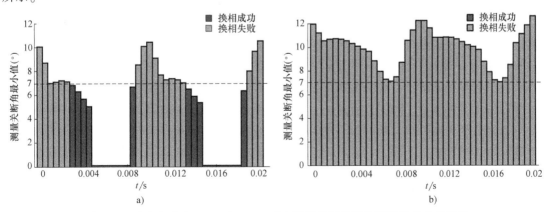

图 10-8　过渡电阻为 150Ω 和 246Ω 时全周期单相接地故障后的最小关断角

在不改变其他运行参数的前提下，逐渐加大单相接地故障的过渡电阻，直到全周期发生单相故障后的最小关断角都大于7°，即无论哪一时刻发生过渡电阻为 R_c 的单相接地故障，系统都不会发生换相失败，定义此时的过渡电阻 R_c 为临界过渡电阻。就该仿真模型而言，临界过渡电阻为246Ω，如图 10-8b 所示。临界过渡电阻是判断直流系统稳定性的一个指标，临界过渡电阻越小，说明系统抵抗换相失败的能力越强，系统越稳定。

相反地，若逐渐减少单相接地故障的过渡电阻到102Ω，那么一个周期之内所有时刻都将发生换相失败现象。若以故障发生时刻和过渡电阻大小这两个关键影响因素为 x 轴和 y 轴，记录下这两种影响因素下的所有故障时最小关断角，就能得到如图 10-9 所示的图形。

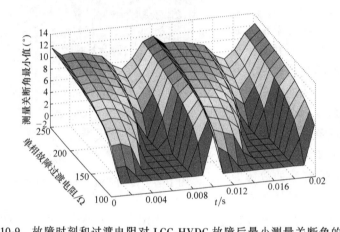

图 10-9　故障时刻和过渡电阻对 LCC-HVDC 故障后最小测量关断角的影响

从图 10-9 仿真结果中可以看出，单相接地故障对故障发生时刻的敏感度较高，其一个周期内的故障特性会出现两个"山峰"，此段时间内不容易发生换相失败；但同时也存在"低谷"，在此段时间内容易发生换相失败现象。

3. 接地阻抗类型

前述仿真研究中，所有的交流母线接地故障都是经电阻接地的，未对感性和容性分量予以考虑。在实际情况下，接地故障不一定完全经电阻接地，为进一步分析接地故障的过渡阻抗特性，考虑接地故障中过渡阻抗最极端的情况，即经电感接地和经电容接地。

该 LCC-HVDC 仿真模型的逆变侧交流母线上设置三相接地故障，利用多重运行模块使过渡电感从全周期换相失败时的 L_{min} 逐渐增加到全周期换相成功的 L_{max}，故障发生时刻由0s 逐渐增加到 0.02s，记录下不同因素共同影响下的故障后测量关断角最小值，并将结果绘制于空间直角坐标系中。电容接地故障的仿真亦同，在此不再赘述。感性接地故障和容性接地故障的仿真结果如图 10-10 所示。

由仿真结果可以看出，单相感性接地故障下也呈"双峰双谷"形状，但起伏较小，即对故障时刻点的敏感性不高，而反观单相容性接地故障，同样呈"双峰双谷"形状且起伏巨大，即对故障时刻点的敏感度很高。

与单相阻性接地故障有瞬时临界过渡电阻一样，单相感性（容性）故障也存在某一时刻下的瞬时临界过渡电感（瞬时临界过渡电容）。当发生感性单相接地故障时，一个周期内

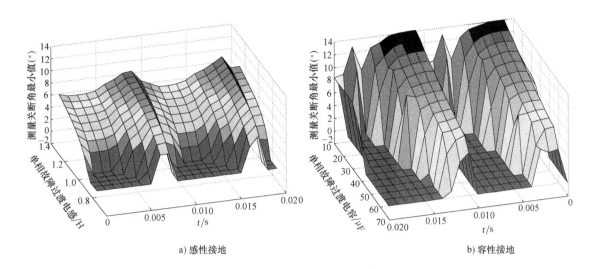

a) 感性接地　　　　　　　　　　　　b) 容性接地

图 10-10　故障时刻和过渡电感/电阻对单相接地故障后最小测量关断角的影响

不同时刻点的瞬时临界过渡电感如图 10-11a 所示，而发生容性单相接地故障后的瞬时临界过渡电容如图 10-11b 所示。

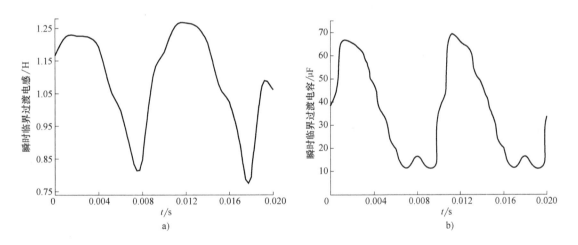

图 10-11　单相感性（容性）接地故障下不同时刻的瞬时临界过渡电阻（电容）

利用式（10.1）将前文提到的临界过渡电阻、电感和电容转化为一个统一的指标——故障水平 f_{FL}：

$$f_{FL} = \frac{U^2}{Z_{fault}P_{dc}} \tag{10.1}$$

式中，U 为换流母线的额定电压；Z_{fault} 为接地阻抗；P_{dc} 为直流系统传输的额定功率。

经过式（10.1）转换完成后，将阻性、感性和容性接地故障的时间特性重绘于同一直角坐标系中，如图 10-12 所示。

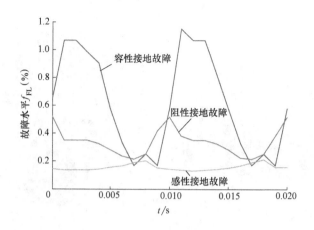

图 10-12　阻性、感性和容性接地故障的临界故障水平

从图 10-12 中可以看出，感性接地故障对故障发生时刻最不敏感，阻性次之、容性最为敏感。因此，在单相接地故障情况中，感性接地故障是最容易导致换相失败的故障形态。电容性接地故障的临界指标较高，而且在实际系统中很少发生电容性接地故障。

10.2　多端直流输电系统

10.2.1　多端直流输电系统的类型及特性

1. LCC-MTDC（电网换相换流器-多端直流输电）的接线方式

LCC-MTDC 按照系统接线方式可分为并联型、串联型、级联型和混合型。每种结构型式有不同的运行控制特性，通过控制换流站不同的电气量来达到功率分配的目的。

（1）并联型

并联型多端直流输电系统各换流站间以同等级直流电压运行，其常见的两种结构型式如图 10-13 所示。这类结构的输电系统正常工况下，一个换流站控制系统的直流电压，其余流换站控制自身的直流电流，从而实现功率分配。

对于辐射状的并联接线方式，当某极任何一条直流线路受到扰动或者任何一个逆变站换相失败，都会导致整极停运或造成严重的干扰。对于环网状的并联接线方式，即使某条直流线路因为永久性故障后被切除，也可以利用其他直流线路的过负荷能力，维持各换流站继续运行，具有较好的灵活性。

并联接线方式下，各站电压相同，通过调节各换流站流经的电流大小就可以方便地调节各换流站的注入功率，调节范围大。当某换流站需要进行潮流反转时，由于电压不变，因此必须改变流经的直流电流方向，而流过晶闸管换流器的直流电流方向必须通过倒闸操作改变其正负极性，因而无法进行快速的潮流反转。

（2）串联型

串联型 LCC-MTDC 是指各换流站串联连接，流过同一直流电流的多端直流输电系统，其直流线路只在一处接地，换流站之间的功率分配主要通过调节直流电压来实现，其结构型

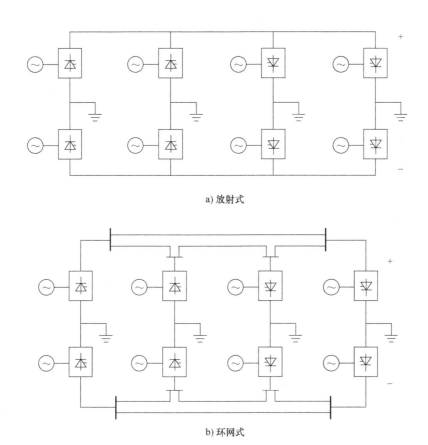

a) 放射式

b) 环网式

图 10-13　并联式多端直流系统结构

式如图 10-14 所示。

　　串联接线方式下，由于直流电流相同，各站通过改变直流电压以达到调节功率注入的目的，直流电压的大幅度变化需要换流变压器抽头电压调节范围广，同时要求对直接影响换相电压的换流器触发角的运行范围广，因而导致串联接线方式具有换流器功率因数低、换流阀阻尼回路损耗大和换流器谐波问题严重等缺点。

　　当潮流反转时，串联接线方式具有很大的

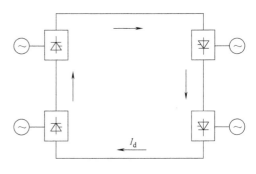

图 10-14　串联式多端直流系统结构型式

优势，由于直流电流方向不变，转换换流站的直流电压极性，只需改变触发角即可，不需要对直流系统进行倒闸和重启操作，因此可以进行快速的潮流反转。

　　当某个换流器故障时，通过将该故障换流器旁通就可以维持其余换流站的继续运行；但当某条直流线路发生永久性故障被切除后，直流电流通路被截断，整个直流系统都将停运，因此直流线路故障下串联接线方式的影响比较严重。

　　（3）串联型和并联型的对比

当系统输送的总功率相同时，并联型和串联型多端直流输电系统性能比较结果见表10-3。

表 10-3 并联型和串联型多端直流输电系统比较

比较参数	并联型	串联型
有功损耗	小	大
无功需求	小	大
经济性	优	劣
故障恢复速度	快	慢
潮流反转	慢	快
系统扩展	灵活	复杂

通过表10-3可看出，除潮流反转串联型多端系统占优外，其他方面均是并联型多端系统占优。并联接线方式直流输电相比于串联系统，其线路损耗较小，调节范围更大，绝缘配合更容易实现，功率控制较为容易，工程扩建的灵活性较高，且具有相对较少的运行问题，因而广泛应用在实际工程中。

2. VSC-MTDC 的接线方式

VSC-MTDC 的拓扑与 LCC-MTDC 传统多端输电类似，仍分为三大类，即串联型、并联型以及二者衍生出的混合型结构。图 10-15 为不同接线方式的多端 VSC 系统拓扑结构示意图。

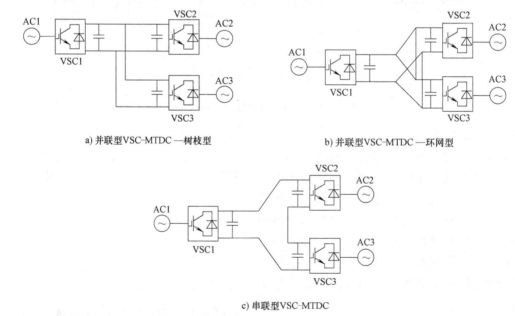

a) 并联型VSC-MTDC—树枝型   b) 并联型VSC-MTDC—环网型

c) 串联型VSC-MTDC

图 10-15 VSC-MTDC 系统拓扑结构示意图

VSC-MTDC 系统的不同拓扑结构采用的协调控制策略不同，其灵活性、经济性及适用场合等也大不相同。

（1）调节范围

并联型 VSC-MTDC 除一个换流站定直流电压外，其余都可以运行于定功率模式，因此系统的功率调节范围比较宽；而串联型 VSC-MTDC 只有一个换流站采取定功率或直流电流控制方式，其他换流站定直流电压控制，很难对其功率进行控制，因此调节范围有限。

（2）可靠性

由于高电压大容量直流断路器目前还处在研究阶段，并联 VSC-MTDC 中，如果其中一个换流站处于检修或故障原因需要退出运行，则要先停运整个 VSC-MTDC 系统，移除需停运换流站，再重新启动剩余系统。如果发生直流线路故障，需在整个系统先停运后，将故障线路断开，然后剩余部分重新启动继续运行。对树枝型 VSC-MTDC，与故障直流线路相连的换流站也将退出，剩余站需要重新调整功率定值。而对于环网型结构，可以利用其他线路的过负荷能力，使所有站继续运行，可靠性较高。此外，若采用 MMC 换流器，由于 MMC 本身故障率较低，同时在发生单极直流线路故障时 MMC 有一定故障穿越能力，因此 MMC-MTDC 的可靠性要高于传统的两电平 VSC-MTDC。

对于串联结构的 VSC-MTDC，如果其中有一个换流站需要退出运行，处理措施与并联 VSC-MTDC 相似，可以整个系统先停运，将停运换流站旁通隔离后再重启系统。如果发生直流线路永久性故障，则与并联结构不同，整个串联 VSC-MTDC 必须停运。

（3）系统绝缘配合

并联结构中，每个换流站承受相同的直流电压，系统的绝缘配合比较容易；串联结构中不同换流站有不同的对地电位，因此整个系统的绝缘配合比较复杂。

（4）扩展灵活性

并联多端系统的扩展比较简单，不过加入新换流站后，要重新检查系统的过电流情况；对于串联多端系统扩展，由于加入新换流站后，要改变串联 VSC-MTDC 系统的直流电压水平，所以比并联 VSC-MTDC 更困难一些。

（5）适用场合

并联结构由于其控制方式简单灵活，便于扩展，因此适用场合也较广泛，包括远距离输电的中间地区抽能或电源接入、多个电网的非同步联网、风电场并网及城市中心供电等。其中环网型结构由于其高可靠性更适于多电网互联，树枝型由于其更为经济，适用于远距离输电及风电并网等。

串联多端 VSC 系统中，VSC2 和 VSC3 的串联相当于提高了 VSC1 端的直流电压。因此，串联 VSC-MTDC 系统适用于需要将低压系统组合成高压直流系统的场合，例如在风电场中，通过多台风机的组合形成更高的直流电压并入交流系统。

（6）经济性

从直流线路的角度考虑，同样的几个 VSC 换流站相连，用串联结构比用并联结构所用的直流线路条数要少，节约成本。从运行效率角度考虑，串联结构可能存在只有部分负荷却在额定电流下运行，效率较低。当 VSC-MTDC 用于抽能方式时，当抽能容量占整个系统逆变容量较小时，直流电压较小，因此可减少 IGBT 的个数或选择低电压等级的 IGBT，降低成本和技术难度。但如果是大容量抽能，采用并联抽能比串联抽能更为合算。

总体看来，除在一些特定场合用串联结构较合适外，多数情况下并联连接具有更大优势，适用范围也更广。因此，目前世界上已投运的多端直流输电工程（包括 LCC-MTDC 和 VSC-MTDC）以及将要投运的多个工程均采用了并联型的拓扑结构。

10.2.2 多端直流输电系统的控制方式

1. 并联型 MTDC 的基本控制方式

并联式多端直流系统的基本控制方式有 4 种：定电流模式、电压限制模式、最小关断角模式及分散控制模式，此外，还有若干在此基础上发展的控制模式。

（1）电流裕额控制

该方式是双端直流输电系统定电流调节方式的延伸，即一个换流站控制整个直流网络的直流运行电压，其他所有的换流站都按定电流方式调节，使直流系统有稳定的运行点。

（2）定电流定电压控制

采用方式（1）时，控制电压的换流站运行于定 α 或定 δ 特性上，因此当其交流侧电压波动时，将引起直流网络电压的变化。尽管换流变压器分接头的自动调节功能可以在一定程度上减少这种波动的范围，但是调节速度缓慢且不连续。如果系统对直流电压有严格的要求，必须在控制电压的换流站增设直流电压调节器，在正常运行时改为定电压调节。

（3）限制电压控制

限制电压调节方式适合于换流站端数很多的场合，各换流站的特性由定电压和定电流（逆变站还有定 δ）等多段组成。由一个整流站控制直流系统的电压并将其保持在额定值，其余的换流站都运行在定电流工作方式下。如果控制直流电压的换流站发生故障而导致该端直流电压下降至其电压限制值时，则将控制直流电压交给其他站去完成，该站转为定直流电流控制方式运行。

实际 MTDC 输电系统的调节方式可以采用其他调节方式或上述运行方式的混合方式。

并联系统的控制方式主要为定电流（Constant Current，CC）/定电压配合和定关断角 γ（Constant Extinction Angle，CEA）/定电压配合，选择一个换流站维持直流运行电压，其余换流站运行于定电流控制状态，该整定电压的换流站可以为定触发角 α（Constant Firing Angle，CFA）控制的整流站或定关断角控制的逆变站。以四端直流系统为例，其 U-I 特性如图10-16 所示。

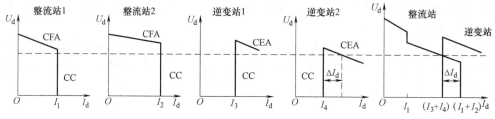

图 10-16 并联四端直流系统的控制特性

其中逆变站 2 是电压控制换流站，其余为电流控制站。为了保证系统的稳定运行，电压控制换流站需要保持一定的电流裕度，因此需要在各站间统一协调电流整定值，需要更高等级的中央控制器。

2. 串联型 MTDC 的基本控制方式

为了保证直流系统有稳定的运行点，常常选定一个换流站为定电流方式调节。这种调节方式比较简单而且换流站无功功率消耗的总量也最小。

串联式多端直流输电系统由于通过各个换流站和直流线路的电流相同，通常选定一个换流站为定电流控制方式，其余换流站均按定 α 或定 δ 调节。所有其他换流站承担直流电压的控制，或运行于定触发角或定熄弧角控制。

串联多端直流系统由一个换流站控制电流，其余换流站运行于定触发角 α（CFA）或定

关断角 γ （CEA）、定电压控制状态，图 10-17 为常见的串联系统控制策略图。

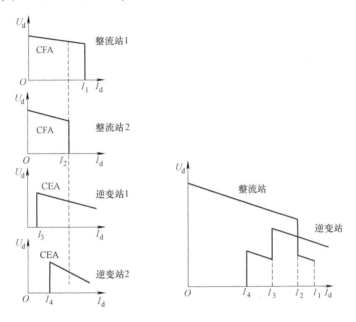

图 10-17　串联四端直流系统的控制特性

其中，整流站 2 为定电流控制，其余换流站控制本站直流电压。通常直流电流由直流整定值最小的整流站控制，但如果逆变站的电压代数和大于整流站电压代数和，则直流电流由电流整定值最大的逆变站控制。

10.2.3　工程实例

2022 年冬奥会将在北京－张家口举行，为推进"绿色奥运""低碳奥运"的理念，国家发改委印发《河北省张家口市可再生能源示范区发展规划》。根据规划，张家口地区 2020 年和 2030 年可再生能源装机规模将分别达到 20GW 和 50GW，外送需求突出。北京地区经济发达，能源需求量大，为满足节能减排要求，需逐步提高外来电能比例和可再生能源电量比重。

为解决大规模可再生能源送出问题，国家电网公司在北京、河北建设四端直流电网示范工程，构建直流电网理论体系，突破直流电网关键技术，研制并应用直流电网核心设备，进一步推进我国在直流电网领域原始创新和自主创新，充分利用张家口地区大规模风、光互补特性与抽蓄电站的灵活调峰能力，为京津冀地区提供稳定、可靠的清洁能源，为后续西北部新能源集中开发和规模外送创造条件。

1. 张北直流电网的构型

张北柔直电网工程是世界首个 ±500kV 直流电网，将在河北康宝、张北、丰宁以及北京建设柔性直流换流站，康宝、张北站分别汇集大规模光伏和风电，丰宁站接入抽蓄机组，北京站消纳负荷。张北直流电网采用双极系统，其结构如图 10-18 所示，为了清晰展示，图中仅体现了双极中的一极。其 MMC 换流器参数与直流线路参数分别如表 10-4 和表 10-5 所示。

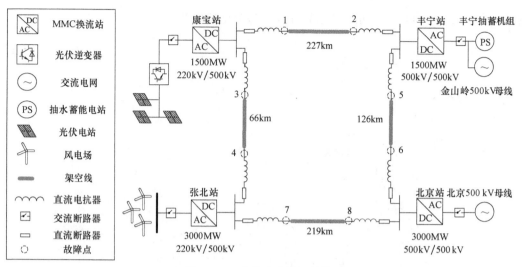

图 10-18　张北直流电网结构

表 10-4　张北四端直流电网 MMC 参数

换流站	控制策略	桥臂电抗/mH	桥臂电阻/Ω	单桥臂子模块数量(不含冗余)/个	子模块电容/mF
康宝站	$Q = 0\text{MVar}$ $P = 1500\text{MW}$	100	0	233	7
丰宁站	$Q = 0\text{MVar}$ $U_{DC} = 1000\text{kV}$	100	0	233	7
张北站	$Q = 0\text{MVar}$ $P = 3000\text{MW}$	75	0	233	15
北京站	$Q = 0\text{MVar}$ $P = -3000\text{MW}$	75	0	233	15

表 10-5　直流线路参数

直流线路 ±500kV 架空线	$R_{dc}/(\Omega/\text{km})$ 0.01	$L_{dc}/(\text{mH/km})$ 0.82	限流电抗/mH 150
康宝站—丰宁站 227km	康宝站—张北站 66km	丰宁站—昌平站 126km	张北站—昌平站 219km

2. 张北直流电网的故障穿越策略

　　张北柔直电网采用架空直流输电线路，遭受雷击、山火、覆冰闪络等故障概率较高，故障发展速度快，为减小直流线路故障带来的影响，快速清除、隔离故障，需要研究换流站设备配置方案。张北柔直设备配置方案主要有两种：方案一是"半桥 MMC+直流断路器"方案，采用直流断路器跳开故障线路，切除故障电流，如图 10-19a 所示；方案二是"具有故障自清除能力 MMC+快速机械开关"方案，如图 10-19b 所示。采用故障自清除的全桥换流器，通过换流器闭锁阻断故障电流。采用方案一时，直流线路故障可以通过直流断路器清除故障，如果换流阀耐受应力满足要求，换流器可以不闭锁，直流电网功率传输不间断。

对于方案一，如果两换流站之间直流线路较长，例如 1000km，在直流线路一端发生故障时，行波信号从故障点送到另一端换流站的时间延迟约 3.3ms，再加上保护装置的处理时间约 2ms，这就增加了直流断路器的故障切除时间，给换流阀和直流断路器带来较大压力，张北工程换流站之间直流线路长度均不超过 250km，影响相对较小。采用方案二时，一旦直流线路发生故障需要闭锁全部换流器，通过直流机械开关隔离故障，故障清除后重启换流器，将造成直流电网功率传输短时中断，对交流系统冲击较大。柔直电网电源侧发电机组孤岛接入时，如果换流器全部短时闭锁将导致发电机组网侧电压紊乱，引起发电机组脱网跳闸，故障扩大，系统难以短时间恢复供电；同时对于具有故障自清除能力的全桥式子模块结构换流阀或者嵌位双子模块结构换流阀，拓扑结构更加复杂，实现同样的直流输电电压和输送功率甚至需要比半桥式 MMC 更多的 IGBT 和二极管器件，导致造价急剧升高，而且由于元器件增多，导致可靠性降低。经综合比较，张北工程采用"半桥式 MMC+直流断路器"的技术方案。

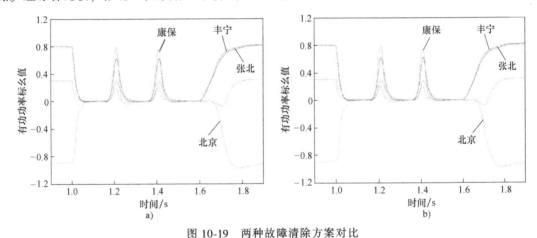

图 10-19　两种故障清除方案对比

3. 张北直流电网的控制策略

张北工程换流站控制系统在传统的双极控制层、极控层的基础上增加了站间协调控制层，在张北和北京站各配置一套站间协调控制系统，北京站为协调控制主站，张北站为后备控制站。站间协调控制系统主要用于调节直流电网电压、线路过负荷、顺控联锁和直流电网潮流优化，在站间协调控制系统失去作用后直流电网仍能正常运行。直流电网极控系统采用直流电压斜率偏差控制，定直流电压控制主站控制直流电压的参考值，其他换流站在参考值偏差范围内不参与电压调节。当直流电压变化超过死区后，其他换流站按照设定好的斜率调整功率，使直流电压运行在新的稳态值。

10.3　混合直流输电系统

10.3.1　混合直流输电系统的类型及特性

1. 混合直流输电的应用场景

远距离大容量输电是我国电网发展的一个重要趋势，直流输电在其中担负着重要角色。一般远距离大容量直流输电系统有两个重要特点：一是潮流方向单一，不管是大容量水电基地送出还是大容量火电基地送出，都不需要考虑潮流反向问题；其二受端系统直流落点密集，如广东电网和华东电网等，造成所谓的多直流馈入问题，其严重性表现在当受端系统某点发生短路故障时，可能引起多回直流线路同时发生换相失败，导致多回直流线路输送功率暂时中断，对送受端交流系统的安全稳定性构成严重威胁。以我国广东电网为例，广东电网在楚穗直流投产后，30 个 500kV 厂站发生三相短路故障会导致 5 回直流线路同时发生换相失败；溪洛渡、糯扎渡直流投产后，因三相短路故障导致 5 回及以上直流线路同时发生换相失败的 500kV 厂站数量增加至 43 个，其中 17 个厂站发生三相短路故障会导致 8 回直流线路同时发生换相失败；滇西北直流投产后，存在 21 个 500kV 厂站发生三相短路故障会导致 8 回及以上直流线路同时发生换相失败，其中有 11 个厂站发生三相短路故障导致 9 回直流线路同时发生换相失败。可见，随着落入广东的传统直流输电系统数量增多，导致多回直流线路同时发生换相失败的区域范围逐渐扩大。

因此利用 MMC 作为逆变站，与 LCC 整流站一起构建混合直流输电系统可以解决 LCC-HVDC 缺乏受端系统落点的问题。同时由于 MMC 对交流系统电压有较强的支撑能力，受端系统短路故障时，混合直流输电系统还可以降低其他 LCC-HVDC 输电系统发生换相失败的可能性。

2. 混合直流输电的类型及故障穿越策略

图 10-20a 所示为 LCC-二极管-MMC 混合直流输电系统。其清除直流侧故障的原理叙述如下：设直流线路上某点发生接地故障，则显然流入故障点的故障电流是从 LCC 侧流出的，MMC 侧对故障点电流没有贡献，因为二极管阀阻塞了 MMC 到故障点的电流流动路径。而消除从 LCC 侧流出的故障电流，对传统直流输电来说是一个非常成熟的技术，即所谓的"强制移相技术"。强制移相的意思是 LCC 在检测到直流侧发生故障后，立刻将触发角从正常运行的 15°±2.5°范围快速拉大到 145°左右，使 LCC 从整流运行状态快速转变为逆变运行状态。当 LCC 转变为逆变运行状态后，LCC 产生的电动势是阻止故障电流流动的，从而使故障电流快速下降到零。因为 LCC 的单向导通特性，故障电流不会变成负，而是保持在零值不变。

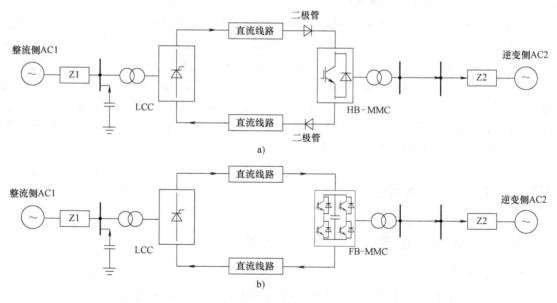

图 10-20　混合直流输电系统

为克服 HBMMC 无法有效处理直流侧故障的缺点，除了采用图 10-20a 所示的 LCC-二极管-MMC 混合直流输电系统外，更具有一般性的是如图 10-20b 中的 LCC-FBMMC 混合直流输电系统。当直流侧发生短路故障之后，只要 LCC 启动强制移相，FBMMC 闭锁换流器就能够很快使故障电流下降为 0。

3. 混合直流输电的控制策略

对于图 10-20 所示的混合型直流输电系统，按照传统直流输电"整流侧定电流、逆变侧定电压"以及柔性直流输电系统"一侧定电压、另一侧定有功功率"的控制策略，很容易确定两种可能的控制策略，我们分别称其为控制策略 1 和控制策略 2。控制策略 1：LCC 侧定电流控制加最小触发角限制，MMC 侧定直流电压控制。控制策略 2：LCC 侧定直流电压控制加最小触发角限制，MMC 侧定有功功率控制。

4. 故障穿越特性仿真

在仿真平台中搭建如图 10-20b 所示的混合直流输电系统，详细参数见表 10-6。当逆变侧换流站发生端口金属性双极短路故障后，其故障穿越特性如图 10-21 所示。可知当 LCC 侧启动强制移相，MMC 侧闭锁换流器后，线路上的故障电流会很快下降至 0。

表 10-6　混合直流输电系统参数

参　　数	大小	参　　数	大小
额定直流电压/kV	±500	架空线路长度/km	400
额定交流电压(L-L,RMS)/kV	345	平波电抗器/mH	600
变压器容量 /MV·A	1000	额定直流电流/kA	2
变压器副变电压 /kV	220	桥臂电抗/mH	20
交流系统短路比	2.5	子模块电容/μF	800
交流系统 X/R	20	桥臂子模块数/个	38
交流系统等效电抗 /mH	30		

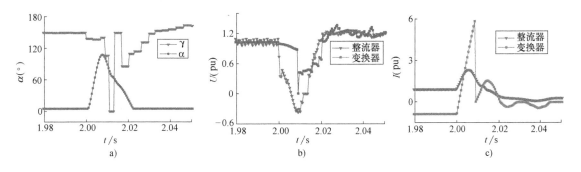

图 10-21　混合直流输电系统直流短路故障穿越特性

10.3.2　工程实例

1. 工程实例

国家开展大气污染治理计划，将中国西部的清洁能源送往东部沿海能源消耗大省，乌东德水电站从云南送广西广东输电工程作为西南通道应运而生。乌东德水电站送电广东广西特高压多端直流示范工程（以下简称昆柳龙直流工程）技术方案是采用常规直流与柔性直流混合的特高压多端直流输电系统。该方案送端云南侧采用 LCC，工程技术成熟且节省投资成本。受端广东、广西侧采用 MMC，功率控制灵活、交流电压谐波少、无需额外滤波器，可提供无支撑，避免受端广东电网常规直流多落点受交流故障影响连续换相失败的风险，柔性直流输电可以支持片区电压的恢复，支持常规直流的快速恢复。此外，电压源换流器还将采用全桥半桥混合拓扑，能有效地穿越短时直流故障，为采用架空线传输电力提供了条件，相比采用电缆可大大节省工程线路投资。

乌东德水电站送电广东广西 ±800kV 特高压直流输电工程，计划从云南新增外送电力8000MW，其中送广东 5000MW、送广西 3000MW，预计 2021 年建成投运。工程技术方案之一是送端云南侧采用特高压常规直流双 12 脉动阀；受端广东、广西侧采用柔性直流，柔直端采用高低阀组串联的方案，可以实现阀组的在线投退运行等多种运行方式，如图 10-22 所示。

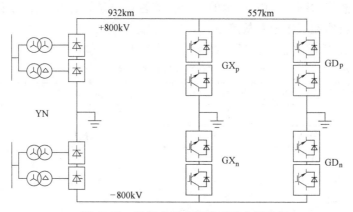

图 10-22 昆柳龙混合直流系统主接线图

柔直换流阀每个阀组由半桥功率模块、全桥功率模块混合拓扑构成，全、半桥比例为80% 和 20%，如图 10-23 所示，可以实现直流线路故障自清除和极性反转，此外采用该方案还支持广东广西功率互送。

2. 昆柳龙混合直流的控制策略

多端混合直流输电系统在运行过程中需要有稳定的直流侧电压，因此其中一端换流站采用定电压控制模式，控制直流电压的节点相当于一个有功功率平衡节点；其余换流站则采用定功率/电流控制模式，即通过控制流经本站的直流电流来控制各自的功率，这些换流站的功率与流经该站的直流电流成正比，这些换流站的直流电流之和等于定电压控制换流站处的直流电流。

昆柳龙工程特高压多端混合直流输电系统采用送端云南侧定功率/定电流、受端广西侧定功率/定电流、受端广东侧定电压的控制模式。该模式下，受端广东侧可稳定地控制直流电压，同时在故障工况下，还可以采用电压裕度控制，将电压控制权切换到云南侧或广西侧，结合柔性直流和常规直流的外特性，多端混合直流输电系统的外特性曲线如图 10-24 所示，图中 A 点表示稳态运行时，直流系统控制模式为广东侧定电压、广西侧定功率/定电流、云南侧定功率/定电流；B、C、D 点表示出现故障工况时，采用电压裕度控制，将直流系统的电压控制权分别切换至广西侧和云南侧。

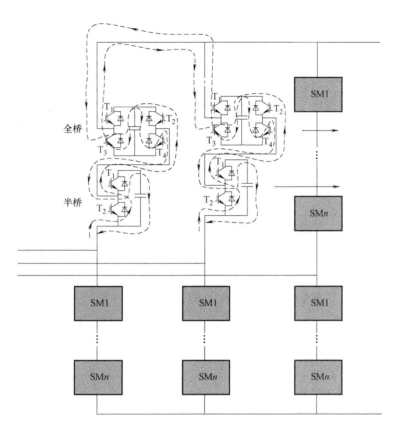

图 10-23　全桥半桥功率模块拓扑

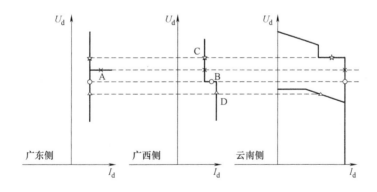

图 10-24　昆柳龙特高压多端混合直流输电系统的外特性曲线图

在正常工况下，多端混合直流输电系统可以通过广东侧 MMC 实现广西侧 MMC 的直流侧启动，即首先广东侧 MMC 由交流侧完成预充电和解锁启动，建立直流电压，同时通过直流线路给广西侧 MMC 主动充电（即广西侧未闭合交流断路器，在充电过程中只接受直流侧电源对其功率模块进行充电）；之后解锁广西侧 MMC，待网侧电压与交流系统电压同频同相后闭合广西侧交流断路器，同时将广西侧 MMC 由控制交流电压模式切换为控制有功功率模式；随后再启动云南侧 LCC，将直流电流提升到额定值，该过程中广西侧的有功功率/直流电流上升率应当与云南侧按照功率比例保持基本一致，否则在满功率下容易引起广东侧过负

173

荷跳闸。上述启动过程如图 10-25 所示。

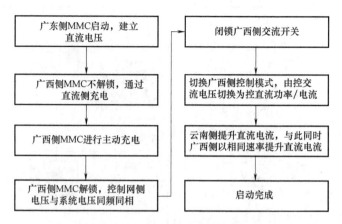

图 10-25　三端系统直流侧启动过程

三端交流侧启动方案是指广东和广西侧 MMC 由交流侧完成预充电，先后解锁，广东侧将直流电压抬升到额定值，在此过程中广东、广西侧子模块电压均被充至额定值附近；再启动云南侧 LCC，将直流电流提升至额定值，具体启动过程如图 10-26 所示。

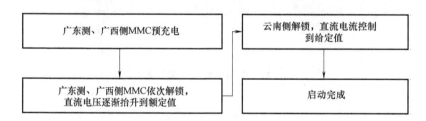

图 10-26　三端系统交流侧启动过程

多端混合直流输电系统的停运方案依据以下原则：先降直流功率/电流，再降直流电压，最后闭锁换流器，具体停运过程如图 10-27 所示。

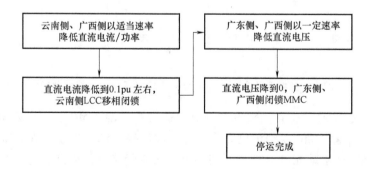

图 10-27　三端系统停运过程

第11章

并联型补偿设备

11.1 柔性交流输电系统概述

很长一段时间以来，虽然微电子、计算机和高速通信技术在电力系统的调度、控制和保护上得到了广泛应用，但是当控制信号送到执行设备（如断路器）时，大多是通过机械性操作来实现控制目标的。也就是说，在大容量电力电子技术得到应用以前，进行潮流控制和提高系统稳定性虽然有很多种方法，但它们有一个共同的基点，即机械开关。如在控制潮流方法中，采用固定串联电容器（fixed series capacitor，FSC）或机械式投切并联电容器（mechanically switched capacitor，MSC）/电抗器（mechanically switched reactor，MSR），或者调整移相器或变压器分接头。传统的机械式控制方法的局限性是很明显的。首先是速度慢。受机械开关本身的物理性质和关断特性等限制，它的操作时间一般为 20~80ms。由于控制速度慢，故传统方法基本上只能在静态情况下控制系统潮流，对动态稳定的控制缺乏足够的能力。因此，为解决系统的动态稳定问题，一般留有较大的稳定储备，这就导致电网的输电能力没有得到充分利用。其次是不能在短时间内频繁操作。机械开关在每次动作后一般要间隔一定时间才能再次动作，严重制约了其对系统进行连续快速控制的能力。再者，基于机械开关的控制方法会带来其他一些难以解决的问题，如 FSC 可能导致次同步谐振。最后，机械装置老化快，寿命有限。总之，传统的机械式解决方法，制约了潮流控制的灵活性和系统稳定性的提高，难以充分利用电力设备的输电能力。

FACTS（Flexible AC Transmission Systems）作为一个完整的技术概念，最早是由美国电力科学院（Electric Power Research Institute，EPRI）副总裁 N. G. Hingorani 博士在 1986 年的美国电力科学院杂志（EPRI Journal）上提出来的，他并于 1987 年 7 月在旧金山举行的电气和电子工程师协会/电气工程协会（Institute of Electric and Electronics Engineers/Power Engineering Society，IEEE/PES）夏季会议及 1988 年 4 月在芝加哥举行的美国电力第 50 届年会上公开宣讲，其中后者的文稿被公开发表在 IEEE Power Engineering Review 杂志上。FACTS 概念一经提出，立即受到各国电力科研院所、高等院校、电力公司和制造厂家的重视，或单独筹办或相互协作，制订了庞大的研究计划和应用目标。科技论文和研究报告大量涌现，国际学术组织（如 CIGRE，IEEE，EPRI，IEE 等）皆设立委员会或工作组开展工作，相继召开国际性的和地区性的专题国际会议，探讨 FACTS 技术并促进其发展。

FACTS 技术的良好发展势头来自于良好的背景条件。这些条件可概括为输电网运行的需要、来自 HVDC 的竞争压力、电力电子等技术的发展支持、已有 FACTS 技术产品的研制和运行经验的积累等四个方面。其中前两个是发展 FACTS 的需求压力，是充分条件；后两个是支撑性推动力，是必要条件。

N. G. Hingorani 博士最早（1988 年）对 FACTS 的定义是：柔性交流输电系统，即 FACTS 是基于晶闸管的控制器的集合，包括移相器、先进的静止无功补偿器、动态制动器、可控串联电容、带载调压器、故障电流限制器以及其他有待发明的控制器。随后，N. G. Hingorani 博士在一系列报告和文章中对 FACTS 的概念进行深入诠释和更新。同时，大量学者也加入这一领域的研究，不断丰富 FACTS 概念的内涵与外延。更为重要的，在 FACTS 这一概念的指导下，新的 FACTS 设备，如 TCSC、基于可关断器件的 STATCOM 和 UPFC 等也不断出现，反过来又促进了 FACTS 概念的完善。在这个过程中，IEEE、EPRI 以及国际大电网会议（CIGRE）等国际组织起了重要的推动作用。

从 FACTS 概念诞生到 20 世纪 90 年代中期，由于大量新的 FACTS 设备相继出现，对它们的命名出现了一定的混乱，同时关于 FACTS 技术与其他相关技术（如 HVDC）的关系也一直成为广泛争论的话题。在这种情况下，IEEE/PES 成立专门的 DC&FACTS 分委会，设 FACTS 工作组，旨在规范 FACTS 的术语定义和应用标准。1997 年，FACTS 工作组发布了"FACTS 的推荐术语和定义"文本，本书给出的定义将主要参照该文本。

1）电力传输的柔性/灵活性（flexibility of electric power transmission）：指电力传输系统在维持足够稳态和暂态稳定裕度的条件下适应电网及其运行方式变动的能力。

2）柔性/灵活交流输电系统（FACTS）：指具有基于电力电子技术的或其他静态的控制器以提高可控性和传输容量的交流输电系统。

3）FACTS 控制器（FACTS controller）：指基于电力电子技术的系统或其他静态的设备，它能对交流输电系统的某个或某些参数进行控制。

值得注意的是，在上述定义中提到了其他静态的控制器或设备，这意味着 FACTS 和 FACTS 控制器除了基于电力电子技术之外，还有其他可能的选择。

FACTS 的核心是 FACTS 控制器，以下将概要介绍 FACTS 控制器的基本类型及主要 FACTS 控制器的定义，更详细的内容将在后续章节中阐述。

根据 FACTS 控制器与电网中能量传输的方向是串联（平行）或并联（垂直）关系，将其分为以下四种基本类型。

1. 串联型 FACTS 控制器（series FACTS controller）

如图 11-1 所示，串联型 FACTS 控制器与线路串联，方框内加一个晶闸管符号代表 FACTS 控制器。在具体形式上，它可以是一个串联的可变阻抗，如晶闸管投切或控制的电容器、电抗器；或者是基于电力电子变换器的，用于满足特定的需要而具有基频、次同步和谐波频率（或其组合）的可控电源。原则上，所有的串联型

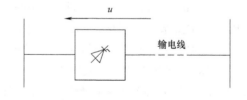

图 11-1　串联型 FACTS 控制器

FACTS 控制器都产生一个与线路串联的电压源，通过调节该电压源的幅值和相位，即可改变其输出无功甚至有功功率的大小，起到直接改变线路等效参数（阻抗）的目的。

串联型 FACTS 控制器由于能调节线路等效阻抗，从而直接影响电网中电流和功率的分布以及电压降，因此在实际应用中，对于控制潮流、提高暂态稳定性和阻尼振荡等具有非常好的效果。由于是串联在输电线路上，因此串联型 FACTS 控制器必须能有效应对紧急和动

态的过载电流，以及短时间内大量的短路电流，这是设计和控制中需解决的一个重大问题。

2. 并联型 FACTS 控制器（shunt FACTS controller）

如图 11-2 所示，并联型 FACTS 控制器与能量流动的方向呈垂直（并联）关系。在具体形式上，它可以是一个并联可变阻抗，如晶闸管投切或控制的电容器、电抗器；或者是基于电力电子变换器的可控注入电源。原则上，所有的并联控制器都相当于一个在连接点处向系统注入的电流源，通过改变该电流源输出电流的幅值和相位，即可改变其注入系统的无功甚至有功功率的大小，起到调节节点功率和电压的作用，进而达到间接调节电网潮流的目的。因此，它在潮流控制方面的效果不如串联型 FACTS 控制器明显；但并联型 FACTS 控制器在维持变电站母线电压方面更具性价比，而且它是对母线节点而不是单一的线路起补偿作用。

3. 串联-串联组合型 FACTS 控制器（combined series-series FACTS controller）

在多回路输电系统中，可以将多个独立的串联型 FACTS 控制器组合起来，通过一定的协同控制方法使其协调工作，构成组合型 FACTS 控制器。也可以采用如图 11-3 所示的方法，将两个或多个串联在不同回路上的变换器的直流侧连接在一起，构成串联-串联组合型（unified）FACTS 控制器，典型结构如前面提到的 IPFC。它的串联部分能提供无功补偿，而通过调节直流环节之间的有功功率传输，又可在各输电回路之间交换有功功率，从而能够同时平衡多回输电线路上的有功和无功潮流，实现输电系统的优化控制。

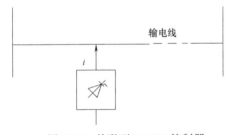

图 11-2　并联型 FACTS 控制器

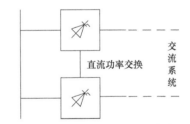

图 11-3　串联-串联组合型 FACTS 控制器

4. 串联-并联组合型 FACTS 控制器（combined series-shunt FACTS controller）

与串联-串联组合型 FACTS 控制器类似，串联-并联组合型 FACTS 控制器也有两种实现方式：一种是由独立的串联和并联控制器组合而成，通过适当的控制使其协调工作，如图 11-4a 所示；另一种是通过将串联型和并联型 FACTS 控制器的直流侧连接在一起构成 UPFC，

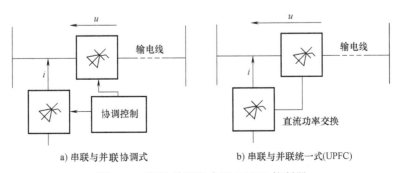

a) 串联与并联协调式　　　　　　　　b) 串联与并联统一式(UPFC)

图 11-4　串联-并联组合型 FACTS 控制器

如图 11-4b 所示。串联-并联组合型 FACTS 控制器通过并联部分向系统注入电流，通过串联部分向系统注入电压；而且，并联和串联部分通过直流环节连接起来以后，可以在它们之间交换有功功率。UPFC 将串联型和并联型 FACTS 控制综合成一个整体，因此兼具二者的优点，能更好地控制电网潮流、提高系统稳定性和进行电压调节。

由以上四种基本类型还可以发展出更复杂的 FACTS 控制器，在此不再赘述。

本书中即将介绍的 FACTS 控制器都是基于电力电子技术的，根据电力电子器件的开关特性及其在控制器主电路中的作用，又常常将 FACTS 控制器分为基于晶闸管控制/投切型（thyristor controlled or switched type）和基于变换器型（converter-based type）两种。前者主要采用晶闸管这种单向（开通）可控型电力电子器件作为功率开关器件，代替传统的机械开关，从而获得更灵活的控制特性，它本质上秉承了传统的机械开关投切型补偿器的基本原理。而基于变换器型 FACTS 控制器通常采用双向（开通和关断）可控型电力电子器件构成能量变换器，获得一个可控的电压源或电流源，通过串联或并联在电网中调节其输出的幅值和相位，来达到对电网进行灵活和快速控制的目的，它在本质上不同于传统的机械开关投切式补偿器。

基于变换器型 FACTS 控制器中最常用的是 DC-AC 变换器，它在直流侧采用电容或电感作为支撑元件，其交流输出连接到电网上。由于电容和电感上存储的能量不能与电网上传输的容量相提并论，因此它只能连续地向系统注入或吸收无功功率，而不能长时间（超过数十周波）向系统提供有功功率补偿，这也使得其调节电网运行方式和动态性能的能力受到一定限制。随着储能技术的发展，如大容量电池储能和超导储能的出现，在 FACTS 控制器中加入大容量储能设备已经成为可能。

11.2 并联补偿设备概述

电力系统补偿可按接入方式分为并联补偿、串联补偿和串并联混合补偿三种，而并联型 FACTS 控制器是并联补偿设备的主要成员。由于并联补偿方式的接入和退出都很方便，因此在电力系统中得到广泛的应用。电力系统并联补偿具有如下特点：

1）只需要电网提供一个接入节点，另一端为大地或悬空的中性点，因此接入电网很方便。

2）接入方式简单，不会改变电力系统的主要结构；而且通过调节并联补偿输出，可以在系统正常运行时接入系统，并将接入造成的影响降到最小，甚至可以做到无冲击投入运行和无冲击退出运行。

3）并联补偿设备要么只改变系统节点导纳矩阵的对角线元素，要么可等效为注入电网的电流源，因此并联补偿的投入对电力系统的复杂程度增加不多，便于分析。

4）并联补偿设备与所接入点的短路容量相比通常较小，并联补偿对节点电压的补偿或控制能力较弱，它主要是通过注入或吸收电流来改变系统中电流的分布。因此，并联补偿适合于补偿电流。

5）并联补偿只能控制自身注入的电流，而电流进入电网后如何分布则由系统状况决定，因此并联补偿通常能使节点附近的一定区域均受益，适合于电力部门采用；而串联补偿可以针对特定的用户采用，更适用于特定用户的补偿。基于此，电流源性质的装置比电压源性质的装置更加适合于并联补偿。

6）并联补偿设备需要承受全部的节点电压，其输出电流要么是由接入点电压决定的，要么是可控的，因此并联补偿设备的输出通常受系统电压的限制。

并联补偿可以向系统中注入电流或改变系统导纳矩阵的对角元素，因此采用并联补偿可以方便地向系统注入或从系统吸收无功和/或有功功率，进而可以控制电力系统的无功功率和/或有功功率的平衡。正是并联补偿的这种能力，使得它对电力系统具有如下作用：①向电网提供或从电网吸收无功和/或有功功率；②改变电网的阻抗特性；③提高电力系统的静态稳定性；④改善电力系统的动态特性；⑤维持或控制节点电压；⑥通过控制潮流变化阻尼系统振荡；⑦快速可控的并联补偿可以提高电力系统的暂态稳定性；⑧负荷补偿，提高电能质量等。

并联补偿在输电网和配电网中都得到广泛应用。在输电网中，其主要功能是改善潮流可控性，提高系统稳定性和传输能力；而在配电网中，其主要功能是提高负荷电能质量和减小负荷对电网的不利影响（如不对称性、谐波等）。在电网中，并联补偿设备可以根据需要灵活布置，常见的方式有两种：一种是安装于输电线路的受电端（负荷侧）；另一种是在长传输线中间增加变电站（即线路分段）并布置并联补偿设备。

电力系统并联补偿设备可以按照不同的标准进行分类。按照所使用的开关器件及其主电路结构的不同可以分为：①机械投切阻抗型并联补偿设备，包括传统的断路器投切电抗器、电容器；②旋转电机式并联补偿设备，如同步调相机；③晶闸管投切或控制的阻抗型并联补偿设备，包括 TSC、TSR、TCR 及其综合体 SVC；④基于变换器的可控型并联补偿设备，包括 STATCOM、SMES 和 APF 等。其中后两者属于 FACTS 控制器的范畴。

按照并联补偿设备输出功率的性质可以分为：①有功和无功功率并联补偿设备，如抽水蓄能电站、飞轮储能系统、SMES（superconducting magnetic energy storage，超导储能系统）及 BESS（battery energy storage system，电池储能系统），其中后两者属于 SSG 类型的 FACTS 控制器；②无功功率并联补偿设备，如同步调相机、可投切电抗器、SVC、STATCOM、APF 等；③有功功率并联补偿设备，如 TCBR 按补偿对象的不同，无功补偿技术的设备可分为负荷补偿和系统补偿两类。负荷补偿通常是指在用户内靠近负荷处对单个或一组负荷的无功功率进行补偿，其目的是提高负荷的功率因数，改善电压质量，减少或消除由于冲击性负荷、不对称负荷和非线性负荷等引起的电压波动、电压闪变、三相电压不平衡及电压和电流波形畸变等危害。系统补偿则通常指对交流输配电系统进行补偿，目的是支撑电网枢纽点处的电压，提高系统的稳定性，增大线路的输送能力以及优化无功潮流，降低线损等。

按照应用系统的不同，并联补偿设备还可分为输电系统并联补偿设备和配电系统并联补偿设备，前者主要是保证输电系统安全稳定性和提高传输能力，而后者主要是维持节点电压，保障用户的供电可靠性和电能质量等。

此外，还可以按照并联补偿设备的电压等级分为低压并联补偿设备、中压并联补偿设备与高压并联补偿设备等；按照并联补偿设备的响应速度分为慢速型、中速型以及快速型设备等。

本章主要介绍 SVC 和 STATCOM 的原理及应用，限于篇幅，其他 FACTS 并联补偿设备在此不作详细介绍。

11.3 静止无功补偿器

静止无功补偿器（SVC）是在机械投切式并联电容和电感的基础上，采用大容量晶闸管代替断路器等触点式开关而发展起来的，分立式SVC包括可控饱和电抗器、晶闸管投切电容（TSC）和晶闸管控制/投切电感（TCR/TSR），它们之间或与传统的机械投切电容/电感结合起来构成组合式SVC，在外特性上，SVC可视作并联于系统或负荷的可控容抗或感抗。

11.3.1 并联饱和电抗器

饱和电抗器（saturated reactor，SR）可分为自饱和电抗器和可控饱和电抗器两种，后者属于FCATS控制器。

自饱和电抗器是在电力系统中较早得到发展和应用的一种并联补偿设备，它不需要调节器而依靠电抗器自身固有的能力来稳定电压。自饱和电抗器利用铁心的饱和特性使感性无功功率随端电压的升降而增减。图11-5是带斜率校正的自饱和电抗器的原理图及工作特性曲线。图中C为固定电容器组，L_s为自饱和电抗器，C_s为斜率校正电容。从图中可以看出，当母线电压升高ΔU时，则感性电流ΔI会增加，该电流在X_s上产生压降ΔU，从而维持系统电压不变；反之，当母线电压下降ΔU时，容性电流增加ΔI，该电流在X_s上产生电压升高ΔU，从而维持系统电压不变。该装置对电压波动的响应速度较好，响应时间一般在10~20ms；缺点是运行时电抗器的硅钢片将达到饱和状态，因而使铁心损耗增大，并伴有振动和噪声。

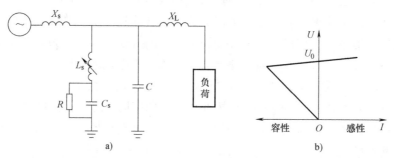

图11-5 带斜率校正的自饱和电抗器的原理图及其工作特性曲线

可控饱和电抗器的原理如图11-6所示。它通过调节晶闸管的导通角以改变饱和电抗器控制绕组中电流的大小来控制电抗器铁心的工作点磁通密度，进而改变绕组的电感值及相应的补偿的无功功率。与自饱和电抗器相比，它能够更好地适应母线电压变化较大的情况，但仍具有振动和噪声大的缺点。

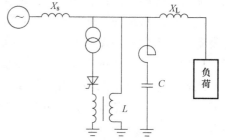

由于这种装置的电抗器是在高度磁饱和状态下运行的，电抗器呈现的动态电抗基本上是绕组的漏抗，因此时间常数很小，响应很快。实测表明，这种装置在冲击发生后的6~10ms即起作用，当振荡

图11-6 可控饱和电抗器型
静止补偿装置原理图

阻尼回路参数选择合适时，调节过程在几个周期内即达到稳定。英国 GEC 公司模拟试验证明，SR 装置在抑制电压闪变方面比 TCR 装置要好。

11.3.2 晶闸管控制/投切电抗器

1. 结构与原理

基本的单相晶闸管控制/投切电抗器（TCR）原理结构如图 11-7 所示，它由固定电抗器（通常是铁心的）、双向导通晶闸管（或两个反并联晶闸管）串联组成。由于目前晶闸管的关断能力通常在 $3 \sim 10\mathrm{kV}$，$3 \sim 6\mathrm{kA}$ 左右，实际应用时，往往采用多个晶闸管串联使用，以满足需要的电压和容量要求，串联的晶闸管要求同时触发导通，而当电流过零时自动阻断。

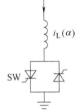

图 11-7　单相 TCR 的
原理结构

TCR 正常工作时，在电压的每个正负半周的后 1/4 周波中，即从电压峰值到电压过零点的间隔内，触发晶闸管，此时承受正向电压的晶闸管将导通，使电抗器进入导通状态。一般用触发延迟角 α 来表示晶闸管的触发瞬间，它是从电压最大峰值点到触发时刻的电角度，它决定了电抗器中电流 i 的有效值大小。

图 11-8 为 TCR 的电压和电流波形，图 11-8a 为正半周波的情况，图 11-8b 为负半周波的情况。由于电抗器几乎是纯感性负荷，因此电感中的电流滞后于施加于电感两端的电压约 $90°$，为纯无功电流，此时，电抗器吸收的感性无功最大（额定功率）；当 $\alpha = 90°$ 时，电抗器不投入运行，吸收的感性无功最小。

如果 α 介于 $-90°$ 和 $0°$ 之间，则会产生含直流分量的不对称电流，所以 α 一般在 $0° \sim 90°$ 范围内调节，即 $0 \leqslant \alpha \leqslant \pi/2$。通过控制晶闸管的触发延迟角 α，可以连续调节流过电抗器的电流，在 0（晶闸管阻断）到最大值（晶闸管全导通）之间变化，相当于改变电抗器的等效电抗值。

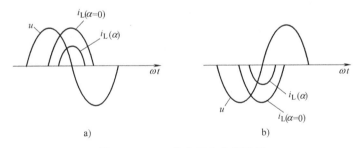

图 11-8　TCR 的电压和电流波形

设接入点母线电压为标准的余弦信号，即 $u(t) = U_\mathrm{m}\cos\omega t$，将晶闸管视为理想开关，则在正半波时，电抗器上的电流为

$$i(t) = \frac{1}{L}\int_\alpha^{\omega t} u(t)\,\mathrm{d}t = \frac{U_\mathrm{m}}{X_\mathrm{L}}(\sin\omega t - \sin\alpha) \quad \alpha \leqslant \omega t \leqslant \pi - \alpha \tag{11.1}$$

式（11.1）中，基波电抗 $X_\mathrm{L} = \omega L$，L 为电抗器的电感值。当 $\omega t = \pi - \alpha$ 时，支路电流下降到 0，晶闸管自动关断。在负半波，当 $\omega t = \pi + \alpha$ 时，晶闸管反向导通，类似可得到支路上的电流为

$$i(t) = \frac{U_m}{X_L} \left[\sin\omega t - \sin(\pi + \alpha) \right] \quad \pi + \alpha \leqslant \omega t \leqslant 2\pi - \alpha \tag{11.2}$$

通过分析可知，触发延迟角 α 变化时，支路上流过的电流可以连续变化，并在 $\alpha = 0°$ 时取得最大值，在 $\alpha = \pi/2$ 时取得最小值。

对支路电流进行傅里叶分解，可以得到其基波分量的幅值为

$$I_F = \frac{U_m}{X_L} \left(1 - \frac{2\alpha}{\pi} - \frac{1}{\pi}\sin2\alpha \right) \quad 0 \leqslant \alpha \leqslant \frac{\pi}{2} \tag{11.3}$$

定义导通角 $\sigma = \pi - 2\alpha$，则有

$$I_F = \frac{U_m}{X_L} \left(\frac{\sigma - \sin\sigma}{\pi} \right) \quad 0 \leqslant \sigma \leqslant \pi \tag{11.4}$$

可见，支路电流的基波分量是 α/σ 的函数。

TCR 的基波等效电纳为

$$B_F(\alpha) = \frac{I_F}{U_m} = \frac{1}{X_L} \left(1 - \frac{2\alpha}{\pi} - \frac{1}{\pi}\sin2\alpha \right) \quad 0 \leqslant \alpha \leqslant \frac{\pi}{2} \tag{11.5}$$

或

$$B_F(\sigma) = \frac{1}{X_L} \left(\frac{\sigma - \sin\sigma}{\pi} \right) \quad 0 \leqslant \sigma \leqslant \pi \tag{11.6}$$

式中，TCR 的基波电纳连续可控，最小值为 $B_{Fmin} = 0$（对应 $\alpha = \pi/2$），最大值为 $B_{Fmax}(\alpha) = 1/X_L(\alpha = 0°)$。

2. 运行特性

TCR 的运行特性可以用图 11-9 的"U-I 区域"来描述，它的边界由最大允许电压、电流和导纳构成。在正常运行区域内，TCR 可以视为连续可调的电感。

当 TCR 按照某个固定的触发延迟角进行控制时，称为晶闸管投切电抗器（TSR），通常按 $\alpha = 0$ 进行控制，此时电抗器中的稳态电流为纯正弦波形。TSR 提供固定的感性阻抗，当接入系统时，

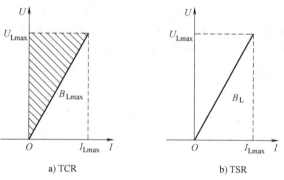

a) TCR   b) TSR

图 11-9   TCR 和 TSR 的运行特性

其中的感性电流与接入点的母线电压成正比，如图 11-9b 所示。可以将多个 TSR 并联采用分级（step-like）控制方式。

TCR 在正常运行时会产生大量的特征谐波注入电网，因此必须采取措施将这些谐波消除或减弱，具体方法可参考谢小荣、姜齐荣编著的《柔性交流输电系统的原理与应用》，在此不作分析。

11.3.3 晶闸管投切电容器

固定并联电容补偿的建造费用低，运行和维护简单，运行可靠性较高，但无法解决无功功率的过补偿和欠补偿问题，难以满足变电站功率因数指标要求，因此，一般需要采取一定的自动投切控制。根据控制开关的不同，自动投切电容器分为机械式（断路器或接触器）

投切电容器（mechanically switched capacitor，MSC）和晶闸管投切电容器（TSC）。MSC 具有结构简单、控制方便、性能稳定和成本低廉等优点，但是响应速度慢，不能频繁投切，主要应用于性能要求不高的场合。TSC 具有无机械磨损、响应速度快、平滑投切以及良好的综合补偿效果等优点；但相对而言，控制较复杂，投资费用较高，主要适用于性能要求较高的并联无功补偿应用。

单相 TSC 的基本结构如图 11-10a 所示，它由电容器、双向导通晶闸管（或反并联晶闸管）和阻抗值很小的限流电抗器组成。限流电抗器的主要作用是限制晶闸管阀由于误操作引起的浪涌电流，而这种误操作往往是由于误控制导致电容器在不适当的时机进行投入引起的。同时，限流电抗器与电容器通过参数搭配可以避免与交流系统电抗在某些特定频率上发生谐振。

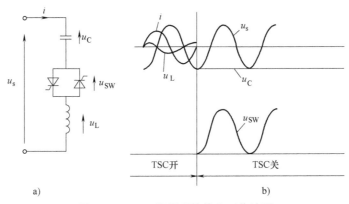

图 11-10　TSC 的原理结构和工作波形

TSC 有两个工作状态，即投入和断开状态。投入状态下，双向晶闸管（或反并联晶闸管之一）导通，电容器（组）起作用，TSC 发出容性无功功率；断开状态下，双向晶闸管（或反并联晶闸管）阻断，TSC 支路不起作用，不输出无功功率。

当 TSC 支路投入运行并进入稳态时，假设母线电压是标准的正弦信号 $u_s(t) = U_m \sin(\omega t + \varphi)$，忽略晶闸管的导通压降和损耗，认为是一个理想开关，则 TSC 支路的电流为

$$i(t) = \frac{k^2}{k^2 - 1} \cdot \frac{U_m}{X_C} \cos(\omega t + \varphi) \tag{11.7}$$

式中，k 为 LC 电路自然频率与工频之比，$k = \sqrt{X_C / X_L} = \omega_n / \omega$；$X_C = 1/(\omega C)$，$X_L = \omega L$。

电容上的电压幅值为

$$U_C = \frac{k^2}{k^2 - 1} U_m \tag{11.8}$$

当电容电流过 0 时，晶闸管自然关断，TSC 支路被断开，此时电容上的电压达到极值，即 $u_{C,i=0} = \pm k^2 U_m / (k^2 - 1)$（其中 "+" 号对应电容电流由正变为 0 晶闸管自然关断的情况，"–" 号对应电容电流由负变为 0 晶闸管自然关断的情况）。此后，如果忽略电容的漏电损耗，则其上的电压将维持极值不变，而晶闸管承受的电压在（近似）0 和交流电压峰峰值之间变化，如图 11-10b 所示。

实际上，当 TSC 支路被断开后，为了安全起见，或者由于电容的漏电效应，电容上的电压将不能维持其极值，当再次投入时，电容上的残留电压将为 0（完全放电）到 $\pm k^2 U_m /$

(k^2-1) 之间的某值（称为部分放电）。

为了使晶闸管导通瞬间不至于引起过大的冲击电流损坏电容，并获得良好的过渡过程，增快 TSC 的响应速度，需要对 TSC 的投切时机进行选择，详细分析过程可参考谢小荣、姜齐荣编著的《柔性交流输电系统的原理与应用》。据该文献分析结果，为使 TSC 电路的过渡过程最短，应在输入的交流电压与电容上的残留电压相等，即晶闸管两端的电压为 0 时将首次触发导通，具体而言：当电容上的正向（反向）残压小于（大于）输入交流电压的峰（谷）值时，在输入电压等于电容上的残压时导通晶闸管，可使得过渡过程最短；当电容上的正向（反向）残压大于（小于）输入交流电压的峰（谷）值时，在输入电压达到峰（谷）值时，导通晶闸管，可直接进入稳态运行。

根据以上投切原则，TSC 响应控制命令的最大迟延（也称为传输迟延）将达到一个周波；而且由于电容器只能在一个周期的特定时刻投入，不能采用像 TCR 那样的延时触发控制，因此，TSC 支路只能提供或者为 0（断开时）或者为最大容性（投入时）电流。当其投入时，支路的容性电流与加在其上的电压成正比，其 U-I 特性曲线如图 11-11 所示。实际应用时，可以将多组 TSC 并联使用，根据容量需要，逐个投入，从而获得近似连续的容抗；也可以将 TSC 与 TCR 并联使用，获得连续可控的感（容）抗值。

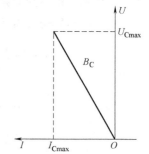

图 11-11　TSC 的 U-I 特性曲线

U_{Cmax}—最大允许电压

I_{Cmax}—最大允许电流

B_C—电容的电纳值

11.3.4　组合式 SVC 概述

将各种分立式 SVC 的主要特性进行概括，并总结成表 11-1 所列内容，可见它们各有自己的特点和优势。在实际系统中，为了满足并联无功补偿各方面的要求，通常将它们之间或与传统的机械投切电容/电感结合起来使用，构成组合式 SVC。

表 11-1　各种分立式 SVC 的特性比较

特性	SR	TCR	TST（晶闸管控制的高阻抗变压器）	TSC
无功输出	连续	连续	连续	级差
响应时间(传输迟延)/ms	约 10	约 10	约 10	约 10~20
分相调节	不可以	可以	可以	可以
自身谐波量	小	有	有	无
噪声	大	较小	稍大	很小
损耗率(%)	0.7~1	0.5~0.7	0.7~1	0.3~0.5
控制灵活性	差	好	好	好
限制过压能力	很好	依靠设计	依靠设计	无
运行维护	简单	复杂	较复杂	较复杂

实用的 SVC 包括并联的感性支路和容性支路，且一部分为可控的。可控的感性支路包括 TCR 或 TSR 两种形式。容性支路通常包括与滤波器结合成一体的固定电容器、MSC、TSC 或是它们的某种组合形式。图 11-12 为 SVC 的一些常见结构形式。由于结构形式较多，其具

体工作原理见相关参考文献。

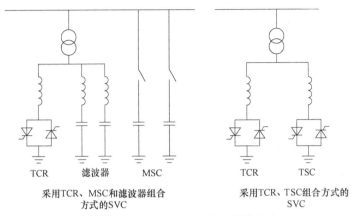

TCR　　滤波器　　MSC　　　　　TCR　　TSC

采用TCR、MSC和滤波器组合　　　采用TCR、TSC组合方式的
方式的SVC　　　　　　　　　　　　SVC

图 11-12　组合式 SVC 的常见结构形式

11.4　静止同步补偿器

　　SVC 中大量采用的电力电子器件为高压大电流晶闸管，它起着电子式开关的作用，通过控制其投切时机，改变被控电抗和/或电容的等效阻抗，从而达到调节并联无功功率的目的，因此 SVC 常称为变阻抗型并联 FACTS 装置。20 世纪七八十年代出现了一种新原理的并联无功补偿 FACTS 设备，它以变换器技术为基础，等效为一个可调的电压/电流源，通过控制该电压/电流源的幅值和相位来达到改变向电网输送无功功率大小的目的，它先后被称为 AS-VC、ASTATCOM、STATCON、SVC Light 和 STATCOM。在 2002 年 IEEE DC&FACTS 专委会起草的术语表中统一为 STATCOM，相应地，STATCOM 被归为基于变换器的 FACTS 控制器（converter-based FACTS controller）。STATCOM 是基于瞬时无功功率的概念和补偿原理，采用全控型开关器件组成自换相逆变器，辅之以小容量储能元件构成无功补偿装置。与现有的静止无功补偿装置（SVC）相比，具有调节速度更快、运行范围更宽、吸收无功连续、谐波电流小、损耗低、所用电抗器和电容器容量及安装面积大为降低等优点。国内有时也称静止无功发生器（SVG）。

　　自采用电力电子半导体变流器实现无功补偿的思想在 20 世纪 80 年代初被提出后，1980 年日本研制出了第一台 20Mvar STATCOM。到 20 世纪 90 年代，这一技术取得突破性的研究进展。1991 年和 1994 年日本和美国分别研制成功一套 80Mvar 和一套 100Mvar 的采用 GTO 晶闸管的 STATCOM 装置，并最终成功地投入商业运行。德国西门子公司的单机容量为 8Mvar 的 STATCOM 装置也于 1998 年投运。1999 年 3 月清华大学与河南电力局共同研制的用于 220kV 电网的 ±20Mvar STATCOM 在河南电网成功投入运行，2001 年 2 月国家电力公司电力自动化研究院也将 ±500kvar STATCOM 投入了运行。2011 年 8 月，南方电网 500kV 东莞变电站 ±200Mvar 静止同步补偿器顺利投产。

　　1. STATCOM 主电路的拓扑结构

　　STATCOM 的基本结构图如图 11-13 所示，其结构主要包括启动装置、连接电抗、换流阀组、保护及控制系统等部分。其中启动装置的作用是缓冲启动电流、减小并网冲击；连接电抗的作用是实现电流平波，抑制电流突变，在必要时还可以将电网的电压变到适合换流器的工作电压；换流阀组是STATCOM结构的核心部分，能够实现电流、电压和功率的实时变换；保护及控制系统实时采集电网的电压和电流信息，通过计算分析对STAT-COM的工作进行控制，实现系统的跟踪式补偿。

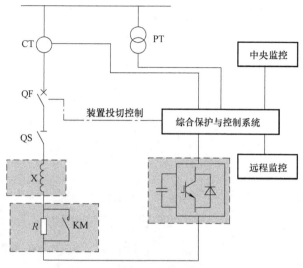

图 11-13　STATCOM 基本结构图

　　按照换流阀组的不同，STATCOM可以分为电流型桥式电路和电压型桥式电路，其电路基本结构如图 11-14 所示，两者的主要区别在于直流侧采用不同的储能元件，电流型桥式电路的储能元件是电感，需要并联吸收过电压的电容才能并网；电压型桥式电路的储能元件是电容，还需要串联连接电抗才能接入电网。实际上，由于电流型桥式电路的运行效率低，迄今投入使用的 STATCOM 大都采用电压型桥式电路，因此 STATCOM 往往专指采用自换相的电压型桥式电路作为动态无功补偿的装置。如图 11-14 所示，可以看出电压型 STATCOM 主要由电容元件 C、逆变器和电抗器组成。电容元件 C 在直流侧，作为储能元件为电路提供一定的电压支撑，起到稳定电压的作用；逆变器由大功率开关器件 IGBT 组成，通过脉宽调制技术 PWM 对直流侧的电压进行调制，使其变换为所需要的交流电压；电抗器连接设备侧和交流侧，一方面可以防止电网中的谐波进入 STATCOM 而影响补偿效果，另一方面可以滤除 STATCOM 中放出的高次谐波，使输出的波形更加精确。

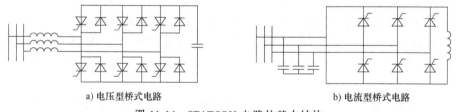

a) 电压型桥式电路　　　　　　　　　　　b) 电流型桥式电路

图 11-14　STATCOM 电路的基本结构

2. STATCOM 的基本工作原理

　　STATCOM 的工作原理就是将自换相逆变器主电路通过电抗器接入系统，适当地调节逆变器主电路交流侧输出电压的幅值和相位，或者通过对其交流侧电流直接控制，进而可以使该 STATCOM 发出或吸收目标无功电流，实现动态无功补偿。

　　STATCOM 通过控制电力半导体开关器件的通断将直流侧电压转换成交流侧输出电压（频率与电网相同）。因此，正常工作时 STATCOM 就像一个交流输出侧接电网的电压型逆变器。当仅考虑基波频率时，STATCOM 可以等效为一个与电网电压同频率的交流电压源，且这个电压源的幅值和相位是可控制的。

　　图 11-15 为 STATCOM 的工作原理图（忽略其损耗时）。其中，$\dot{U}_s$ 为电网电压，$\dot{U}_1$ 为

STATCOM 输出的交流电压，$\dot{U}_L$ 为电抗器 L 上的电压（$\dot{U}_s$ 和 $\dot{U}_1$ 的相量差）。由基尔霍夫电压定律可得 $\dot{U}_s = \dot{U}_1 + \dot{U}_L$，$\dot{I}$ 为电抗器上通过的电流，也是 STATCOM 从电网侧吸收的电流，控制 $\dot{U}_L$ 近而可以控制 $\dot{I}$。如图 11-15 所示，理想情况下（忽略线路阻抗和 STATCOM 的损耗），STATCOM 不从电网吸收能量。在上述情况下，只需使 $\dot{U}_s$ 和 $\dot{U}_1$ 同相位，仅改变 $\dot{U}_1$ 的幅值大小即可实现对 STATCOM 从网侧吸收的电流 $\dot{I}$ 的大小和方向的控制。具体控制相量原理如图 11-15b 所示。

当 $U_1 > U_s$ 时，从系统流向 STATCOM 的电流相位超前系统电压 90°，STATCOM 工作于"容性"区，输出感性无功；当 $U_1 < U_s$ 时，从系统流向 STATCOM 的电流相位滞后系统 90°，STATCOM 工作于"感性"区，吸收感性无功；当 $U_1 = U_s$ 时，系统与 STATCOM 之间的电流为 0，不交换无功功率。

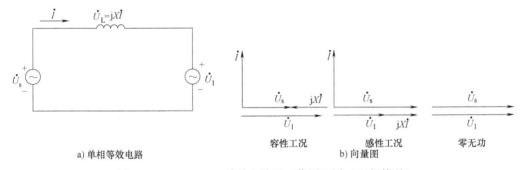

图 11-15　STATCOM 等效电路及工作原理图（理想情况）

通过调节电流的幅值即可实现动态无功功率的补偿控制，即在理想状态下，STATCOM 装置的补偿无功功率为

$$Q = \mathrm{Im}(S) = \mathrm{Im}\left(\frac{\dot{U}_s(\dot{U}_1 - \dot{U}_s)}{-jX}\right) = \frac{U_s(U_1 - U_s)}{X} \tag{11.9}$$

Q 的正负性质决定了补偿无功功率的性质。

实际的 STATCOM 中总是存在一定损耗的，并考虑到各种动态元件的相互作用以及电力电子器件的离散操作，其工作过程要比上面介绍的简单工作原理要复杂。

3. STATCOM 的特点

静止同步补偿器（STATCOM）跟其他类型的装置相比较，具有功能强大、性能优良、性价比高的特点，能综合的解决配电网中电压波动与闪变、电流畸变、三相电压不平衡等电能质量问题，因此在配电网中颇受关注，成为现阶段配电网无功补偿和电能质量控制的发展方向。STATCOM 与以往的无功补偿装置如自动投切电容器组装置和 SVC 相比具有如下特点：

1) STATCOM 的动态特性远优于同步调相机，它具有起动无冲击、响应速度快、占地面积小等优点，其输出的无功电流不受电压影响，且具有从感性工况到容性工况连续变化及快速输出无功的能力，在改善系统稳定性、提高现有输电线路的输电容量和抑制电压闪变等方面均具有很大优势。

2) STATCOM 采用脉冲宽度调制（PWM），当调制频率较高时，其输出的电流中仅仅有较少的高次谐波，因此与 SVC 相比，STATCOM 的谐波影响小，不需要另装滤波器；其次，STATCOM 依靠对逆变器的控制输出无功功率，在电网电压跌落较大时，STATCOM 退化为恒定电流源，仍可以输出额定无功电流，因此其无功补偿容量与电压成正比，对电压的调整性能较 SVC 强，在相同电容容量的前提下可使得其无功输出相当于 SVC 的 1.4~2 倍。STATCOM 比 SVC 的响应速度更快，可以更加有效地抑制系统振荡，并提高系统稳定性。

3）STATCOM 的调压灵活，还可以大大减少变压器分接头的切换次数，从而减少分接头故障次数。

4）STATCOM 不仅可校正稳态运行电压，还可以在故障后恢复期间高速稳定电压，这点对提高电力系统暂态稳定十分重要。此外 STATCOM 还可以抑 5 制电压闪变。

5）SVC 装置采用的电力电子器件为价格较低的晶闸管，成本较低；STATCOM 采用的是大容量可关断器件，如 GTO、IGBT，成本较高。但随着电力电子技术的不断发展，可关断器件的成本将进一步降低，两者在投资方面的差异有所缩小。

6）相比于 SVC，STATCOM 的结构更为复杂，控制难度更高。

第 **12** 章

串联型补偿设备

12.1　概述

1. 基本概念

电力系统串联补偿的基本思想是通过在传输线上串联接入一定的设备，改变线路的静态和动态特性，从而达到改善电网运行性能的目的。广义的串联补偿包括变压器、断路器等电网设备，它们能改变线路的电压等级及其投运与退出状态，从而对电网结构和拓扑状态作出调整。狭义上的串联补偿是指在固定串联电容（FSC）和电感的基础上发展起来的补偿设备，目前主要是串联无功补偿，少数具有小范围的有功补偿作用。它们通常不改变线路的电压等级和基本拓扑结构，只是在等效意义上调整线路的阻抗和压降，从而达到改善电网运行特性的目的。本书所指的串联补偿仅限于狭义上的。

串联补偿与并联补偿的不同之处在于：

1）并联补偿只需要电网提供一个节点，另一端为大地或悬空的中性点；而串联补偿需要电网提供两个接入点。相对而言，串联补偿装置比并联补偿装置的系统接入成本要高一点。

2）并联补偿装置通常只改变节点导纳矩阵的对角线元素，或者等效为注入电力系统的电流源；而串联补偿装置会改变导纳矩阵的非对角线元素，或者等效为注入的电压源。

3）并联补偿装置与所接入点的短路容量相比通常较小，主要通过注入或吸收电流来调节系统电压，进而改变电流的分布。由于正常运行时，系统电压允许变化的范围不大，实际传输的有功功率最终由线路的串联阻抗和线路两端电压的相位差决定。因此，并联补偿对节点电压和潮流的控制能力通常较弱。串联补偿能直接改变线路的等效阻抗或通过插入电压源来改变传输线的电压自然分布特性，从而调节电流分布，对电压和潮流的控制能力强。

4）并联补偿只能控制接入点的电流，而电流进入电力系统后如何分布由系统本身确定，因此并联补偿产生补偿效果后通常可以使节点附近的区域受益，适合于电力部门采用；而串联补偿可以针对特定的用户，实现潮流和电压调节，因而适合于对特定用户和特定输电走廊的补偿。

5）并联补偿装置需要承受全部的节点电压，其输出电流或是由所承受的电压决定（如SVC），或是可以控制的（如STATCOM）；串联补偿装置需要承受全部的线路电流，其输出电压或是由所承载的电流决定（如TSSC、GCSC、TCSC），或是可以控制的（如SSSC）。

2. 串联补偿的工作原理

此处采用一个简单的双机电力系统模型来说明串联补偿的工作原理，如图12-1所示，两台发电机通过一条经串联补偿的线路联网。设机端电压有效值分别为 U_s 和 U_r，未补偿前

的线路电抗为 X，串联补偿设备的等效容抗为 X_C，补偿后线路的等效电抗为 $X_{eff} = X - X_C$，其中忽略了线路电阻。定义线路的补偿度为

$$k = X_C / X \quad 0 \leqslant k < 1 \tag{12.1}$$

从而有

$$X_{eff} = (1-k) X \tag{12.2}$$

从而联络线上传输的有功功率为

$$P = \frac{U_s U_r}{(1-k) X} \sin\delta \tag{12.3}$$

而串联补偿装置提供的无功功率为

$$Q_C = \frac{k}{(1-k)^2} \frac{U_s^2 + U_r^2 - 2 U_s U_r \cos\delta}{X} \tag{12.4}$$

式中，δ 为机组端电压之间的相位差。

图 12-1 所示为在不同补偿度 k 值下，有功潮流 P 和串联补偿装置提供的无功功率 Q_C 与端电压相位差 δ 的关系曲线。可见，随着补偿度的增加，线路的传输能力增大，串联补偿提供的无功功率也迅速增加。

式（12.3）表明，串联补偿能有效提高线路的传输容量，可以解释为：串联容抗抵消了部分线路电感的作用，相当于减少了线路的等效电感，使线路的电气距离缩短，因而能传输的功率增加。其中的物理机理是：为了增加实际线路中串联阻抗中的电流以增加线路传输功率，必须增大加在该阻抗

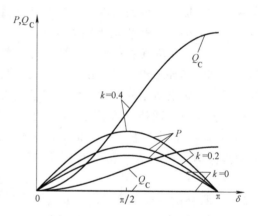

图 12-1　P，Q_C-δ 关系曲线

上的电压；在线路两端电压的幅值和相位不变的条件下，采用串联补偿装置，譬如串联电容，能产生与线路电感压降反向的电压，相当于提供了一个正向的补偿电压源，因而能增大线路中的电流，即提高传输容量。因此，串联补偿设备可以看作串接在线路上的补偿电压源，这是理解各种串联补偿设备，特别是 SSSC 工作原理的基础。

3. 串联补偿的作用

串联补偿可以改变传输线的等效阻抗或在线路中串入补偿电压，因此通过串联补偿可以方便地调节系统的有功和无功潮流，从而能有效地控制电力系统的电压水平和功率平衡。总体来说，串联补偿对电力系统具有如下作用：

1）改变系统的阻抗特性。

2）进行潮流控制，优化潮流分布，减少网损。

3）提高电力系统的静态稳定性。

4）改善电力系统的动态特性。

5）加强电网互联，提高电网的传输能力。

6）控制节点电压和改善无功平衡条件。

7）调整并联线路的潮流分配，使之更合理。

8）通过控制潮流变化，阻尼系统振荡。

9）快速可控的串联补偿可以提高电力系统的暂态稳定性。

10）可控的串联补偿能提高线路补偿度，抑制次同步振荡。

11）可控的串联补偿（TCSC 等）通过在短路瞬间串入电感减小短路电流。

12）在配电网中，采用串联容性补偿可以解决一系列的电能质量问题，如部分抵消线路压降以提高末端电压，提高负载功率因数，可控补偿可以抑制由于负荷变化引起的电压波动等；而且串联容性补偿会增大馈线的短路电流，使保护可靠和快速地动作。

串联补偿在输电网和配电网中都得到了广泛应用。在输电网中，其主要功能是进行潮流控制，提高系统稳定性和传输能力；在配电网中，其主要功能是提高电能质量和减小负荷对电网的不利影响（如不对称性、谐波等），对比串联补偿和并联补偿可见，它们在功能上具有很大的相似性，也就是说，有一些功能通过串联补偿或并联补偿都能实现，但在实现的原理上有一定的区别。

4. 可控串联补偿的方法和串联补偿器的种类

如第 11 章所述，有两种以电力电子为基础的先进并联补偿方式：一是利用晶闸管控制/投切的电容或电感来获得可变的电纳；另一种方法是基于开关功率变换器来实现可控的同步电压/电流源。串联补偿与并联补偿是"对偶的"：并联补偿相当于一个可控的电纳或电流源并联在传输线上，以实现电压控制；而串联补偿器相当于一个可控的阻抗或电压源串联在传输线上，以实现电流控制。这种对偶关系表明可变导纳和电压/电流源型的并联补偿设备具有对偶的串联补偿设备。正是由于串联补偿与并联补偿的这种对偶性，使得许多针对并联补偿的概念、电路以及控制手段可通过简单的变换而适用于串联补偿。

电力系统串联补偿设备可以按照不同的标准进行分类。

按照所使用的开关器件及其主电路结构的不同，串联补偿设备可分为三类：第一类是机械投切阻抗型串补装置，如传统的断路器投切串补电抗器、电容器等。由于这类串补装置采用机械方式控制，响应速度慢，不能动态和频繁操作，故又称为固定串补。第二类是晶闸管投切或控制的阻抗型串补装置，如 TSSC、GCSC、TCSC 等。这类串补装置通过控制电力电子器件的开通和关断，能实现动态调节串联阻抗的目的，故又称为变阻抗型静止串联补偿。第三类是基于变换器的可控型有源串补装置，如 SSSC 等。由于采用变换器方式，它能在一定程度独立于线路电流的变化而调节串联补偿电压。后两类串联补偿设备属于 FACTS 控制器的范畴。

按照装置输出功率的性质不同，串联补偿装置可以分为有功功率和无功功率串联补偿装置，TSSC、GCSC、TCSC、SSSC 等都属于无功功率串联补偿装置，如在 SSSC 的直流侧加上一定的储能系统（超导储能、电池储能、飞轮储能等）便可得到有功功率串联补偿装置。

按照串联补偿装置所在的系统不同，串联补偿设备可以分为输电系统串联补偿设备和配电系统串联补偿设备。前者的主要目的是增大线路的输送能力、提高系统的稳定性，以及优化潮流、降低线损、支撑电网枢纽点电压等；而后者主要目的是维持末端电压，改善电压质量，保证为用户提供高质量的电能等。

此外，还可以按照串联补偿装置的响应速度分为慢速型、中速型以及快速型装置；按照串补装置的电压等级分为低压串补装置、中压串补装置与高压串补装置等。

本书主要介绍以 TSSC、TCSC 为代表的阻抗控制型串联补偿设备，及以 SSSC 为代表的基于变换器的静止串联补偿设备，限于篇幅，其他 FACTS 串联补偿设备在此不作详细介绍。

12.2 阻抗控制型串联补偿

12.2.1 晶闸管投切串联电容器

晶闸管投切串联电容器（thyristor swithed series capacitor，TSSC）是由一系列的电容器串联组成的，每个电容都并联一个适当容量的晶闸管阀旁路，后者包括一组反并联的晶闸管。TSSC 的基本电路如图 12-2 所示，其中每个晶闸管符号可以是由多个晶闸管串联构成的，以达到所需的电压耐量。

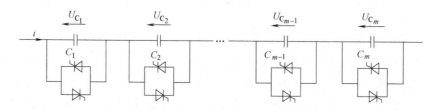

图 12-2　TSSC 的单相电路结构

由于采用半控器件——普通晶闸管，TSSC 是采用离散的阶梯方式来增加或减少串入的电容来控制串联补偿容抗的。如果在线路电流每次过零（同时电压接近 0）时，触发正偏置的晶闸管，使两个晶闸管总有一个处在导通状态，则电容器被旁路，不对传输线路进行补偿；反之，如果在某次线路电流过零时导通的晶闸管自动关断后，不再触发晶闸管导通，则电容被串入传输线，起串联补偿的作用。设电容在线路电流由正变负的过零时刻被串入，则其电流、电压波形如图 12-3 所示。在串入的首个半波内，电容被负向电流充电，电压达到负的极值，此后半波内电容反向放电，电压从负向极值逐渐回归 0 值。因此，电容电压含有直流分量，且其大小与交流分量幅值相等。一旦电容被串入，则其退出（即被晶闸管旁路）的时机受到限制。这是因为，虽然在任何时候，反并联的晶闸管有一个处于正偏置状态，即满足可触发导通的条件，但如果在电容电压较大时开通晶闸管，则会在电容和晶闸管构成的回路上产生巨大的放电电流，很容易损耗电容或晶闸管。基于这一点，同时为获得一个平稳

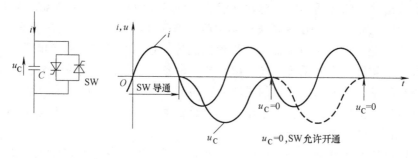

图 12-3　TSSC 的投入过程

过渡过程，晶闸管只在电容电压过零时才开通。因此，控制 TSSC 从投入到退出的响应时间最长可能达到一个周波。

通过上面的分析可知，TSSC 是通过投入或旁路串联电容器来改变串联补偿度的，但它仍然具有常规串联电容补偿的特性，即 TSSC 的补偿度过高同样会引起次同步振荡。原则上，TSSC 可以通过适当的投切控制来避免次同步振荡。可是，考虑到 TSSC 过长（达到一个周波）的响应时间，除非针对非常低和频带非常窄的次同步频率，这种控制往往难以奏效。因此，在高串联补偿度和存在次同步振荡危险的应用中，通常不采用单独的 TSSC 补偿。当然，对于一般地潮流控制和功率振荡抑制，由于对响应时间的要求不高，TSSC 还是很有效的。

为了防止线路出现过大故障电流时产生过电压或过电流损坏设备，TSSC 需要设置一定的限压保护措施。此外，考虑到晶闸管开通时的一些特殊限制条件，如 $\mathrm{d}i/\mathrm{d}t$ 和浪涌电流等，有时候需要在晶闸管回路串入限流电抗器，以保证开关阀正常工作。然而，在 TSSC 的晶闸管阀支路中串入限流电抗器将产生一种新的可控串联补偿电路结构，对此将在下一节作详细介绍。

12.2.2 晶闸管控制串联电容器

1. 基本原理

晶闸管控制串联电容器（thyristor controlled series capacitor，TCSC）最早是在 1986 年由 Virhayathil 等人作为一种快速调节网络阻抗的方法提出来的。TCSC 的基本电路单元单相结构如图 12-4 所示，它由电容器与晶闸管控制电抗器（TCR）并联组成。实际应用中，需要将多个 TCSC 单元串联起来构成一个所需容量的 TCSC 装置，图中晶闸管阀用 SW 表示。上一节提到，在 TSSC 电路结构中，在晶闸管支路中加入限流电抗器即得到 TCSC 电路。也就是说，如果 TC-SC 中的感抗 X_L 远小于容抗 X_C，则它也能像 TSSC 一样工作于投切串联电容模式。然而，TCSC 的基本思路是用 TCR 去部分抵消串联电容的容抗值以获得连续可控的感性和容性阻抗。

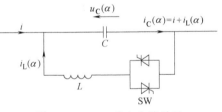

图 12-4　TCSC 基本电路单元

为了便于理解 TCSC 的各种运行模式，可以把晶闸管控制的电感支路看作一个可变电感，这样 TCSC 电路就是一个串联电容和一个可变电感相并联。通过改变触发延迟角，可以控制晶闸管的开通情况，从而使 TCSC 分别工作在四种运行模式：晶闸管阻断模式、晶闸管旁路模式、容抗调节模式和感抗调节模式（部分教材上称之为晶闸管部分导通模式或微调模式）。

1）晶闸管阻断模式。当晶闸管完全阻断时，晶闸管支路相当于开路，可以看成一个电感值趋于无穷大的电感，此时全部电流通过电容器，TCSC 的阻抗就等于电容的容抗。

2）晶闸管旁路模式。当晶闸管持续导通时，晶闸管支路相当于小电感，大部分线路电流经晶闸管支路流过，TCSC 的阻抗近似为小电感的感抗，TCSC 工作在晶闸管旁路模式。

3）容抗调节模式和感抗调节模式。当晶闸管部分导通时，TCSC 工作在调节模式，分别为容抗调节模式和感抗调节模式。

在 TCSC 装置的实际应用中，还需要区分如下的两种不同旁路运行模式，即"断路器旁路运行模式"和"晶闸管旁路运行模式"。除了上述的晶闸管旁路运行模式外，实际 TCSC 装置中往往包含用断路器旁路 TCR 的电路，断路器的闭合可以构成 TCSC 的断路器旁路运行模式。晶闸管旁路运行模式的作用是向 TCSC 装置提供快速的控制和保护手段，而断路器旁路模式是用来退出 TCSC 或者因为 TCSC 内部故障而采取的保护措施。

当晶闸管较低程度地导通时，各电量的相量图如图 12-5a 所示，线路电流和电容电流同相位，TCSC 中的环流增加了电容电流，从而提高了电容器上的电压，TCSC 装置呈现比电容本身更大的容抗，这就是容抗调节模式，也是 TCSC 正常工作的模式。改变晶闸管的触发延迟角，能灵活改变 TCSC 的容抗，因而灵活调节线路阻抗。

当晶闸管导通程度较高时，线路电流和晶闸管支路的电流同相位，各电量的相量图如图 12-5b 所示，TCSC 装置呈现感性，此时为感抗调节模式。

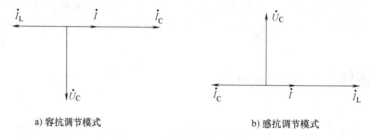

a) 容抗调节模式   b) 感抗调节模式

图 12-5　调节模式的相量图

2. 数学分析

由 11.2.2 节的分析可知，TCR 的基波电抗值是触发延迟角 α 的连续函数，因此 TCSC 的稳态基波阻抗可看作是由一个不变的容性阻抗 X_C 和一个可变的感性阻抗 $X_L(\alpha)$ 并联组成的，即 TCSC 的基波阻抗为（感性为正）

$$X_{\text{TCSC}}(\alpha) = \frac{U_{\text{TCSC}}}{I} = (-X_C)//X_L(\alpha) = \frac{X_C X_L(\alpha)}{X_C - X_L(\alpha)} \quad \alpha \in \left[0, \frac{\pi}{2}\right] \quad (12.5)$$

式中，U_{TCSC} 为 TCSC 承受电压的基波分量有效值；I 为线路电流（假设为纯正弦波）的有效值；X_C、X_L 分别为电容和电感的阻抗值，$X_C = 1/(\omega C)$，$X_L(0) = X_L = \omega L$，一般 $X_L/X_C = 0.1 \sim 0.3$。

定义 TCSC 支路的自然角频率 $\omega_0 = 1/\sqrt{LC}$，则 TCSC 自然角频率与电网工频之比为 $k = \omega_0/\omega$，易知 $k^2 = X_C/X_L$。考虑到 $X_L/X_C = 0.1 \sim 0.3$，从而得 $k^2 = 3.3 \sim 10$。

以下借用 11.3.2 节关于 TCR 的分析结论来简单介绍 TCSC 通过控制触发延迟角 α 达到调节串联补偿阻抗的基本原理。TCR 支路的阻抗值由触发延迟角 α 决定，控制 α 的改变，$X_L(\alpha)$ 值发生变化，从而调节 TCSC 的阻抗 $X_{\text{TCSC}}(\alpha)$，如图 12-6 所示。

当 $\alpha = 0$ 时，TCR 的阻抗取得最小值 X_L，由于 $X_L < X_C$，TCSC 的阻抗呈感性，且感性阻抗为 $X_{\text{TCSC}}(\alpha) = X_C X_L/(X_C - X_L)$。

当 α 从 0 逐渐增大，在达到并联谐振点之前，$X_L(\alpha)$ 逐渐增大，从而使得 TCSC 的感性阻抗逐渐增大。并联谐振点对应于方程 $X_C - X_L(\alpha) = 0$ 在 $\alpha \in [0, \pi/2]$ 区间的解（设为 α_r），对应 TCSC 的阻抗为 ∞；为防止 TCSC 产生并联谐振，在感性控制区要求 α 不得超过某

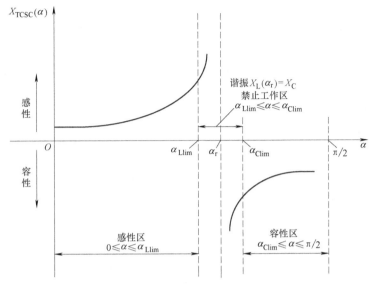

图 12-6 TCSC 的阻抗与触发延迟角 α 的关系

一值 α_{Llim}，即 $\alpha \leqslant \alpha_{Llim} < \alpha_r$，或者说感性控制区的触发延迟角 $\alpha \in [0, \alpha_{Llim}]$。

当 $\alpha = \pi/2$ 时，TCR 的阻抗取得最大值 ∞，相当于 TCR 支路断开，TCSC 的阻抗仅为串联电容产生的阻抗，其值为 $-X_C$（容性）。

当 α 从 $\pi/2$ 逐渐减小，在达到并联谐振点之前，$X_L(\alpha)$ 逐渐减小，从而使得 TCSC 容性阻抗（即 $-X_{TCSC}(\alpha)$）逐渐增大。为防止 TCSC 产生谐振，在容性控制区要求 α 不得小于某一值 α_{Clim}，即 $\alpha_r < \alpha_{Clim} < \alpha$，或者说容性控制区的触发延迟角 $\alpha \in [\alpha_{Clim}, \pi/2]$。

可见，TCSC 通过适当控制 TCR 支路的触发延迟角 α，可以获得一个可变的串联阻抗，且感性阻抗的可控范围为 $[X_{TCSC}(0), X_{TCSC}(\alpha_{Llim})]$，容性阻抗的可控范围为 $[-X_{TCSC}(\alpha_{Clim}), -X_C]$。

上述分析中，TCR 支路的阻抗分析引用了 11.3.2 节的结论，但应该注意到，作为 SVC 的 TCR 与 TCSC 中的 TCR 其工作环境是不同的：分析作为 SVC 的 TCR 时，假设其接入母线的电压为理想的恒幅正弦波形，但是 TCSC 中的 TCR 两端电压并不满足这一条件，故 TCSC 中 TCR 支路的电纳并不能用式（11.5）来描述。以上简单分析对于理解 TCSC 的功能已经足够，若要准确地理解 TCSC 的内在机理和行为动态，需进一步研究电容器和 TCR 之间的动态交互作用，感兴趣的读者可自行查阅相关文献，在此不再细述。

3. U-I 工作区与损耗特性

TCSC 在正常运行中有两种控制模式，即以补偿线路电压为目标的电压控制模式和以补偿线路阻抗为目标的容抗控制模式。

在电压补偿模式下，TCSC 根据线路电流的大小调节触发延迟角 α，将维持电容基波电压恒定为某目标值，如 U_{Cref}；在线路电流最大时（$I = I_{max}$），如果工作在容性区，则触发延迟角 α 最大（90°），对应的容抗最小（X_C）；而如果工作在感性区，则触发延迟角 α 最小（0°），对应的感抗最小（$X_C // X_L$）。随着线路电流的逐渐减小，如果工作在容性区，则触发延迟角 α 逐渐减小以增加容抗；而如果工作在感性区，则触发延迟角 α 将逐渐增大以增加感抗，从而维持补偿电压不变。当线路电流达到最小时（$I = I_{\min}$），如果工作在容性区，则触发延迟角 α 最小（α_{Clim}），对应的容抗最大；而如果工作在感性区，则触发延迟角 α 最大（α_{Llim}），对应的感抗最大。而当线路电流不在 $[I_{\min}, I_{\max}]$ 范围之内时，触发延迟角 α 维持为 $0°/\alpha_{\text{Llim}}$（感性工作区）或 $90°/\alpha_{\text{Llim}}$ 不变，此时 TCSC 表现为恒阻抗特性，不能维持补偿电压恒定了，如图 12-7a 所示。可见，在电压控制模式下，TCSC 能根据线路电流的大小，最大提供 $[0, U_{\text{Lmax}}]$ 的感性补偿电压和 $[0, U_{\text{Cmax}}]$ 的容性补偿电压，其中 $U_{\text{Lmax}} = (X_{\text{C}}//X_{\text{L}})I_{\max}$，$U_{\text{Cmax}} = X_{\text{TCSC}}(\alpha_{\text{Clim}})I_{\min}$。TCSC 的损耗主要是由 TCR 支路产生的，包括晶闸管的导通和开关损耗以及电感的杂散电阻损耗。在电压控制模式和容性工作区时，总损耗相对于线路电流的变化关系如图 12-7c 所示，其边界包括三部分：底线对应最小容抗补偿，即 $\alpha = \pi/2$、TCR 支路断开、$X_{\text{TCSC}}(\pi/2) = X_{\text{C}}$，损耗接近 0；左上升线对应最大容抗补偿，即 $\alpha = \alpha_{\text{Clim}}$、容抗阻抗维持最大值 $X_{\text{TCSC}}(\alpha_{\text{Clim}})$，损耗随着线路电流的增大而增加；右下降线对应最大容性电压补偿，即 $U_{\text{Cref}} = U_{\text{Cmax}}$，触发延迟角随着线路电流的增大而增加，晶闸管导通时间变短，使得损耗逐渐减小，直至线路电流达到最大值 $I_{\max}$ 时，$\alpha = \pi/2$，TCR 支路断开，损耗接近 0。

在阻抗控制模式下，TCSC 根据线路电流的大小调节触发延迟角 α 以维持串入阻抗为某目标值，如 X_{Cref}。稳态下，α 与线路电流的变化无关。在容性工作区，X_{Cref} 介于最小容抗 $X_{\text{TCSC}}(\pi/2) = X_{\text{C}}$ 和最大容抗 $X_{\text{TCSC}}(\alpha_{\text{Clim}})$ 之间，感性工作区内 X_{Cref} 介于最小感抗 $X_{\text{TCSC}}(0) = X_{\text{C}}//X_{\text{L}}$ 和最大感抗 $X_{\text{TCSC}}(\alpha_{\text{Clim}})$ 之间，相应的 U-I 特性如图 12-7b 所示。容性工作区的损耗与线路电流的关系曲线如图 12-7d 所示。其边界分别对应最小容抗 $X_{\text{TCSC}}(\pi/2) = X_{\text{C}}$ 和最大容抗 $X_{\text{TCSC}}(\alpha_{\text{Clim}})$ 的情况。可见，串入容抗越小，晶闸管导通时间越短，损耗越小；而在特定串入容抗下，损耗随着线路电流的增加而单调增加。

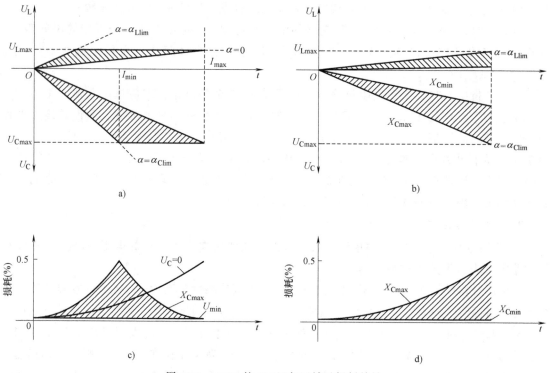

图 12-7　TCSC 的 U-I 运行区域及损耗特性

TCSC 的电压控制模式和阻抗控制模式是可以根据系统需要而进行互相转换的。例如，图 12-7a 的 *U-I* 工作区可以转换为图 12-8 所示的阻抗-电流关系。从这些特性曲线中可以看出，为达到恒定的补偿电压，必须使补偿电抗不断变化；而为达到恒定的阻抗，会导致补偿电压随着线路电流的改变而变化。同时，由于电路参数和可控变量的限制，各种控制模式都有一定的工作范围。

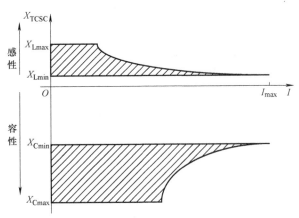

图 12-8 TCSC 在电压控制模式下的阻抗-线路电流关系

12.3 电压控制型串联补偿

从前面的介绍可以看出，TCSC 与 SVC 电路结构类似，TCSC 是将晶闸管控制的电抗器串联在线路中间，而 SVC 是将晶闸管控制的电抗器并联在母线上。同样，基于电压型变换器（voltage sourced converter，VSC）的 STATCOM 装置如果串联在线路中也是可行的，这就是静止同步串联补偿器（static synchronous series compensator，SSSC 或 S^3C），SSSC 是一种电压源型的串联补偿装置。图 12-9a 所示即为基于 VSC 的 SSSC，相当于将 STATCOM 的变换器通过变压器（或电抗器）并联到系统母线上的结构改变为变换器通过变压器（或电抗器）串联到线路上而得到。

由于 SSSC 是串联在输电线路上，而通常注入的电压远小于线路电压等级，因此 SSSC 的对地绝缘要求很高，要么将整个装置都安装在与地绝缘良好的平台上，要么在其一次侧和二次侧之间设置足够的绝缘；而且接入变压器的两侧绕组和变换器要承受整个线路电流，如果在短路故障时没有适当的旁路保护措施，它们还要承受很大的故障电流。这是 SSSC 与 STATCOM 在实际应用时存在的区别。

基于 VSC 的 SSSC 通过调节其直流侧电容电压的幅值和/或变换器的调制比就可以控制变换器交流输出电压的幅值，进而改变其输出电压的极性和大小，达到连续控制输出无功功率的极性和大小的目的。SSSC 与 TCSC 等基于晶闸管控制/投切的串联补偿设备一样，提供了一个相位与线路电流垂直（无功）的补偿电压，但 SSSC 在动态响应速度和可控性能上优于 TCSC，而后者在同容量成本上较 SSSC 低。

与 STATCOM 类似，也可以在 SSSC 直流侧引入蓄电池和超导磁体等储能设备而构成功能更强的串联 FACTS 控制器，如图 12-9b 所示，

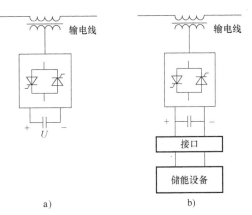

图 12-9 基于 VSC 的 SSSC 及直流侧带储能设备的情况

从而使其输出电压相量与线路电流相量之间呈非直角关系，实现"四象限"串联补偿。

1. 基本原理

SSSC 是一种不含外部电源的静止式同步无功补偿设备，它不再利用电容器或电抗器产生或吸收无功功率来实现无功补偿，而是通过产生相位与线路电流正交、幅值可独立控制的电压，来增加或减少线路上的无功压降，从而控制传输功率的大小。SSSC 也可以包含一定的暂态储能或耗能装置，通过在短时间内增加或减少线路上的有功压降而起到有功补偿的作用，从而达到改善电力系统动态性能的目的。它一般由电压型变换器、耦合变压器、直流环节以及控制系统组成，变压器串联接入电力系统，直流环节可以是电容器、直流电容、储能器等。

对于输电系统，由于电压等级比较高，因此 SSSC 装置通常是通过串联变压器接入到系统中，图 12-10a 所示的 SSSC 装置可以等效为一个可控的电压源，如图 12-10b 所示。SSSC 装置的直流侧通常采用一般的电容器组作为支撑电压的元件，因此 SSSC 装置除本身损耗外，一般与系统之间不存在有功功率的交换，所以 SSSC 装置产生的补偿电压相量与线路电流相量相差 $90°$，即 $\dot{U}_q = -jK\dot{I}$。式中，K 为可以控制的可正可负的实数，其最大值与最小值由 SSSC 装置本身的补偿能力决定。

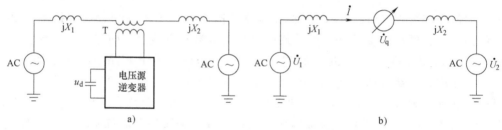

图 12-10　静止同步串联补偿器的示意图及等效图

下面利用 SSSC 装置可以用可控电压源等效的特点，推导 SSSC 串联接入系统后系统的功角特性。对于如图 12-10 所示的系统，可以用图 12-11 所示的等效电路来表示，图中还给出了整个系统的相量图。下面基于图 12-11 的等效电路研究 SSSC 装置对系统功角特性的影响。

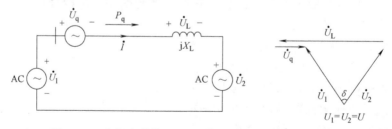

图 12-11　中间串联接入 SSSC 装置的双端（发端与受端）
系统的等效电路及相量图

根据图 12-11 所示的参考方向，可以将 SSSC 装置等效为可控的电压源，即

$$\dot{U}_q = -jK\dot{I} \tag{12.6}$$

根据式（12.6），可以将 SSSC 装置等效为一个可控的电抗，K 为正时 SSSC 装置相当于负的电抗，即相当于电容，K 为负时 SSSC 装置相当于正的电抗，即相当于电感。而线路电抗上的压降为

$$\dot{U}_\mathrm{L} = \mathrm{j}X_\mathrm{L}\dot{I}$$

而

$$\dot{U}_1 = \dot{U}_2 + \dot{U}_\mathrm{L} + \dot{U}_\mathrm{q} \tag{12.7}$$

令

$$\dot{U}_2 = U\angle 0 \quad \dot{U}_1 = U\angle\delta \tag{12.8}$$

利用图 12-11 的相量图，并假定图中 $\dot{U}_\mathrm{q}$ 与正方向一致时记 U_q 为正，否则记 U_q 为负，可以求出

$$U_\mathrm{L} = U_\mathrm{q} + 2U\sin\frac{\delta}{2} \tag{12.9}$$

于是可以得到线路输送的有功功率为

$$\begin{aligned}
P_\mathrm{q} &= \frac{U^2}{X_\mathrm{L} - K}\sin\delta = \frac{U^2}{X_\mathrm{L} - \dfrac{U_\mathrm{q}}{I}}\sin\delta = \frac{U^2}{X_\mathrm{L}\left(1 - \dfrac{U_\mathrm{q}}{U_\mathrm{L}}\right)}\sin\delta \\
&= \frac{U^2}{X_\mathrm{L}\left(1 - \dfrac{U_\mathrm{q}}{U_\mathrm{q} + 2U\sin\dfrac{\delta}{2}}\right)}U_\mathrm{q}\sin\delta \\
&= \frac{U^2}{X_\mathrm{L}}\sin\delta + \frac{U}{X_\mathrm{L}}U_\mathrm{q}\cos\frac{\delta}{2}
\end{aligned} \tag{12.10}$$

取 $U_\mathrm{q} = 0$ 时，系统侧电压有效值为电压基值，系统由送端输送到受端的有功功率最大值为功率基值，即 $S_\mathrm{B} = P_\mathrm{B} = U^2/X_\mathrm{L}$。则由式（12.10）可以绘出串联接入 SSSC 装置的双端系统在补偿电压 U_q 取不同标幺值时的功角特性曲线，如图 12-12 所示。

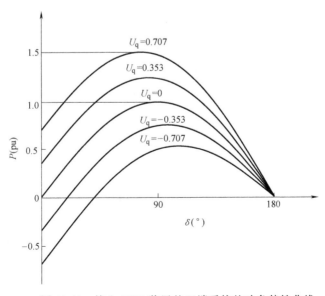

图 12-12　接入 SSSC 装置的双端系统的功角特性曲线

由图 12-12 可以看到，当 $U_q>0$ 时，功角特性比没有 SSSC 装置时的功角特性上升了，只有 180°点的功角特性没有变化，这说明通过 SSSC 装置的正向调节可以提高线路输送有功功率的能力。当 $U_q<0$ 时，功角特性比没有 SSSC 装置时的功角特性下降了，只有 180°点的功角特性没有变化，这说明通过 SSSC 装置的反向调节可以降低线路输送有功功率的能力。同时在 δ 角较小时，功角特性为负，即线路反送有功功率。可见，SSSC 装置不仅可以改变线路的功率输送能力，而且可以通过 SSSC 装置的控制改变线路有功功率的流向。对比 SSSC 装置的功角特性与 TCSC 装置的功角特性可以看到，虽然 TCSC 装置也可以有效地改变输电系统的功角特性，但是一般情况下 TCSC 不能改变潮流的流向（除非使整个线路的总阻抗为负即为容性，但是这可能会引起振荡等其他问题，因此实际中线路的总补偿度不会超过100%），而且 TCSC 装置不会改变功角特性的正弦特性，所以在功角小时改变功率特性的能力较差，而 SSSC 装置则可以在功角小时较大地改变系统的功角特性。由于电力系统在实际运行中功角都较小，因此 SSSC 装置具有更强的调节线路潮流的能力。

2. SSSC 与 TCSC 的比较

SSSC 装置与 TCSC 装置都是用于输电系统的串联装置，但 TCSC 装置是基于晶闸管控制的电抗器，而 SSSC 装置是基于可关断型开关构成的变流器，因此类似于 STATCOM 装置与 SVC 装置，SSSC 装置与 TCSC 装置相比具有如下优点：

1）不需要任何交流电容器或电抗器即可以在线路中产生或吸收无功功率。

2）可在电容性和电感性范围内，与线路电流大小无关地产生连续可控的串联补偿电压。基于变流器的 SSSC 装置可以对其输出电压进行平滑连续的调节，SSSC 装置的输出电压可以在其允许输出的最大电压范围内从领先线路电流 90°相角到落后线路电流 90°相角的范围内平滑连续变化，同时 SSSC 装置的输出电压可以不依赖于线路电流而独立控制。这一点与基于可控电抗的 TCSC 装置有本质的差别，对于 TCSC 来说，其输出的电压与线路电流成正比，因此如果线路电流小，则 TCSC 装置的控制能力会大大减弱。

3）与 TCSC 装置相比，SSSC 装置对次同步振荡及其他振荡现象具有固有的抗干扰能力。输电线串联电容器补偿可能引起次同步振荡，采用 TCSC 之后，可以控制内部电容器及电抗的频率特性，因此不会引起次同步振荡，甚至可能消除次同步振荡。SSSC 装置是电压源变换器，只产生基波电压，对其他频率分量的阻抗理论上为零，不会影响系统其他频率分量的特性，因此不会改变系统其他频率的特性，也不会引起次同步振荡。但实际中，由于存在变压器漏抗，虽然很小，但也会影响系统的非基波频率特性。而且一旦系统出现振荡，SSSC 装置直流电压波动，会与系统振荡相互作用。为了使 SSSC 装置在系统次同步或超同步振荡时不受影响，可以控制 SSSC 装置的输出电压空间矢量与线路电流空间矢量时刻垂直，从而使瞬时功率（忽略损耗）为

$$P_{SSSC} = u_a(t)i_a(t) + u_b(t)i_b(t) + u_c(t)i_c(t) = 0 \tag{12.11}$$

可以保证直流侧电容电压恒定。SSSC 装置与 SSO 完全互不影响，因此称 SSSC 装置为次同步振荡的中性点。

4）SSSC 装置在一定的范围内可以控制线路潮流反向流动，而 TCSC 装置在一般情况下不能使线路潮流反向。SSSC 装置直流侧如果接入储能元件，还可对线路进行有功功率补偿。图 12-13 为输电线路上安装 SSSC 装置和 TCSC 装置后系统功角特性的曲线。由图中可见，在 δ 角较小的情况下，SSSC 装置可以使线路的有功潮流反向，而 TCSC 装置不会改变线路有功

潮流的方向。如果 SSSC 装置直流侧接入储能元件如蓄电池组、燃料电池或超导储能装置，则 SSSC 装置还可以在系统有功功率不足时给系统提供有功功率，成为串联在线路中的静止发电机。当系统有功功率过剩时，SSSC 装置也可以吸收有功功率，将电能储存在直流侧的储能元件中。所以如果 SSSC 装置直流侧接入储能元件，SSSC 装置不仅可以用于调节系统的电压，还能够具有一定的调节系统频率的作用。

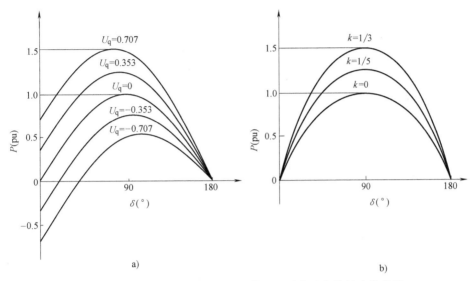

图 12-13　安装 SSSC 装置和 TCSC 装置后系统功角特性变化曲线

5）与 TCSC 装置相比，SSSC 装置接入直流电源后，可补偿线路电阻（或电抗），不依赖于线路串联补偿度就可以方便地维持线路电抗与电阻之比 X_L/R 为较大的值，从而提高线路的输送能力。在高电压的输电线中，通常只考虑线路的电抗而忽略线路的电阻，这是因为在高压输电线上线路电抗与电阻的比值 X_L/R 较大。但当线路中接入 FC 或 TCSC 装置显著地减小整个线路总电抗 X_L 后，输电线路总电抗与电阻的比值就大大减小。假定输电线两端电压恒定为 U，相位差为 δ，线路存在电阻时传输功率的公式为

$$\begin{cases} P = \dfrac{U^2}{X_L^2 + R^2}\left[\, X_L\sin\delta - R(\,1 - \cos\delta\,)\,\right] \\[3mm] Q = \dfrac{V^2}{X_L^2 + R^2}\left[\, R\sin\delta - X_L(\,1 - \cos\delta\,)\,\right] \end{cases} \tag{12.12}$$

根据式（12.12）可以画出线路的电抗电阻比（X_L/R）对线路传输能力影响的曲线，如图 12-14 所示。由图可见，X_L/R 越大线路传输能力越强，X_L/R 小时线路传输能力也会较弱，所以如果仅仅采用 FC 或 TCSC 装置减小线路总电抗会导致 X_L/R 变小，线路的传输能力最终仍然会受到限制。而直流侧采用储能元件的 SSSC 装置不仅能够补偿线路电抗，还可以补偿线路电阻，因此可以控制 SSSC 使线路 X_L/R 尽量大，从而大大提高线路的传输能力。

6）SSSC 装置能比 TCSC 装置更快速或瞬时地响应控制指令。TCSC 装置是通过晶闸管控制电抗器的导通和断开从而控制线路的电抗，由于只能控制晶闸管的开通而必须等到电流过零时晶闸管才能自然关断，因此改变 TCSC 晶闸管的导通角在最坏的情况存在半个周期

（如 50Hz 的系统为 10ms）的延时。因此在对控制速度要求非常高的场合，如要阻尼系统出现的超频振荡，TCSC 装置的控制速度就可能影响其性能。而 SSSC 装置是基于变换器的，其响应速度可以达到几毫秒，而且连续可控，因此比 TCSC 装置具有更快的响应速度。

7）具有适应单相重合闸时非全相运行状态的能力。SSSC 装置可以三相独立控制，因而在系统非全相运行时仍然能够安全地工作。

3. 混合静止同步串联补偿器

SSSC 装置是由基于可关断器件的变流器构成的，因此与 TCSC 装置相比单位容量的造价高一些，为了能够充分发挥 SSSC 装置的优良控制性能又能降低工程的造价，可以采用混合型 SSSC 装置，即采用电容器补偿与 SSSC 装置串联的混合型 SSSC 装置，可以称为 HSSSC（hybrid SSSC）。图 12-15 为混合型 SSSC 装置的原理图。图中采用 50% 的固定电容补偿与 50% 的 SSSC 装置，形成 HSSSC 装置。由于固定串联补偿的造价低，而 SSSC 装置的容量也大大减小，因此 HSSSC 装置的单位容量的造价可以大大降低。

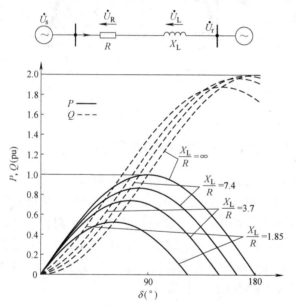

图 12-14　输电线路的电抗电阻比对线路输送能力的影响曲线

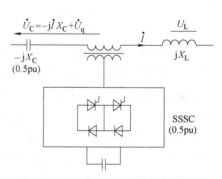

图 12-15　混合型 SSSC 装置的原理图

第 **13** 章

串并联混合型设备

13.1 晶闸管控制移相变压器

1. 相位调节的作用

对于输电系统而言，线路输送的功率由下式表示：

$$P = \frac{U_1 U_2}{X_{12}} \sin(\delta_1 - \delta_2) \tag{13.1}$$

前面已经介绍，STATCOM 装置与 SVC 装置可以通过并联补偿无功功率调节节点的电压，而 SSSC 装置与 TCSC 装置可以调节线路的电抗，从而控制线路有功潮流的流动。是否存在装置可以控制电压的相位角呢？回答是肯定的。多年来，机械式的移相器作为调节电压相位角的装置已经在电力系统中获得了广泛的应用。下面介绍相位角调节对输电系统功角特性的影响，图 13-1 为相位调节器接入系统后的原理图。

假定图 13-1 中的相位调节器只改变系统电压相量的相位角而不改变电压的大小，且受端系统与发端系统的电压相量大小相等，即

$$\dot{U}_{\text{seff}} = \dot{U}_{\text{s}} + \dot{U}_{\sigma}, \ U_{\text{seff}} = U_{\text{s}} = U_{\text{r}} = U \tag{13.2}$$

因此可以得到图 13-1 所示系统的功角特性为

$$P = \frac{U^2}{X} \sin(\delta - \sigma)$$

$$Q = \frac{U^2}{X} [1 - \cos(\delta - \sigma)] \tag{13.3}$$

根据式（13.3）可以得到移相器的功角特性曲线，如图 13-2 所示。

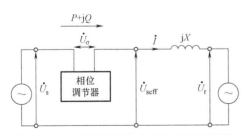

图 13-1 相位调节器接入系统后的原理图

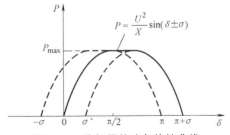

图 13-2 移相器的功角特性曲线

可见，系统中安装移相器后，其功角特性具有如下特点：

1）系统安装移相器后不会改变最大传输有功功率的数值。

2）系统安装移相器后其最大传输功率对应的功率角可在一定的范围之内变化，即

$$\delta \in \begin{cases} \left(\dfrac{\pi}{2}, \dfrac{\pi}{2}+\sigma\right) & \sigma>0 \\ \left(\dfrac{\pi}{2}+\sigma, \dfrac{\pi}{2}\right) & \sigma<0 \end{cases} \tag{13.4}$$

由于移相器具有图 13-2 所示的功角特性，因此在系统故障时可以用于提高系统的暂态稳定极限、阻尼系统振荡、控制输电线上潮流的流向等。

2. 移相变压器分类

电压/相位调节器统称为移相器（phase shifting transformer，PST），也称为相位调节器（phase angle regulator，PAR），是通过在电网输入侧注入横向或纵向补偿电压，使输出电压相位或幅值发生偏移，进一步来调节线路有功功率，实现线路传输功率合理分配。移相变压器发展至今，从控制方式来看，主要有传统机械式、晶闸管式及两者混合的混合型这三类移相器。

传统机械式 PST 主要是由单台变压器绕组或者由励磁变压器与串联升压变压器共同联接，通过分接抽头专门设计来实现。表 13-1 所示的是传统型 PST 的类型和特点。它通过控制变压器分接开关位置来改变输出侧电压幅值的大小及相位偏移。此类 PST 响应速度慢、转换容量有限、寿命短，它仅适用于电力系统稳态调节。

表 13-1　传统机械式 PST 的类型及特点

PST 类型	PST 特点
对称型 PST	通过控制分接开关改变输出电压相角
非对称型 PST	输出电压相角及模值均发生改变

晶闸管式可控移相器（Thyristor Control Phase Shifting Transformer，TCPST）是由单台励磁变压器与串联升压变压器共同联接实现，利用晶闸管串并联组合来取代传统机械式分接开关。表 13-2 为晶闸管式可控移相器分类及特点。TCPST 扩展了 PST 转换容量、增加了相位偏移度，增强了对电网系统潮流控制；它不仅能够对电力系统稳态进行调节，也能满足系统暂态调节要求。

表 13-2　TCPST 类型及特点

PST 类型	PST 特点	
对称型可控 PST	改变输出电压相位	响应速度快,可连续调节
非对称型可控 PST	输出电压相位及模值均发生改变	
连续型可控 PST	输出电压可在一定范围内连续变化	控制简单且响应速度快

混合型移相器获得了机械式 PST 和 TCPST 响应快、相移角度范围宽等特性，还能有效改善线路动态性能。混合型 PST 的类型及特点如表 13-3 所示。

表 13-3　混合型 PST 类型及特点

PST 类型	PST 特点
离散混合型可控 PST	可实现同时改变输出电压相位和模值;注入电压相位 360° 可调节
连续混合型可控 PST	响应速度快,输出电压实现 360° 连续可调;能有效改善线路动态性能

3. TCPST 概述

早在 20 世纪 30 年代，世界上第一台移相器已经在美国投入运行，用以对电网潮流进行

调控。而到 20 世纪 90 年代中期，世界上投入运行的大型移相器已经有几十台，单台最大容量已经达到 100MW，这时的移相器是依靠机械开关切换变压器抽头来实现对电力系统潮流的调控。但是由于机械式移相器的响应速度十分缓慢，只能用于电力系统地稳态调整，而且其转换容量和最大相位都受到限制。另外，机械开关会因摩擦而产生火花，寿命短，需要长期维护，不具备较好的经济性。随着电力电子技术的发展，晶闸管等电力电子器件在移相器技术中得到很好的应用，形成了全新的可控移相器技术。研究表明，可控移相器不仅具有控制潮流、消除环流、提高输电能力的作用，还能够提高系统的暂态稳定，阻尼系统功率和相位的振荡。至今为止，可供参考的工程案例有两个，一个是亚利桑纳 Phoenix 附近的变电所原有机械式移相器改装为可控移相器；另一个是在加拿大中南部与美国北界联络点上的 Manitoba 到 Minnesota 的联络线上，将线上 115kV 的移相器组改造成两级机械式移相器和可控移相器。

TCPST 是一种采用晶闸管开关调节、可提供快速可变相角的移相变压器，也称为晶闸管控制相位调节器（thyristor controlled phase angle regulator，TCPAR）或晶闸管控制移相器（thyristor controlled phase shiftor，TCPS）。与机械式移相变压器不同，TCPST 用晶闸管替代机械开关对移相变压器进行改造，从而克服机械开关的不足。

一般而言，移相是通过在原有电压上叠加一个相位约与其垂直的电压相量来实现的，这个电压相量通常是从与另外两相电压相连的变压器得来的。TCPST 的基本原理亦是如此，其单相结构如图 13-3 所示，每相包括一个并联和一个串联的变压器绕组，二者之间通过一个基于晶闸管的电力电子拓扑电路连接起来，并联绕组的一次侧连接到另外两相，产生一个相位与控制相电压垂直的电压相量，它通过电力电子电路进行适当调节（即改变极性和幅值等）后叠加到控制相电压上，从而达到可控移相的目的。

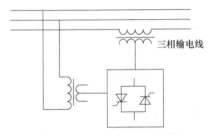

三相输电线

图 13-3 TCPST 的单相结构图

可控移相器根据绕组方式的不同可分为三种调节方式，即横向调节、纵向调节和斜向调节。纵向调节可以向输电线路注入同相电压，可以控制线路电压的幅值大小；横向调节可以向输电线路注入正交电压，可以控制线路相位角的大小；而斜向调节可同时向输电线路注入同相和正交的电压。根据其变换装置和输出结果的不同，可分为连续型可控移相器、离散型可控移相器和混合型可控移相器。

晶闸管控制或投切的移相器响应速度快，特别是 TSPST 控制简单，与基于变流器的装置相比成本低，可靠性高，应用前景广阔。但与基于变流器的并联或串联补偿装置相比，晶闸管控制或投切的移相器只改变系统潮流分布，本身不产生无功或有功功率。在系统无功功率缺乏时，因其控制使局部电压满足要求，但导致全系统无功功率分配严重不合理，引起电压稳定问题，甚至可能导致电压崩溃。这是采用 TCPST 和 TSPST 时需要注意的问题。

13.2 统一潮流控制器

1. 概述

简单电力输送系统如图 13-4 所示，其中，U_s 为送端电压幅值，θ_s 为送端电压相位角，

U_R 为受端电压幅值，θ_R 为受端电压相位角，X_L 为线路阻抗，P 为有功潮流，Q 为无功潮流。线路两端电压的相位关系如图 13-5 所示。

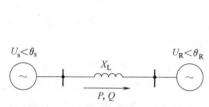

图 13-4 电力输送系统的基本结构

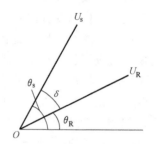

图 13-5 线路两端电压相位关系

传输线的潮流可以表示为

$$P = \frac{U_s U_R}{X_L} \sin(\theta_s - \theta_R) \tag{13.5}$$

$$Q = \frac{U_s}{X_L}[U_s - U_R \cos(\theta_s - \theta_R)] \tag{13.6}$$

从式（13.5）及式（13.6）可看出，电力输送系统中影响功率潮流的主要是三个参数：线路两端电压、线路阻抗和功率传输角。调节其中一个或者几个参数就可实现对线路潮流的控制。

前面介绍了基于变流器的并联型补偿器，如 STATCOM 装置，它可以有效地产生无功电流，补偿系统的无功功率，维持节点电压。而基于变流器的串联型补偿器，如 SSSC 装置，则可以有效地补偿输电系统线路的电压，控制线路的潮流。虽然 STATCOM 装置与 SSSC 装置都具有很强的功能，但是 STATCOM 装置对于线路电压的补偿能力较弱，而 SSSC 装置对于无功电流的补偿能力不强。因此，为了弥补两者运行过程中的缺点，综合两者的优点，统一潮流控制器（unified power flow controller, UPFC）诞生了。

2. UPFC 基本原理

图 13-6 为统一潮流控制器的原理图。由图可以看出，UPFC 装置可以看作是一台 STATCOM 装置与一台 SSSC 装置的直流侧并联构成的，如图 13-7 所示。将 STATCOM 装置的直流侧与 SSSC 装置的直流侧连接起来构成的 UPFC 装置，不仅同时具有 STATCOM 装置与 SSSC 装置的优点，即既有很强的补偿线路电压的能力，又有很强的补偿无功功率的能力。而且 UPFC 装置具有了 STATCOM 装置与 SSSC 装置都不具有的功能，如可以在四个象限运行，即串联部分既可以吸收、发出无功功率，也可以吸收、发出有功功率，而并联部分可以为串联部分的有功功率提供通道，即 UPFC 装置具有吞吐有功功率的能力，因此具有非常强的控制线路潮流的能力。图 13-8 为带有控制系统的 UPFC 装置的结构及工作相量图，其中串联变换器实现 UPFC 的主要功能：控制补偿电压 $\dot{U}_c$ 的大小与相位，相当于可控的同步电压源；并联部分提供或吸收有功功率，为串联部分提供能量支持以及进行无功补偿。由图 13-8 可以看到，UPFC 输出的补偿电压相量除受最大幅值的限制外，可以在以 $\dot{U}_c$ 端点为圆心，最大幅值为半径的圆内任意变化，因此 UPFC 可以非常灵活地补偿电压，与线路的电流没有关

系，而不像 SSSC 装置补偿电压时由于必须与线路电流垂直而受限制。下面介绍 UPFC 装置的各种控制功能。

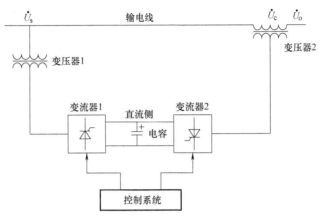

图 13-6 统一潮流控制器的原理图

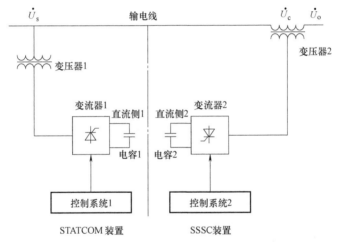

图 13-7 分立的 STATCOM 装置和 SSSC 装置

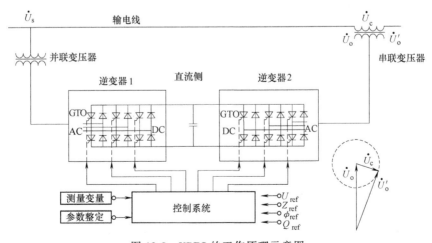

图 13-8 UPFC 的工作原理示意图

图 13-9 为 UPFC 的各种控制功能。其中图 13-9a 为电压调节功能，即 UPFC 串联补偿电压 $\Delta \dot{U}_o$ 与 $\dot{U}_o$ 的方向相同或相反，即只调节电压的大小，不改变电压的相位。由于 UPFC 可以灵活地控制串联输出电压，因而可以很容易地实现电压调节功能。图 13-9b 为 UPFC 的串联补偿示意图，为了与一般的串联补偿相同，即串联部分与输电线没有有功功率的交换，即有功功率为零，必须使补偿电压 $\dot{U}_c$ 与线路电流 $\dot{I}$ 垂直，即控制 $\dot{U}_c$ 在图中与 $\dot{I}$ 垂直的线上即可。图 13-9c 为相位补偿，即不改变电压的大小，只改变电压的相位，此时 UPFC 产生的补偿电压在图中所示的弧线上，UPFC 相当于移相器。图 13-9d 为多功能潮流控制图，此时 UPFC 是前面三种功能的综合，即根据系统运行的需要同时改变电压的大小与相位。

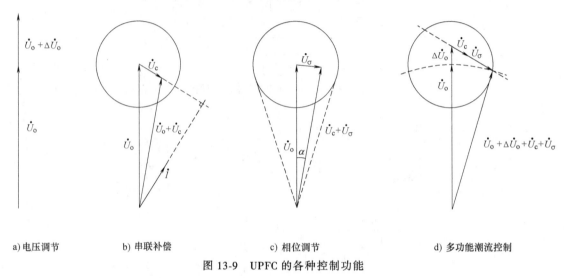

a) 电压调节　　　　　b) 串联补偿　　　　　c) 相位调节　　　　　d) 多功能潮流控制

图 13-9　UPFC 的各种控制功能

3. UPFC 对输电系统功率特性的影响

图 13-10 为接入 UPFC 的输电系统示意图，其中 UPFC 串联部分的补偿功能用电压相量 $\dot{U}$ 代表，由于前面的介绍 UPFC 产生的补偿电压可以在以 $\dot{U}_s$ 端点为圆心的圆盘内任意运行，如图 13-9 所示。由图可以得到系统的受端功率为

$$P-jQ_r = \dot{U}_r\left(\frac{\dot{U}_s+\dot{U}_c-\dot{U}_r}{jX}\right)^* = \dot{U}_r\left(\frac{\dot{U}_s-\dot{U}_r}{jX}\right)^* + \frac{\dot{U}_r\dot{U}_c^*}{-jX} \tag{13.7}$$

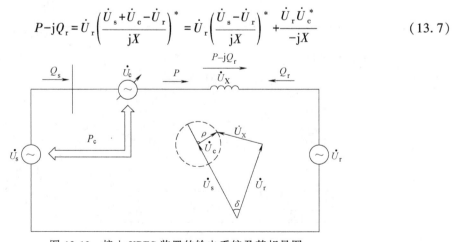

图 13-10　接入 UPFC 装置的输电系统及其相量图

而没有补偿时，受端功率为

$$P-\mathrm{j}Q_{0\mathrm{r}} = \dot{U}_{\mathrm{r}}\left(\frac{\dot{U}_{\mathrm{s}}-\dot{U}_{\mathrm{r}}}{\mathrm{j}X}\right)^{*} \tag{13.8}$$

假设输电系统发端与受端电压及 UPFC 的补偿电压分别为

$$\begin{cases} \dot{U}_{\mathrm{s}} = U\mathrm{e}^{\mathrm{j}\delta/2} = U\left(\cos\frac{\delta}{2}+\mathrm{j}\sin\frac{\delta}{2}\right) \\ \dot{U}_{\mathrm{r}} = U\mathrm{e}^{-\mathrm{j}\delta/2} = U\left(\cos\frac{\delta}{2}-\mathrm{j}\sin\frac{\delta}{2}\right) \\ \dot{U}_{\mathrm{c}} = U_{\mathrm{c}}\mathrm{e}^{\mathrm{j}(\delta/2+\rho)} = U_{\mathrm{c}}\left[\cos\left(\frac{\delta}{2}+\rho\right)+\mathrm{j}\sin\left(\frac{\delta}{2}+\rho\right)\right] \end{cases} \tag{13.9}$$

代入式（13.7），得到安装 UPFC 装置的输电系统受端的功率为

$$\begin{cases} P = \dfrac{U^2}{X}\sin\delta+\dfrac{UU_{\mathrm{c}}}{X}\sin(\delta+\rho) = P(\delta,\rho) \\ Q_{\mathrm{r}} = \dfrac{U^2}{X}(1-\cos\delta)-\dfrac{UU_{\mathrm{c}}}{X}\cos(\delta+\rho) = Q_0(\delta+\rho) \end{cases} \tag{13.10}$$

而没有补偿时，受端功率为

$$\begin{cases} P = \dfrac{U^2}{X}\sin\delta = P_0(\delta) \\ Q_{0\mathrm{r}} = \dfrac{U^2}{X}(1-\cos\delta) = Q_0(\delta) \end{cases} \tag{13.11}$$

因此可以将安装有 UPFC 装置补偿的输电系统的受端功率表示为

$$\begin{cases} P(\delta,\rho) = P_0(\delta)+P_{\mathrm{c}}(\rho) \\ Q_{\mathrm{r}}(\delta,\rho) = Q_{0\mathrm{r}}(\delta)+Q_{\mathrm{c}}(\rho) \end{cases} \tag{13.12}$$

其中

$$\begin{cases} P_{\mathrm{c}}(\rho) = \dfrac{UU_{\mathrm{c}}}{X}\sin(\delta+\rho) \\ Q_{\mathrm{c}} = -\dfrac{UU_{\mathrm{c}}}{X}\cos(\delta+\rho) \end{cases} \tag{13.13}$$

表示由于 UPFC 装置补偿使受端功率产生的变化量。假设 UPFC 串联部分能产生的补偿电压最大值 U_{cmax} 为

$$\begin{cases} |P_{\mathrm{c}}(\rho)| \leqslant \dfrac{UU_{\mathrm{c}}}{X} \\ |Q_{\mathrm{c}}(\rho)| \leqslant \dfrac{UU_{\mathrm{c}}}{X} \end{cases} \tag{13.14}$$

因此受端功率满足下式的约束：

$$\begin{cases} P_0(\delta)-\dfrac{UU_{\mathrm{cmax}}}{X} \leqslant P(\delta,\rho) \leqslant P_0(\rho)+\dfrac{UU_{\mathrm{cmax}}}{X} \\ Q_{0\mathrm{r}}(\delta)-\dfrac{UU_{\mathrm{cmax}}}{X} \leqslant Q_{\mathrm{r}}(\delta,\rho) \leqslant Q_{0\mathrm{r}}(\delta)+\dfrac{UU_{\mathrm{cmax}}}{X} \end{cases} \tag{13.15}$$

　　假设 $U_{cmax}=0.25pu$，$X=0.5pu$，可以根据式 13.15 画出输电系统在 UPFC 装置的控制下受端功率的变化范围，如图 13-11 所示。由图可见，UPFC 可以控制线路功率在较大的范围内变化，因此能够较好地适应输电系统对功率变化的需求。针对 $\delta=30°$，$U_r=U_s=1.0pu$，$X=0.5pu$，$U_{cmax}=0.25pu$ 的情况，图 13-12 给出了 UPFC 补偿电压相位角 ρ 变化时，输电系统受端功率变化的曲线以及 UPFC 串联部分输出的有功功率与无功功率。因而 UPFC 可以较好地控制输电系统的潮流。根据式（13.11），还可以得到下式：

$$\{P(\delta,\rho)-P_0(\delta)\}^2+\{Q_r(\delta,\rho)-Q_{0r}(\delta)\}^2\leqslant\left(\frac{UU_{cmax}}{X}\right)^2 \tag{13.16}$$

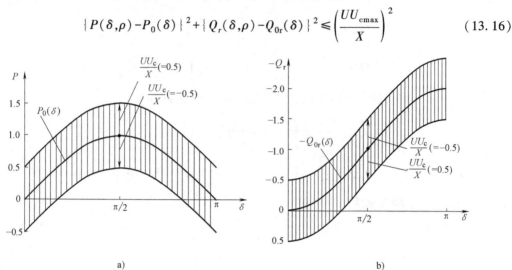

图 13-11　UPFC 控制下输电系受端功率的变化范围

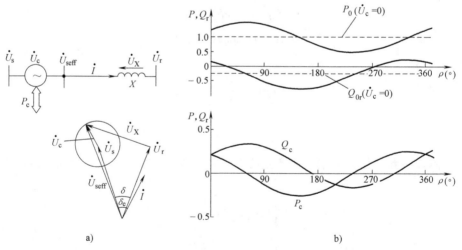

图 13-12　UPFC 补偿电压相位对输电系统受端功率变化的影响

　　图 13-13 为无 UPFC 补偿时输电系统的 $P\text{-}Q$ 运行图。图 13-14 为有 UPFC 补偿时输电系统的 $P\text{-}Q$ 运行图。对比图 13-14 与图 13-13 可以看出，UPFC 大大扩展了输电系统的运行范围，特别是在 $\delta=90°$ 时，如果没有 UPFC 补偿，输电系统已经到达稳定运行的极限点，而 UPFC 装置加入后，系统的运行范围已经大大超出原有范围，因而此时系统仍然能够稳定运行，所以 UPFC 装置可以大大提高系统的输电能力及提高系统的稳定运行水平。由于 UPFC

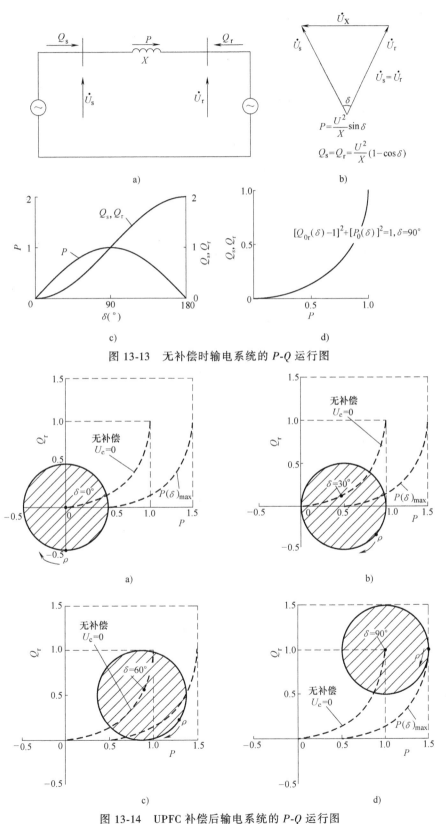

图 13-13　无补偿时输电系统的 P-Q 运行图

图 13-14　UPFC 补偿后输电系统的 P-Q 运行图

能大大扩展系统 P-Q 运行范围,因而如果一个系统中安装适当数量的 UPFC 装置,对于系统的优化运行(优化潮流,提高系统稳定运行极限,增加系统稳定运行裕度等)具有重要意义。

4. 控制方法及其改善电力系统稳定性和传输能力的分析

前面介绍的 UPFC 具有很强的功能,但充分发挥 UPFC 在电力系统中的作用还需要设计良好的控制方法。下面介绍 UPFC 的控制方法及如何利用 UPFC 改善电力系统的稳定性和传输能力。

图 13-15 为 UPFC 的控制系统结构图。由图可见,UPFC 的控制系统主要分为两部分,即并联部分的控制与串联部分的控制,其中并联部分的控制目标是使 UPFC 产生适当的补偿电流矢量 i_c(即产生合适的有功电流分量和无功电流分量)并维持直流侧电压的稳定,而串联部分的控制目标为使 UPFC 产生所需要的补偿电压矢量 u_{crel}。由于 UPFC 装置并联侧需要为串联侧提供其所需的有功功率支撑,因此并联侧有功电流分量的控制必须满足串联侧对无功功率的需求。图 13-16 给出了 UPFC 并联侧控制更加详细的控制方法。由图 13-16 可以看到,并联侧无功电流分量主要根据维持系统电压的需要来确定,而有功电流分量则必须根据串联侧所需的有功功率来确定,即瞬时有功电流分量为

$$i_p = \frac{-\dfrac{3}{2}(u_c \cdot i_o)u_i}{\|u_i\|^2} \qquad (13.17)$$

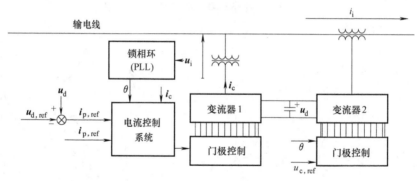

图 13-15　UPFC 的控制系统结构图

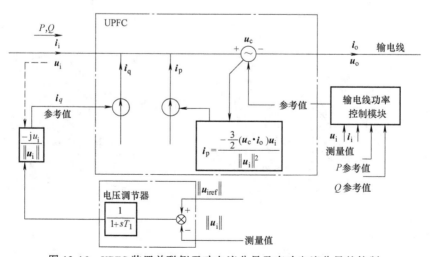

图 13-16　UPFC 装置并联侧无功电流分量及有功电流分量的控制

由式（13.17）确定是因为 UPFC 装置在运行时，串联部分发出的有功功率为

$$p_c = \frac{3}{2} u_c \cdot i_o \qquad (13.18)$$

而并联部分吸收的有功功率为

$$p_{并联} = -u_i \cdot i_p \qquad (13.19)$$

为了确保并联部分吸收的功率满足串联部分的需要，必须有

$$\frac{3}{2} u_c \cdot i_o = -u_i \cdot i_p \qquad (13.20)$$

由式（13.20）即可得到式（13.17）。

下面分别介绍串联部分变流器及并联部分变流器的控制方法。

图 13-17 所示为串联部分的控制框图。通过给定串联部分输出的有功功率和无功功率的参考值及系统的电压，可以计算出串联部分输出的有功电流分量与无功电流分量的参考值；将 UPFC 装置串联部分实际输出的有功电流分量和无功电流分量与参考值进行比较，产生的误差通过放大（通常为比例积分环节）计算出串联部分补偿电压的大小和相位；根据锁相环获得的系统电压相位，计算出串联变流器实际补偿电压的大小和相位，变流器的脉冲驱动部分根据补偿电压的大小和相位产生相应的驱动脉冲去控制串联变流器开关器件（通常为 GTO/IGCT 或 IGBT）的开关，使串联部分产生的有功功率和无功功率跟踪参考值。为了防止串联部分出现超限值补偿，控制中对补偿电压的大小加了幅值限制，这样可以保证串联部分工作在安全范围之内。

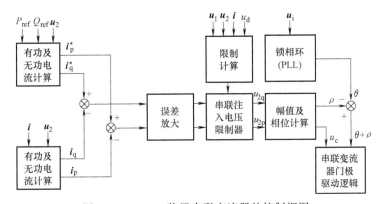

图 13-17 UPFC 装置串联变流器的控制框图

并联部分的控制可以分为两类，一类是维持直流侧电压使之保持恒定的控制；另一类是不维持直流侧电压恒定的控制。图 13-18 为控制直流侧电压的控制框图，而图 13-19 为不控制直流侧电压的控制框图。由图 13-18 可以看到，此时并联部分除能维持系统电压为给定的参考值外，还能使 UPFC 装置直流侧的电压保持恒定。由于维持系统电压为给定值主要靠无功功率补偿来实现，而维持直流侧电压的恒定主要靠调节 UPFC 装置与系统的有功功率平衡来实现，因此控制框图中维持系统电压的控制是通过控制 UPFC 并联部分的无功电流来实现的，而维持直流侧电容电压的恒定则是通过控制有功电流分量来实现。同样，为了防止并联部分无功功率补偿出现越限，并联部分的控制中也加入了无功电流限制器。UPFC 装置并联部分的控制系统根据无功电流及有功电流分量的跟踪误差，并利用锁相环及脉冲驱动环节产

生合适的驱动脉冲去控制并联变流器中开关器件的开关，使之产生与系统电压同步且有一定相位差的电压，从而使并联部分补偿适当的无功功率，维持系统电压稳定，吸收适当的有功功率维持直流侧电容电压恒定。图 13-19 除没有直流侧电压控制环外，与图 13-18 基本相同。

比较以上两种控制方法可见，不控制直流侧电压的控制系统更加简单，因而实现起来容易。但是如果串联部分需要较大的有功功率支撑，并联部分不对直流侧电压进行控制，容易导致直流电压波动大，有时可能危及 UPFC 装置的安全，因此只有串联部分对有功功率的需求不大时才采用图 13-19 所示的控制方法。

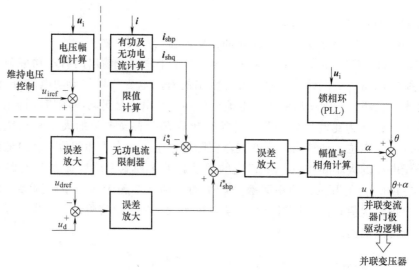

图 13-18　UPFC 装置并联部分的控制框图（维持直流侧电压恒定）

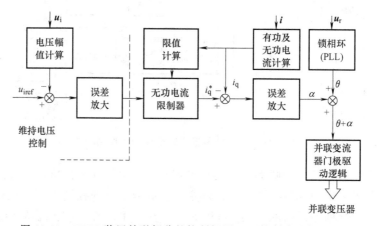

图 13-19　UPFC 装置并联部分的控制框图（不控制直流侧电压）

参 考 文 献

[1] 黄晞. 电力技术发展史简编 [M]. 北京：水利电力出版社，1986.

[2] 刘振亚. 特高压交直流电网 [M]. 北京：中国电力出版社，2013.

[3] 吉安路易吉·米格里瓦. 未来输电网的先进技术 [M]. 朱革兰，刘杨华，张勇军，译. 北京：机械工业出版社，2016.

[4] 周孝信，陈树勇，鲁宗相，等. 能源转型中我国新一代电力系统的技术特征 [J]. 中国电机工程学报，2018，38（7）：1893-1904.

[5] 周孝信，陈树勇，鲁宗相. 电网和电网技术发展的回顾与展望——试论三代电网 [J]. 中国电机工程学报，2013，33（22）：1-11.

[6] 马钊. 未来电力系统十大关键技术及挑战 [J]. 供用电，2017（1），24-27.

[7] 易辉，纪建民. 交流架空线路新型输电技术 [M]. 北京：中国电力出版社，2006.

[8] 程紫娟，石丹. 浅谈紧凑型输电技术的发展及应用 [J]. 电子世界，2014（1）：53-54.

[9] 张云都，易辉，喻剑辉. 我国大截面与耐热导线输电技术的现状及展望 [J]. 高电压技术，2005（8）：27-29.

[10] 王涛，刘晓琳，秦浩然. 我国架空线路新型输电技术的发展与展望 [J]. 工程技术（全文版），2016（11）：182.

[11] 王秀丽，宋永华，王海军. 新型交流输电技术现状与展望 [J]. 中国电力，2003，36（8）：40-46.

[12] 肖立业，林良真. 超导输电技术发展现状与趋势 [J]. 电工技术学报，2015，30（7）：1-9.

[13] 宗曦华，魏东. 高温超导电缆研究与应用新进展 [J]. 电线电缆，2013（5）：1-3.

[14] 高凯，李莉华. 气体绝缘输电线路技术及其应用 [J]. 中国电力，2007（1）：84-88.

[15] 阮全荣，施围，桑志强. 750kVGIL在拉西瓦水电站应用需考虑的问题 [J]. 高压电器，2003，39（4）：66-69.

[16] 张永立. 多相架空输电线路综论 [J]. 电网技术，1995（6）：23-26.

[17] BHATT N B, VENKATA S S, GUYKER W C, et a1. Six-Phase（Multi-Phase）Power Transmission Systems：Fault Analysis [J]. IEEE Transactions on Power Apparatus and System. 1977, 96（3）：758-767.

[18] 周先哲. 四相输电系统的仿真研究 [D]. 长沙：湖南大学，2006.

[19] 刘光晔，杨以涵. 新型四相架空输电线路研究 [J]. 电工技术学报，1999（2）：73-76.

[20] 徐政，杨健. 关于半波长输电的几个原理性问题 [J]. 电力工程技术，2018，37（6）：1-12.

[21] 张媛媛，王毅，韩彬，班连庚，等. 交流半波长输电系统功率波过电压形成机理与抑制策略 [J]. 中国电机工程学报，2018，38（10）.

[22] 王锡凡，王秀丽，滕予飞. 分频输电系统及其应用 [J]. 中国电机工程学报，2012，32（13）：1-3.

[23] 王锡凡，曹成军，周志超. 分频输电系统的实验研究 [J]. 中国电机工程学报，2005，12：6-11.

[24] 王锡凡. 分频输电系统 [J]. 中国电力，1995（1）：2-6.

[25] 程时杰，陈小良，王军华，等. 无线输电关键技术及其应用 [J]. 电工技术学报，2015，30（19）：68-84.

[26] 杨庆新，等. 无线电能传输技术及其应用 [M]. 北京：机械工业出版社，2014.

[27] STRASSNER B, CHANG K. Microwave Power Transmission：Historical Milestones and System Components [J]. Proceedings of the IEEE, 2013, 101（6）：1379-1396.

[28] 顾雪平，杨超，梁海平，等. 含常规高压直流输电的电力系统恢复路径优化 [J]. 电网技术，2019

（6）：21.

[29] 刘心旸，贾宏杰，殷威扬，等. LCC 型并联多端直流输电系统工程应用架构研究 [J]. 高电压技术，2019，45（8）：2571-2577.

[30] 杨光亮，邰能灵，郑晓冬，等. ±800kV 特高压直流输电控制保护系统分析 [J]. 高电压技术，2012，38（12）：3277-3283.

[31] 胡铭，田杰，曹冬明，等. 特高压直流输电控制系统结构配置分析 [J]. 电力系统自动化，2008，32（24）：88-92.

[32] 张好，乐健，周谦，等. 柔性直流输电混合仿真平台参数优化方法 [J]. 中国电机工程学报，2019（4）：11.

[33] 司马文霞，司燕，杨鸣，等. ±500kV 柔性直流输电系统雷电反击侵入波对直流断路器的影响 [J]. 高电压技术，2019，45（8）：2375-2384.

[34] 廖建权，周念成，王强钢，等. 基于并联 LCC 分流及反压抑制的柔性直流输电故障清除策略 [J]. 高电压技术，2019，45（1）：63-71.

[35] 刘炜，郭春义，赵成勇. 混合双馈入直流输电控制系统交互影响机理分析 [J]. 中国电机工程学报，2019，39（13）：3757-3765.

[36] 赵成勇，等. 混合直流输电 [M]. 北京：科学出版社，2014.

[37] 徐政，刘高任，张哲任. 柔性直流输电网的故障保护原理研究 [J]. 高电压技术，2017，43（1）：1-8.

[38] 谢小荣，姜齐荣. 柔性交流输电系统的原理与应用 [M]. 北京：清华大学出版社，2006.

[39] 韩民晓，等. 柔性电力技术——电力电子在电力系统中的应用 [M]. 北京：中国水利水电出版社，2007.